WOLF

狼性法則

頑強　警惕　忠誠　合作

「物競天擇，適者生存。」
這是自然界發展的永恆規律。

像羊一樣的弱者，總是等待機會，
機會若不降臨，他們便寸步難行；
像狼一樣的強者，總是創造機會，
即使機會沒有來臨，腳下仍有千萬條路可走。

戴譯凡，劉利生　編著

目錄

第二章　絕對自信，士氣強盛

第三章　居安思危，保持警惕

第七章　謹慎觀察，搶操勝券

第八章　尊重對手，出其不意

第九章　執行命令，沒有藉口

第十章　智勝強敵，暗用詭計

前言

達爾文說過：「物競天擇，適者生存。」這是自然界發展的永恆規律。因此有人認為，人生在世一定要能夠適應環境，這是生死攸關的頭等大事。

在冷酷無情的自然法則支配下，許多生物都因無法適應環境而紛紛從這個地球上消失。

越來越多的物種瀕臨滅絕，越來越多的動物被列入「國家級保護」的行列，而狼卻沒有弱小到要靠人類的保護，才能繼續生存下去的地步。人類由於對狼存在著偏見，曾對其進行大規模的屠殺。儘管如此，狼卻憑著自身特有的堅韌與頑強精神，在這個地球上存活了幾百萬年。這不得不說是一個驚人的奇蹟。如今，狼群的數量雖然一直在減少，但在遼闊的草原、潮溼的熱帶雨林、乾燥的沙漠、寒冷的北極，以及世界上的每一個地方都有狼群的存在。這是其他任何動物都無法與之相比的！可見，在適應生存環境方面，狼是我們人類的老師。

本書正是一本從狼性、狼族生存競爭的自然法則中總結出的為人處世、商場投資、職場交際、競爭合作、團隊管理等一整套狼性智慧和狼道法則。主要包括：

（一）堅韌頑強，生存第一的狼道法則。

（二）絕對自信，士氣強盛的狼道法則。

（三）居安思危，保持警惕的狼道法則。

(四) 堅持到底，絕不認輸的狼道法則。

(五) 勇於競爭，勝者為王的狼道法則。

(六) 狼王為先，統領全局的狼道法則。

(七) 謹慎觀察，穩操勝券的狼道法則。

(八) 尊重對手，出其不意的狼道法則。

(九) 執行命令，沒有藉口的狼道法則。

(十) 智勝強敵，暗用詭計的狼道法則。

(十一) 維持大局，犧牲奉獻的狼道法則。

(十二) 恪守紀律，絕對忠誠的狼道法則。

(十三) 團隊作戰，重視合作的狼道法則。

這些狼道法則，即是狼族生存、競爭，戰勝各種自然界的困難，頑強延續狼族命運的狼性法則，也是現代社會中人們勇於競爭，應對各種挑戰，殺出重圍走向成功的狼道智慧。

狼道，是追求卓越的野心；是捨我其誰的自信，是合作雙贏的胸懷；是披肝瀝膽的忠誠；是蓄勢待發的韜略；也是貌似凶殘的博愛；更是不言失敗的執著，狼道即是追求成功的人道。

第一章　堅韌頑強，生存第一

在一個寒冷的冬天，有個名叫羅拉的獵人，在山中打獵時遇到了一匹孤狼。這匹狼有將近兩公尺長，看上去非常健壯。羅拉果斷的開槍射擊，可惜他的獵槍沒有瞄準，只打到了狼的右後腿，狼還是瘸著這條腿逃跑了。於是，羅拉騎上馬去追趕這隻受傷的狼。跑了一段時間，受傷的腿成了狼逃命的阻礙，傷狼忽然拚命的向前躍了幾下，和羅拉的距離拉大了一些。狼利用了這個瞬間的機會，回過頭去撕咬自己受傷的右後腿，幾下就把那條腿咬斷了。羅拉利用這段時間縮短了和狼之間的距離，他十分清楚的看見了剛才所發生的一切。他當時完全被嚇住了，他的馬也一動不動，靜靜的看著那匹傷狼，眼睜睜看著缺了腿的狼拖著血跡逃走了......

狼性生存的基本需求

在冷酷無情的自然法則支配下，許多動物都因無法適應環境而紛紛從這個地球上消失。人類由於對狼存在著偏見，曾對其進行大規模的屠殺。儘管如此，狼卻憑著自身特有的堅韌與頑強精神，在這個地球上存活了幾百萬年。這不得不說是一個驚人的奇蹟。

從身體狀況上看，狼在食肉動物中沒有絲毫優於其他動物的地方。牠沒有獵豹閃電般的速度，也沒有老虎和獅子那樣龐大的身軀，即使是牠唯一的武器——鋒利的牙齒，也是絕大部分食肉動物都具有的。

狼是不冬眠的動物，不會像其他動物那樣在巢穴中貯藏足夠的食物。因此，在漫長而寒冷的冬季到來時，牠們就必須四處尋找食物。這是對狼群的最大考驗。牠們的捕食對象，有很多都躲在溫暖的洞穴中沉睡；即使是不冬眠的動物，也在洞穴裡儲存了足夠的食物，不輕易到洞外出沒。因此，狼在捕食獵物時就很難發現目標。

每到冬季，草原上的狼群就會因惡劣的自然條件而被淘汰一部分，但這樣可在無形之中使狼群進化了。經過嚴寒的考驗，生存下來的狼群有著比原來更頑強和堅韌的生命力。

狼在獵捕的時候，獵物會拚死抵抗，一些大型獵物有時還會傷及狼的生命。但只要狼鎖定目標，不管跑多遠的路程，耗費多長時間，冒多大的風險，牠是不會放棄的，捕不到獵物絕不甘休。

狼能夠真正認清自己的生存環境，牠們知道自己不夠強大，知道對手異常凶狠，知道狂風暴雨、冰雪嚴寒時常侵襲棲身之所，這樣，不論在什麼地方生存，都擺脫不掉惡劣環境的影響。

狼已經認知到，自然規律是無法改變的，要想使自己適應環境，必須以「頑強」與「堅韌」武裝全身，勇於向惡劣的環境挑戰，並最終戰勝它。這是最基本的生存需要。

解讀狼性生存之道

在認識生存環境方面，狼是我們人類的老師。人類在某些時候常常缺乏自知之明，比如，一個人雖置身於不利於自己成長的環境中，卻意識不到危機正在逼近，不能及時改變現狀；有的人雖認清了生存環境，卻因安於現狀而佯裝視而不見，自欺欺人；也有些人活得渾渾噩噩，竟連自己處於哪種環境中都意識不到。不論如何，那些不能認清環境的人，最終都將嘗到自己種下的苦果。

在美國唐人街上，一家中國東北餃子館整天忙得不亦樂乎，生意顯得格外興隆。中國人喜歡到這裡吃上一口家鄉的餃子，而更多的外國客人對中餐因為心存好奇而情有獨鍾，就懷著極高的興致接踵而來。看來，在國外開一家中國東北餃子館確是一條發家致富之路。

在這個「跟風」越來越流行的時代，一些人搶先占商機富起來後，另一些人立刻就會蜂擁而起，紛紛模仿與學習，夢想以同樣的方式撈一把。烹飪出身的小李看準這一大好時機，興師動眾，連同家人一起，大張旗鼓的開起了規模不小的東北餃子館。然而，不幸的是，除了開張頭幾天還有幾個客人外，從此以後就漸漸變得門庭冷清了。這把小李搞得莫名其妙：「我做的餃子口味好，價格又不高，服務態度也不差，可為啥沒人捧場呢？」

究其原因，由於地域不同，人們在飲食習慣上存在著很大差異。當地人向來不喜歡吃麵食，即使是風味獨特的東北餃子也不例外。小李沒有注意到地域之間的差異，自然吃了大虧。經商賺錢是人們維持生存的一種手段，做什麼生意必須要考慮是否與地域環境相一致。只有因地制宜，因勢制宜，根據地域環境的變化適當調整經營策略，才能賺取利潤。

除了地域因素之外，影響人生變局的自然環境還有氣象因素。它也決定了我們生存方式的特殊性和局限性，使我們求變或應變的方式方法有所不同。比如，南方一年四季較熱，人們在涼爽的夜間活動時間稍長一些；而北方人恰好與此相反，大多時間都在白天活動。

某空調生產廠商根據氣象預報得知，這年夏天，素有「四大火爐」之稱的 A 市將出現有史以來的時間最長、氣溫最高的熱浪。於是，該廠商預先加大冷氣的產量，在進入夏季之前把大批的冷氣運抵 A 市，想趁這個大好機會賺上一筆。決策者因想出這麼一個好點子而沾沾自喜，自詡聰明過人。然而，偏偏事與願違，這年夏天 A 市持續高溫確實不假，但同時也是陰雨不斷，替 A 市帶來了許多涼爽空氣。這樣一來，該廠商的冷氣自然賣不出去，出現了嚴重的異地積壓情況。如果該廠商當初不急不躁，能夠隨時關注氣象預報的話，就不會導致這樣的下場。

人類生存片刻離不開自然環境，而自然環境是個難以預測的變數，人類無法抗拒自然，只能隨自然環境的變化而隨時隨地變換生存方式。雖說人類有時可以改造自然，但那只是微弱的一點點，有相當大的局限性。天氣就像孩子的臉，說變就變，一個人只憑感覺，無法摸清它的變化規律，但人的應變方式應該是有術可循的，且應高招迭出。只要發揮主觀能動性，周密而深入的對問題進行思考與分析，那麼，自然環境是可以對抗的。

除了自然環境因素以外，社會環境比如國家政策也是影響個人或企業發展的重要因素之一。社會環境就是透過管理社會的政府機構發布的政策法令形成和變化的。政策是國家或地方政府制定的法律法規，一般是根據客觀規律的發展形勢而制定的，對於社會的進步，它產生了行政命令式的推動作用。因此，每次新政策的頒布，都將為某些行業、部門或群體提供一些發展良機。

當然，機會不會自動找上門來，它需要我們積極主動的去爭取。善於見縫插針的商人，是最會「投機」政策變化的人，他們常常利用國家或地方的法律法規，制定企業的防禦或進攻對策。這是一種短期卻十分見效的企業經營方略。在此，獲得成功的金鑰匙就是時刻關注，並在第一時間獲取法律法規變化的資訊，爭取在這些法規剛剛發生效力的時候，趁市場之需迎風而上。一個人要想活得稱心如意，必須努力認清自己所處的生存環境，進而與自身特點相結合，找到適合自己發展的空間。

保持強者心態

一隻山羊被狼吃掉後，牠的靈魂來到天堂。山羊對聖彼得說：「我的頭上有一對鋼叉的犄角，是專門用來攻擊敵人和保護自己的，可是我為什麼還是被手無寸鐵的狼吃掉呢？」

聖彼得說：「這就在於你們的心態不同。你雖然長有兩隻利角，但你總想著以草葉為生；而狼雖然『手無寸鐵』，卻始終想以肉類為食。這樣說來，你們羊族被狼族吃掉就是很自然的事了。被狼吃掉不能埋怨上帝，只能怪你們自己！」

「怪我們自己？」山羊滿腹狐疑。

「沒錯！」聖彼得解釋道，「羊的個性柔弱，毫無自我保護意識。羊的數量雖然也很大，卻沒有合作意識，不懂團結的力量。而狼則不同，牠們個性狂野，勇猛頑強，更善於協同作戰，這些都是牠們成為強者的主要原因。這樣，羊與狼就形成了明顯的對比，因此軟弱的羊常常葬身於狼腹之中。」

「這種局面可以改變嗎？」山羊驚恐的問。

「羊性是無法改變的，狼性自然也無法改變。這都是上帝的安排。」聖彼得回答。

實際上，狼之所以成為食肉動物並不是上帝的安排，而是自然進化的結果。

但是，自從牠們降臨到這個塵世上起，自從進化為食肉動物起，牠們就始終為保住自己食肉動物的地位而不懈努力。牠們的頭腦中永遠活躍著「時刻都要吃肉」的思想，在實際行動中，牠們時刻不忘磨利牙齒和爪子，以及鍛鍊出強健的身體。

山羊之所以成為山羊，也是從其祖先開始食草的那一刻決定的。草是如此容易獲得，在廣袤無垠的草原上，只要低下頭來，隨時可以填飽肚子。於是，牠們安於現狀，危險來臨時，所能做的不過是拚命的奔跑。速度較慢的同伴成為豺狼的口中之食時，速度較快的羊在逃脫危險後，依然會悠閒的停下來低頭啃草。羊的進化方向是比自己祖先跑得更快一些而已，這註定了牠們只能充當被追逐者的角色 —— 成為狼捕獵的食物。

看到山羊軟弱的性格，以及牠們被強大的對手吞食的情景，狼意識到自己絕不能像「羊」那樣生活，應不斷加強自己凶狠、狂野的個性。在弱肉強食的大背景下，只有強者才有出路，才能在高手雲集的環境中脫穎而出，站穩腳跟。

要盡快適應陌生的環境

達爾文說過：「物競天擇，適者生存。」這是自然界發展的永恆規律。因此有人認為，人生在世一定要能夠適應環境，這是生死攸關的頭等大事。

大自然中的基本法則是「適者生存」，人類社會更是逃脫不了適應環境這一關。

有一位在海關工作的小職員，雖然每天都辛辛苦苦的拚命工作，但依然沒能保住他的飯碗。他憂心忡忡的回到家，一言不發的呆坐著，不知該怎麼向太太說明這一切。

誰知，當太太知道了真相後，對他並沒有半句怨言，反而高興的對他說：「這不是很好嗎？省得你自己狠不下心來辭職。這樣你就可以靜下心來，專心致志的從事你喜歡的寫作了。」

他立即想：是啊，不管怎麼說，工作已經失去了，別指望再能將它找回來了。那就在寫作方面一展身手吧。

於是，失去工作的他，變得比原來還要繁忙，即使是深夜人靜的時候，他也依然俯身案前，奮筆疾書看著自己的作品。

終於，一部令美國文學史為之震撼的鴻篇巨帙——《紅字》誕生了，這位失去工作而成為作家的人就是霍桑。

無論曾經的工作環境多麼令我們戀戀不捨、牽腸掛肚，但那畢竟已經是過去，已經不再重要，重要的是要面對現在，迅速適應陌生的新環境，並在此基礎上有所作為。

學會適應環境，是人類成存和延續下去的自然法則：當我們剛成為一個受精卵時，要適應母體的環境；出生後，要學習最基本的語言和人類的行為；上學後，要適應團體生活、學習社會規範；成年後，我們要面臨職業選擇、人際關係、工作成就等無數問題；到老了，又面臨著子女問題、退休問題、健康問題等等。

每時每刻，我們的身體、心理都在變化，周圍的環境也在變化。這就要求我們的知識、能力和精神也要相應的做出變化，才能與周圍環境協調一致，從而順利走向成功。

那麼我們如何才能適應一個陌生的新環境呢？當提出這個問題時，相信我們一定可以得到從各個角度、各個方面出發的答案，它們雖然不同，卻都有一定的道理。

但不管怎樣，你最好記住兩個小小的祕訣，它們將在任何陌生環境中都能派上用場：

(一) 要學會在陌生的環境中保持微笑

我們在工作、學習和生活中，難免會接觸或置身於陌生的環境，在陌生的環境裡，人人都習慣板起一張面孔，保護著原本脆弱的尊嚴，以免受到來自外界的侵犯和傷害。

結果，一段時間過去，情況也沒有改善，陌生的環境照例還是陌生的，我們所擔心的那種「危險」依舊潛伏在周圍，而我們自己卻已經感到很累、疲憊不堪了。

其實，如果我們換一副表情，不要那種冷冷的所謂尊嚴，不要緊繃著面孔，圓睜著警惕與懷疑的眼神，而嘗試著與陌生的一切都微笑一下，會不會更好些呢？

在一家寵物醫院的候診室裡，許多顧客帶著他們的寵物準備注射疫苗。沒有人在聊天，連低聲攀談的也沒有。時間在這個房間裡彷彿特別的漫長，人們在沉默中不免焦躁起來。

這時，一位女士帶著她 9 個月大的孩子和一隻小貓走進來了，她坐在了一位先生的身旁，而這位先生顯然已經在候診室中等得很不耐煩了，他坐立不安，不停的四處張望著。

他突然發覺，那個小嬰兒正抬著頭注視著他，並咧著嘴對他無邪的笑著。於是，他不禁也對孩子笑了起來。然後他就跟這位女顧客聊起這個孩子和他的孩子來。

一下子，整個候診室的人都聊了起來，整個氣氛從乏味、僵硬轉變成了愉快。

瞧，一個微笑換來了整體的和諧和愉快！

在陌生的環境中，我們如果能保持微笑，就會得到一種心理上的放鬆和坦然。

其實，每個人對待陌生人，都該多一些真誠和友善。我們根本用不著為一些擦肩而過的人生過客去偽裝。當我們送出一個微笑時，就會得到一個甚至多個微笑，我們的內心就不會再疲憊和緊張，人與人之間也許會依舊無言，但卻變得更為默契，我們在陌生的環境裡感到的將不再是陌生冰冷，而是融洽和溫暖。

學會在陌生的環境裡微笑，還是一種自尊、自愛、自信的表現。

微笑是人類面孔上最動人的一種表情，是社會生活中美好而無聲的語言，它來源於心地的善良、寬容和無私，表現的是一種坦蕩和大度。

微笑是成功者的自信，是失敗者的堅強；微笑是人際關係的黏合劑，也是化敵為友的一劑良方。微笑是對別人的尊重，也是對愛心和誠心的一種禮讚。

學會在不順利的環境裡微笑，也就學會了怎樣在陌生人之間架一座友誼之橋，也就掌握了一把開啟陌生人心扉的金鑰匙，也就獲得了贏得成功的多方贊助！

（二）要學會在陌生的環境中學習

在新環境中，最基本也是最重要的一點就是不斷的學習，使我們的價值觀念跟上時代的步伐，最重要的是理解和接近這個新環境的步伐。

生活中，時常會有些年輕人在一個新環境中學習、工作已有一年半載的時光了，卻仍然無法和周圍的同事、同學建立起良好的人際關係。

這就是不能適應和融入新環境的表現。對於年輕人來說，必須要掌握適應新環境的能力，才能更加好好學習和工作。

有的年輕人太理想主義，聽到或看到一些「不公平」的事就很激動或憤慨而無法正確對待，無法保持一顆平常心。

還有的年輕人太張揚，尤其是很多知名大學的畢業生，往往會在新環境中不經意的流露出一種處處比別人強的感覺。張揚背後往往給人感覺是有攻擊性的，會讓別人有防禦心理，相反的，謙遜的態度就比較容易讓人接受。

因此，年輕人進入一個新環境，應本著一種謙虛學習的「空杯心態」和其他人相處。一個裝滿水的杯子很難接納新東西，而把自己的心靈空間留出一些空白，和他人的相處也會融洽很多。

適應環境是一個持續一生的過程，需要我們「活到老，學到老」，這是我們生存的需求。只有這樣才能使我們獲得穩定的工作、良好的心態和最終的成功。

適應陌生環境的方法

適應環境，善於融入陌生環境既是一門技術，也是一種藝術，如果善於運用，即使在比天氣的變化還詭異多端的社會裡，我們也可以獲得最大的成功，求得最大的快樂和幸福！

那麼有什麼好方法可以讓我們很快適應陌生環境呢？下面這些建議對你會有幫助。

1. 在新環境中主動參與各種活動。環境是不能躲避的，大膽接觸才能更快融合。如透過同學、同事交往，學習、工作交流，藝術活動等接觸社會，既可以擴展自己的生活經驗，還能使自己從團體活動中獲得學習與表現的機會。
2. 坦然面對現實環境，善於適應變遷。要想順利的適應快速變遷的社會，就需要與現實環境保持良好的接觸，以客觀的態度面對現實，冷靜的判斷事實，理性的處理問題，隨時調整自己的情緒，以保持良好的適應狀態。
3. 尊重、寬容他人。要善於接納他人，樂於向他人學習，聽取他人意見。要維護他人權利，欣賞他人長處而不隨意侵犯他人。這樣的性格對於適應新環境非常重要。
4. 增加個人的知識、技能。現代社會是快速變遷和網路發達的社會，要透過各種正式或非正式教育途徑，增加自己的知識和技能，跟上時代的步伐。
5. 具備幽默感。幽默感就是能笑看我們自己的錯誤，能看出自己行為的可笑之處。這樣，一方面可鬆弛緊張的神經，使不良情緒得到正常發洩，另一方面能減少身心的痛苦，緩解緊張的人際關係與衝突。

適應不能以犧牲真我為代價

一位美國歌手剛出道時，為了適應當時的潮流和大眾欣賞的口味，努力的想改掉自己德州的口音，力圖使自己像個城市裡的紳士，結果適得其反，不僅沒有融入當時的娛樂潮流，反而遭到了大家背後的恥笑。

後來，他終於醒悟過來，開始利用自己的音色，唱西部歌曲，最終成為全世界在電影和廣播兩方面最有名的西部明星。

現實生活中，人不可能要求環境來適應自己，而只能是自己去適應環境。這不僅是自然規律，同時也符合人類社會的發展規律。

但還有人認為，人最重要的應是保持自我，如果為了適應別人、適應環境而隨波逐流則很容易迷失自己，唯有潔身自好、保持獨立完善的人格，生活才更有意義，人生才會更成功。

其實，「適應環境」與「保持自我」這兩種觀點都各有道理，而且在歷史上都不乏成功者以親身實踐和經歷可以證明。

今天世界上所存留下來的生物，應該說都是優秀的物種，因為在經歷了億萬年的演變，經歷了數不清的自然災難後，仍然頑強的在這個星球上繁衍生息。

尤其是我們人類，和其他生物比較起來，我們是如此的脆弱、如此的渺小，卻能在地球上占領主宰的地位，更說明了我們非同一般的優秀。

而這種非凡的優秀，正是不斷的在自然環境中適應和變化的結果，假如我們不能為了環境而改變，也就無法在變化的環境中生存至今。所以說，「適應環境」是任何時代、任何人都不能缺少的能力，因為這是自然的選擇。

而「保持自我」也同樣不可忽視，因為只有在這一點上，方能顯露出我們人類的社會性與高於其他生物之處，這是解決了生存問題後所要面臨的更高的發展之策。

一家石油公司人事辦公室主任麥可曾經接待過 6 萬多個求職者，在他所著的《謀職的六種方法》一書中指出：

「求職者們所犯的最大錯誤就是不能保持本色。他們不以真面目示人，不能完全的坦誠，都說一些他以為你想要的回答。可是這個做法一點用也沒有，因為沒有人願意要偽君子，正如從來沒有人願意收到假鈔票。」

一個人只有保持自我才能稱為真正的活過！

歷史上的英雄人物無不是以其不同於他人的行為、有別於他人的功勳，而譜寫出了屬於自己的一首首歷史壯歌。正是因為他們保持自我、堅守原則的執著，所以，他們的個性保存了，他們的事蹟流傳了！

因此說，「適應環境」與「保持自我」都很重要，對一個人的成功具有同等重要的作用。

其次，我們還要認知到「適應環境」與「保持自我」的關係很密切，它們實際上是相輔相成而又互為矛盾的一對，既存在著對立性，又有不可忽視的統一性。對於這一點，我們要從兩方面來分析以便正確理解：

（一）「適應環境」的同時不能喪失自我。

要知道，上天在賜予我們生命的同時，也賜予了我們保持自我的權利。無論到了什麼時候，我們能夠送給世界的最好禮物就是一個真實的自己，越能夠完整的做自己，我們對生命的體驗就越深刻，也就越接近成功。

因此，我們要記住，永遠不要嘗試去扮演自己以外的其他角色。一個人最糟糕的情形就是不能成為自己，不能在身體與心靈中保持自我。

當年，卓別林剛剛開始拍電影時，那些電影導演都堅持要卓別林去學當時非常有名的一個德國喜劇電影演員。卓別林為了得到這些導演的幫助，為了走上表演之路，為了生活，為了事業，接受了這樣的建議。

可惜，這樣做的結果，是為卓別林帶來了更大的苦惱——久久不能嘗到成功的滋味。

後來，卓別林逐漸意識到自己必須保持本色，而不能為了迎合導演，就去走別人走過的路，丟棄真正的自我。經過不懈的努力，卓別林終於因其獨特的、屬於自己的表演方法而轟動世界影壇，成為世界電影史上的傑出人物。

無數成功人士的實踐經驗告訴我們，在這個總要試圖讓我們背離自己的世界上，即使是要永不停息的進行最艱苦的奮鬥，我們也應該努力做真正的自己而不是模仿和屈從任何人！

(二)「保持自我」的同時也不能脫離環境。

一個人的行為是否健康，也要看他對生活的變遷是否具有良好的適應能力。這和保持自我、發展個性並不矛盾。

因為任何人的生存都無法脫離環境，當環境改變時，就需要我們必須適當的、適時的做出改變。而只要能在新環境和自我個性中尋找到更好的契合點，我們就仍然可以保持自我的個性，展現自我的風采。

「保持自我」並不意味著一成不變，也不等於以自我為中心、唯我獨尊，而是以一種強者的姿態來面對環境，面對向我們提出挑戰的周圍世界。

在這個世界上每個人都是獨一無二的，你就是你，你無須按照別人的眼光和標準來評判甚至約束自己，你無須總是效仿別人。保持自我的本色，做一個真正的自我，這才是最重要的。

只有具備獨立個性的人才能稱其為真正的人，若依照環境而輕易放棄自己的原則，輕易背叛自己的信仰，輕易丟棄自己的堅持，那麼也就難免成為隨水漂流的浮萍、隨風而飛的柳絮，這樣的人生哪裡還有自身的軌跡，我們的成功又要到何處尋覓呢？

請記住，適應環境是我們走向成功的必備素養，但無論我們怎樣地去適應環境，都要保持一定的個性，堅持真正的自我，絕不能以犧牲真我為代價！

善於排解挫折情緒

甘迺迪任美國總統時，正遇上「古巴導彈事件」。甘迺迪為此大傷腦筋，不知如何應付才好，當時臺灣的外交使者蔣廷黻先生去見甘迺迪，就對他解釋了一番「危機」二字的意義。

蔣廷黻說：「英文裡的Crisis，相當於中文的『危機』。你們現在面臨Crisis，如果以兩個中文字來表示就是遇到『危機』，危機是表示『危險』加上『機會』的意思。」

甘迺迪總統聽了突然領悟。他說：「我不應在危險中沉迷不悟，我應該想到每一個危險都是我成長的機會，只是看我怎麼把握。」

就這樣，雖然他的總統生涯短短3年還不到，卻處理了一系列重大危機，如「古巴導彈危機」「柏林危機」以及與前蘇聯簽署了《核禁試條約》。

一個人在遭到挫折的時候，就是面臨一種「危機」。能夠「臨危不懼」把握住機會的人，就是最後的強者、成功者；反之，被危機嚇倒，被挫折壓垮的人，就只能是弱者、失敗者。

所謂挫折，通常指遇到困難卻無法有效解決，或是付出努力卻沒有獲得適當的回饋而產生失敗、失望的情緒感受。

在面臨挫折時，我們需要有效的適應方式和一定的適應能力，才能維持心理方面的健康。增強適應挫折和壓力的能力、掌握應對挫折的有效方式，是健康成長乃至走上成功之路的必修之課。

那麼，我們應該如何自修這門功課，學習哪些內容來提高適應挫折的能力呢？

首先，要學會正確認識挫折。

不同的人對於相同的挫折情境，所產生的挫折感的大小和情緒反應的強弱也有所不同。這取決於人們對挫折及其意義的認知、評價和理解。

面對挫折，有了正確認知，才會有適當的反應和行為，否則便會加重挫折感，情緒反應會更加強烈，以致陷入不能自拔之境。因此改變認知是適應挫折的第一步。

你或許人生閱歷較淺，還沒有經歷太多的風雨，但曾經的失敗和教訓也應讓我們懂得，由於各種客觀環境和主觀因素的作用，在人生道路上和現實生活中，隨時都會遇到大小、輕重不同的挫折，如重要考試落榜、事業不成、身染痼疾、失戀、家庭變故、生離死別、自然災害等等。

其實挫折是社會生活中的正常現象，幾乎每個人都無法逃避。能認知到這一點，一旦遇到挫折，心裡就會有所準備，不致驚慌失措。

同時我們還應辯證的去看這個問題，一個人一生中經受一些適當的挫折，並不完全是壞事，古人說：「多難興才」「人激則奮」，就是說挫折可以磨練人的意識，能提高扭轉逆境、克服困難、適應社會生活的能力。

反之，一個人如果不經歷困難和挫折，一生一帆風順，就猶如溫室裡的花朵，會經不住人生中的風霜雨雪，很容易被一時的挫折壓垮。這樣的人也是難以有所作為，難以獲得成功的。

其次，要學習和培養對挫折的耐受力。

對挫折的耐受力是指適應挫折、忍受和對待挫折的一種能力，也就是能夠忍受挫折的程度。

在挫折面前，每個人的耐受力往往不盡一致，甚至差別較大。比如，有的人即使接連遭受嚴重挫折，仍堅忍不拔、百折不撓、拚搏進取；而有的人稍遇挫折就垂頭喪氣、一蹶不振，甚至自尋短見。

實驗證明，身體強壯、心胸開闊、常處逆境、意識緊張、有理想、有抱負、有修養的人，對挫折的耐受力強；相反，體弱多病、心胸狹窄、嬌生慣養、感情脆弱、缺乏雄心壯志的人，對挫折的耐受力則低。

因此，在現實生活中，我們應該自覺的、有意識的進行鍛鍊，去培養提高自己對挫折的耐受力，從而讓自己成為一個真正堅強的人。

最後，要學會以正確、積極、有效的方法來排解挫折感。

當我們遇到挫折時，不應僅僅是被動的忍耐和接受，還應該主動出擊，找到適當的方式、方法和管道，把挫折所帶來的壓力排解掉。這就是對挫折的排解力。

如果說對挫折的耐受能力是提高挫折適應能力的第一階段，那麼挫折的排解能力則是一種更高層次的適應能力，是對挫折更主動積極的適應。

當然，每個人排解挫折和壓力的方式也是不盡相同的，手段更是有優劣之分：

有的人遇到挫折時，能很快排除挫折所帶來的焦慮、失望等不良情緒，能自動恢復正常，而有的人卻很長時間也無法解決問題，讓挫折所帶來的衝突持續很久，甚至產生越來越嚴重的後果。

有的人遇到挫折時，用積極的方式解決挫折問題，以達到心理平衡，而有的人以逃避、惡性轉移等消極方式來解決挫折問題，以獲得暫時的心理平衡。

有的人在排解挫折時，遵循社會準則，而有的人卻任由感情支配，採取衝動、過於激動的行為等等。

我們的人生之路還很漫長，未來的風霜雨雪會更多、更大、更猛，我們必須要學會在生活中、實踐中鍛鍊、提高、增強我們對抗挫折的能力。

挫折、失敗、困難並不可怕，只要能適應挫折、直面人生、勇於拚搏，我們就會戰勝驚濤駭浪，駛過激流險灘，從而到達成功的彼岸！

善於挑戰逆境

在遼闊的非洲大草原上，經常有獅子、老虎及獵豹等大型獵食動物出沒。牠們體質健壯，動作迅猛，食量也很大。對於那些身材較小的肉食動物來說，這些凶猛的大傢伙，無疑是與牠們爭奪獵物的強勁對手。

狼雖然是一種兇猛的動物，但從形體上論，牠是不能與老虎和獅子相比。在體格、速度、力量及搏鬥武器（爪子和牙齒）上，狼都不是老虎等貓科動物的對手，但狼從不懼怕任何強大的敵人，反而以與強大的對手搏鬥為樂。狼善於挑戰逆境，並對逆境情有獨鍾。牠憑著頑強的拚搏和戰鬥精神，在草原爭殺上贏得了一席之地。

狼有許多獵取食物的方法，讓牠們可以延續生命和狼性家族。老虎、獅子等強大動物吃剩下的獵物是牠們的美餐；憑藉自身的靈活性，還時常能把食物從強大對手的嘴邊搶走；更值得一提的是，牠們還透過團體合作的方式圍殺獵豹。當然，每一次獲得獵物，牠們都需要付出很大的代價。

除了老虎、獅子和獵豹這些強勁對手，狼還面臨著更強大的敵人——人類。人類一直把狼視為仇敵，利用獵捕、毒殺、設陷阱，甚至用威力強大的武器從飛機上射殺等方式來除掉牠們。儘管如此，狼依然頑強的生存著，並且從未向任何強敵屈服過。

此外，為了爭奪食物和領地，狼還常常與自己的同類展開生存競爭。

狼大概比人類更早的認識到了「物競天擇，適者生存」的自然生存鐵律。為了更能夠生存下去，牠們會採取各種手段戰勝自己的對手，並將對手作為自己的獵物吃掉。如果不是這樣的話，牠們就將被對手打敗和吃掉。因此，為了保護生命和延續後代，牠們始終不放棄自己的目標與追求，也絕不輕易認輸。

狼知道，要想恣意的馳騁於草原、縱橫於天下，必須提高自己的生存技能，牢牢的掌握克服困難的本領。只有經常在惡劣的環境中鍛鍊自己，才能練出鋒利的牙齒和爪子，戰勝對手，捕獲獵物；才能提高適應能力，進而使生命力更頑強。

積極主動的迎接和挑戰困難

人類如果具備狼「善於挑戰逆境」、「對逆境情有獨鍾」的特質和精神，並能將其應用在實際工作和生活當中，一定能戰勝所有挫折和困難，創造驚人的成績。

在生活與工作當中，遇到困難與挫折在所難免。當不幸降臨的時候，有些人總希望上帝能來幫忙，夢想不費吹灰之力就將不幸打倒。而現實主義者都知道，這是根本不可能的。

當困難到來時，我們不能幻想上帝來拯救，應像「狼」那樣積極主動的與困難做對抗，永不屈服，永不言敗。如果遇到困難就像馴鹿遇到野狼一樣退縮，甚至逃跑，那麼這個人必將被困難所嚇倒。

要想擺脫困難，征服困難，你唯一要做的就是集中精力解決眼前的事，爭取獲得最佳效果，而不應懼怕困難，甚至退縮或逃避。有些人做事之所以能夠獲得成功，並非是他在行動之前就已經解決了可能將會出現的難題，而是遭遇困難時能夠想辦法克服它。

在職場中，一個人只有把所有精力都傾注在自己所從事的事業上，並抱著「任何阻礙都不能使我退縮」的決心，才可能獲得成功。一個人如果能時刻牢記自己的目標，以致沒有任何東西可以使他消極，他就不會遇到一般人經常遇到的困難。他的剛毅和決心將趕跑嚇人的魔鬼，會剷除一切阻礙，最終實現自己的理想和願望。

作為一名職員，如果你不因工作環境惡劣而抱怨，不因薪資待遇低劣而發牢騷，不因存在諸多不利因素而歧視自己的工作，反而能在逆境中快樂的付出，那麼你的老闆無疑會欣賞你、重視你甚至偏愛你，這樣你就能獲得比其他人更多的加薪和晉升的機會。

一個人不管做什麼，只要不怕困難，積極主動的迎接和挑戰困難，他最終就能獲得成功。這裡講述一個因頑強與困難抗爭而獲得重生，並逐步獲得輝煌成績的例子。

1950 年 12 月的一個雪夜，在朝鮮長津湖以南某高地上，一位英勇的士兵被手榴彈炸傷了。彈片從他的左臉切入，從左眼穿出，身體多處受重傷。在昏死過去的時候，又被衝上高地的美國士兵刺破腹部，腸子流出體外。然而，命運之神並沒有將這位士兵逼上死亡之路。

甦醒過來後，這位士兵唯一的念頭是寧死也不當俘虜。他爬到北面的山崖上，一不小心跌了下去，順坡滾了幾十公尺，又昏死過去。再次醒來後，他把頭埋進雪裡，大口大口的吞食冰雪，肚子不再火燒火燎。最後，他來到一條小河邊，由於傷情嚴重再也爬不動了。

不知過了多久，兩個偵察兵發現了這位士兵。他們鑿冰取水，替戰友洗掉沾到腸子上的髒物，把腸子塞回腹中，做了簡單的包紮處理，然後背到一個可能獲救的地方，留下一點食物和一件軍大衣。

一天兩夜之後，朝鮮老鄉發現了這位士兵，把他背回家中，放在熱炕上。一凍一化，士兵的手和腳可就廢了。10 多天後，士兵被送進軍醫大學醫院。在長達 93 天的昏迷中，他接受了 47 次手術，雙手雙腳都被截掉。但是，他竟奇蹟般的活了下來。當他看到自己殘破不堪的身體時，他的精神幾乎崩潰了。是啊，他還不到 20 歲，一朵青春之花剛剛盛開，以後的日子如何與戰友和同伴們開創事業，享受生活呢？

一天，士兵想以死結束漫長的生命，於是從床上滾到地上，想從窗戶跳出去。可是，他累得大汗淋漓，傷口都掙裂了，也沒能做到。這個 14 歲從軍，參加過各種戰役，打過大大小小上百次戰鬥的軍人發現，自己連自殺的能力都沒有了。出了醫院，又進了榮軍院。像他這樣的超特殘軍人，可以在這裡踏踏實實的讓人伺候一輩子。可是到了 1956 年，他堅決要求回老家。他不要讓人伺候的生活，他要自立。一輛獨輪車和一本傷殘軍人證書伴隨著他回到了闊別 9 年的家鄉。

這位士兵身殘志堅，從榮軍院回來後，想法發生了很大變化，決定靠自己生存。他在回憶往事時，說道：「對於當時的我來說，一頓飯不管用什麼方式，只要能吞進肚裡就是幸福；上廁所不從座位上掉下來就是幸福。最大的幸福就是生活裡的一切都不用人幫，而靠我自己去做！」然而，善良的母親堅持要幫助他。

為了能夠完全自立，他開始練習吃飯，把勺子和碗分成三等分，擱在床上、桌上、地上，要用三種姿勢吃喝。最難使用的是勺子，勺子滑，不易夾住，夾起一次要用好長時間。更糟糕的是，截肢斷面一碰就痛。他整天整夜重複一個吃飯動作；還有裝義肢，也不是好做的。第一次纏綁帶的時候，綁帶一連掉下床 100 多次。套義肢相對容易，可怎麼也鎖不上皮帶扣。只好用牙齒把義肢叼到床上，用棉被把義肢固定牢固，然後拿舌尖舔，用嘴吸，用牙咬。20 天後，吃的與喝的都用光了，他也終於第二次裝上了義肢。

他興奮的拄著拐杖，猛的一使勁，站了起來，可一邁步又摔倒了，摔得昏死過去。這時正下著大雨，雨水順著牆縫、門縫灌進屋子。士兵被雨水泡醒了，他把嘴貼到地上，一頓狂飲。他練習用勺子把地上的泥弄到碗裡，然後吃下去。他知道要自立就堅決不能喊人，餓死也不！要麼練成，自己從小屋裡走出去，要麼就餓死在這裡。

當村民和他的母親發現他時，都以為他死了，慌忙把他送進醫院。但他沒有死，這連醫生也感到驚詫不已！

1958 年，這位士兵已能衣食自理，而且結了婚，有了一個可愛的女兒。一家人生活得很快樂，但這位年輕士兵不想碌碌無為的過一輩子，用自己的傷殘補貼買回了上百冊書，在村子裡辦了個家庭圖書館，為提高村民們的文化素養做出了很大的貢獻。後來，他被選為當地的地方官。

走馬上任後，他做得一直很出色，開山造林，修田造地，修渠引水，架設電線……一做就是 25 年，始終兢兢業業，勤奮努力，克服了一切正常人難以克服的困難，帶領村民走上了健康致富之路。

退職後，沒上過一天學的他又冒出了寫書的想法，想把自己40年來的經歷都寫出來。他整天把自己關在房間裡，一寫就是7年。起初，他用嘴咬著筆寫，由於眼睛離紙太近，時間不長就頭暈。費了好大力氣寫成的字，還常常被順著筆桿流下的口水浸得一塌糊塗。後來，他用斷臂寫字。開始時寫出的字大如拳頭，漸漸的小如銅錢，最後才縮進小格子裡，那是一個漫長而艱難的過程。最終，他的著作大功告成。著作出版後，一時間受到廣大讀者的熱烈歡迎。從此，他廣為人知。

時刻保持強烈的求生欲望

職場如戰場，其間的競爭是激烈而又殘酷的。因此，職場中的每個人都要努力使自己具備像狼一樣的「頑強」與「堅韌」的特質。

頑強和堅韌是一個團隊的風骨。一個團隊的領導者，除了具備最基本的領導技能外，還要有「頑強」與「堅韌」的特質和精神，並用來感染團隊的每一位成員，這是確保團隊生存和勝利的根本。

一個人如果對自己正在從事的工作充滿懷疑，就不會全身心的投入，不能以堅韌的意志和頑強的精神貫穿始終，遇到困難就會畏縮不前，這樣自然不會獲得很好的成績，甚至會使已經獲得的成績前功盡棄。尤其是一個團隊的領導者，他如果在困難面前表現得軟弱，那麼這個團隊要想獲得發展就很困難了。

團隊的頑強和堅韌，就像一把開拓的利劍，可以斬除腳下的荊棘；團隊的頑強與堅韌，就像一個金剛鑽，可以剷除前進路上任何阻礙；團隊的頑強與堅韌，就像一把無堅不摧的長矛，可以刺破任何一個堅硬的盾牌。

對於成功來說，頑強和堅韌有時比機會更重要。美國一家石油公司最大的股東兼公司總裁多明尼克，由於小時候家境貧窮，只接受過相當於高中程度的教育。對於他來說，資本、學識、家境、機會都不是成功的決定性因素。多明尼克曾經用兩個單字概括自己成功的祕訣：頑強與堅韌。多明尼克的一位朋友說：「他最大的財富，就是他所具有的頑強與堅韌的品格。」

具有頑強與堅韌的品格，一個人常常可以戰勝困難，獲得成功。相反，如果缺乏頑強與堅韌的品格，缺乏戰勝困難的心態 —— 人往往會自取滅亡。

這是一個發生在「二戰」期間的著名實驗。實驗者是一名德國軍醫，實驗對象是一個即將被處死的俘虜。

實驗開始後，軍醫蒙住俘虜的雙眼，然後將其綁在一張床上。接著，在俘虜的手腕靜脈處扎入一支注射針頭，並接上一根導管，又在床側放一個盆。做完這些事，軍醫對俘虜說：「我現在要放你的血，直到把你體內的血放乾為止！」

話音剛落，俘虜就聽到液體滴落在盆裡的聲音 —— 滴答，滴答……

時間一分一秒的逝去，俘虜鎮定的心開始慌亂起來，漸漸覺得神智不清，最終失去了知覺。兩天後，軍醫再觀察俘虜時，發現他已經死了。

事實上，軍醫並沒有放俘虜的血，那根導管的另一端是封閉的，而液體滴在盆裡的聲音是模擬出來的。那麼，俘虜為什麼會死去呢？究其原因，在於他的求生欲望和意志，已被那模擬出來的鮮血滴在盆中的「滴答」聲消磨殆盡。他如果具有頑強的意志和堅韌的品格，時刻保持強烈的求生欲望，肯定會平安無事的生存下來。

處世要保持達觀、冷靜

無論發生什麼事，要始終保持冷靜，太過衝動只會被對手打敗。冷靜的心態隱藏著能量的蓄積，這樣才能與對手拚死一搏。

某個時期，人類曾對狼進行大量屠殺。在屠殺過程中，人們驚異的發現，狼看見自己同伴的身影在血腥中一個個倒下，眼神中竟然沒有一絲恐懼，也沒有同情，而是表現出十分冷靜的樣子，表現出一種視死如歸的大無畏精神。這是狼桀驁不馴的野性。

狼是一種性情古怪的動物，是野性的象徵。有人說：「狼的眼睛是人類所能想像到的最撼人心魄的東西。牠們的眸子裡包含著北半球中最野的野性。」

有一位老人曾經向人們講述了自己親身遭遇狼的故事。小時候，他住在鄉下，村子周圍都是草地，遠處是長滿叢林的群山，經常有狼下山來偷襲村子裡的羊。其中有一隻三腿獨狼，十分凶狠，令人生畏。

一天，他和父親去野外，在一條小路上與這隻狼相遇。兩人一狼分別站在兩頭，相互對峙起來。狼毫無退讓之意，也沒有撲過來的打算，只是冷冷的凝視著他們父子倆，眼神中充滿了冷峻，表現出一副臨危不懼的姿態。後來，父親為了孩子的安全著想，只得對狼做出了讓步。

無論發生什麼事，狼始終顯得非常冷靜。憑著本能的反應狼知道，太過衝動易被對手打敗，同時也不易捕捉到獵物。

在面對困難或挫折時，狼總是表現出一種冷峻的眼神。透過眼神的深處可以看出，牠們是在積蓄能量，準備與對方拚死一搏。

絕不能為恐懼而生

狼特別喜歡在森林裡生活，但無奈之下也會選擇沙漠、平原和冰原地帶。但不論生活在什麼地方，牠們總是無所畏懼，不向任何強大的對手低頭。

狼是非常聰明的動物，牠們一般透過氣味、聲音、面部表情及身體語言進行交流。狼嗥是許多人所熟知的。在遇到困難或發洩憤怒時，狼常常對天長嗥。此外，嗥叫還是狼向對手示威的一種方式。狼在一起嗥叫時，一切等級界線都消失了，牠們彷彿在宣告：「我們是一個整體，有著無窮的力量，對任何事物都毫不懼怕。不管你是誰，只要惹了我們就肯定沒有好下場。」

狼正因為具備了這種無所畏懼的狂野個性，所以牠們的腦子裡始終活躍著這樣的思想和觀念：我是狼，我怕誰！

在受到強大對手攻擊時，狼是不會膽怯或退縮的，更不會像狗一樣夾著尾巴逃跑，而是積極的與對手搏鬥。只有這樣才有生的希望，而逃跑的後果是永遠在夾縫裡求生，提心吊膽，惶惶不可終日。狼只為戰鬥而死，絕不為懼怕而生。牠們的生活就是戰鬥，即使是死也要死在戰場上。這就是其他動物正日益瀕臨滅絕的境地，而狼卻一直生存的原因。同時，這也是狼族長久以來累積的智慧。

想法決定行為，心態決定命運。你想成為什麼樣的人，就有可能成為什麼樣的人。在這一點上，人類比狼更有優勢。

狼由於受自身條件的限制，即使具有強者的心態，也很難成為事實上的強者。人則不同，人具有主觀能動性。人類科學文明發展到現在，人的身體條件已經不再重要，它對工作只產生一種保障作用。所以，人做一件事情所需要的所有條件都可以改變，而這正源於正確的心態。

要想獲得成功，你必須具備狼的那種強者心態，更可以把自己看成一隻「野狼」，桀驁不馴，無所畏懼，時刻保持一種「我是狼，我怕誰」的精神，戰勝一切困難和敵人。即使自身實力比別人差，也不要妄自菲薄、自輕自賤，而應積極的自我激勵、自我充電，努力使自己強大起來。美國參議員安德森之所以能夠獲得輝煌的成就，就是因為這種精神發揮了極大的鼓舞作用。

安德森在 17 歲時，常常陷入恐懼、自卑和煩惱當中無法自拔。他膽子很小，不敢像其他男孩子那樣在籃球場上一展身手。當女同學們頻頻送上掌聲與喝采聲時，他的自卑感便會一下子湧上心頭。同學們常常開他的玩笑：「湯米，一起來玩啊，也讓女生們為你喝采！」這更增添了他的憂愁和自卑，以致不敢見人。學校的老師也說，安德森這孩子膽子太小，什麼事都不敢做，在學校舉行的活動中，別想指望他為班級爭光。

如果始終不能擺脫這種現狀，他最終可能會淪為一個廢人。但來自於同學、老師甚至父母的嘲笑和指責終於刺激了他；與此同時，一本關於描寫狼的野性的成功學著作也激發了他，他猛然間醒悟，決心把自己打造成一個有膽有識的年輕人，做出一點成績讓別人也讓自己看看。他很快制定出了改變自身現狀的計畫，所要做的第一件事，就是鍛鍊膽量。

每天早上，他早早起床，練習跑步爬山，專門挑戰那些難走的山路和陡峭的山崖。不久，寒冷的冬天來臨，他就試著去野外打獵，捕捉貂和浣熊，還試著去尋找狼的身影。日復一日，身體變得強壯了，膽量也與日俱增。

由於家庭環境較差，父母供不起他上學的費用，他便開始向生活挑戰，決定自謀生路，自給自足。他把打獵弄來的貂皮賣掉，用換來的錢買了兩隻小豬。悉心餵養了一年，兩隻小豬長成了又肥又壯的大豬。生殖繁衍後，安德森的經營規模簡直可以算是一個小型的養豬場了。他把小豬仔一批批賣掉，同時供自己上學。等到手裡有了一小筆積蓄時，他也剛好考上了一所大學——位於印第安納州丹維市的中央師範學院。

讀書期間，他省吃儉用，每週的伙食費只有 1.4 美元，房租只有 0.5 美元；身上穿的則是母親為他縫製的一件棕布襯衫；父親給了他一套西裝，但穿起來很不合適，大得簡直像個斗篷；鞋子也是父親的，同樣不合適，一不小心就會從腳上脫下來。以這種裝束在教室裡出現，他感到抬不起頭來，以至於不敢和其他同學來往，常常獨自坐在房裡看書。一種強烈的自卑壓得他透不過氣來。

但不久之後，安德森身上接連發生了四件事，幫他克服自卑感和憂慮感。其中一件事給了他足夠的勇氣、希望和信心，並由此改變了他的生活。

第一件事，到校 8 週以後，他參加了一項考試，最終拿到一張職業資格認證書，使他可以在鄉下的公立學校教書。儘管期限 6 個月，但也足以顯示他的能力已經得到了社會的認可。這使他獲得了很大的成就感，更加堅定了生存的信念。

第二件事，一所位於快樂谷的鄉村學校聘請他做兼職，月薪 40 美元。

第三件事，在領取了第一份薪水後，他立即去商場買了一些新衣服。穿上這些衣服，他自己就覺得身價倍增，於是有勇氣與他人快樂的來往。

第四件事，這是他生命中一個極為重要的轉捩點 —— 他克服憂愁和自卑獲得了第一次較大的勝利。那是印第安納州班橋鎮舉行的一年一度的「普特南郡博覽會」，他決定參加一項公開演說比賽。最初產生這個念頭時，連他自己都笑自己是在異想天開。他甚至沒有勇氣面對一個人。又如何面對一大群觀眾呢？但經過一番激烈的內心掙扎後，他很快就下定了決心要參加演說比賽。

他選擇的演講題目是《美國的自由藝術》，然後開始積極的為此做準備。說實在的，他根本不知道什麼自由藝術。但他找一位內行人士為他撰寫了一篇文章，又將那篇文辭燦爛的演講詞全部默記下來，對著樹木和牛練習不下上百遍。於是，演說開始時他的神態非常自然，整個演講過程也十分流暢、感人。當聽到異常激烈的掌聲響起時，他知道第一名非他莫屬了。

這場演說引起了轟動，當地媒體紛紛在頭版頭條大篇幅進行報導，使得安德森名聲大振，成為家喻戶曉的人物，以致為後來進入美國參議院奠定了基礎。

到西元 1896 年為止，安德森已經進行了 28 場演講，呼籲人們投票選舉布萊恩為總統。助選時的新鮮感和興奮感激發了他步入政治圈的興趣。為此，在進入大學之後，他選修了法律和公開演說兩門課程。西元 1899 年，他代表學校參加了與巴特勒學院之間的辯論賽，最終獲得勝利，並因而成了校刊的總編輯。

隨著各種活動的增加，安德森的膽識也越來越大。在 50 歲那年，他終於實現了一生中最大的願望 —— 從奧克拉荷馬選入美國參議院。自奧克拉荷馬與印第安區合併為奧克拉荷馬州之後，他一直以自由黨的名義提名競選成為議員，先是州參議院議員，然後是州議會議員，最後成為美國參議院議員。

安德森的成功奮鬥歷程告訴我們這樣一個道理：一個人要想獲得輝煌的成就，必須具備非凡的膽識。的確，即使你才高八斗、學富五車，但如果沒有毛遂自薦的勇氣，羞於在大庭廣眾之下登臺亮相，機會必將與你擦肩而過，成功自然也與你無緣。

成功者與失敗者的區別，並不在於能力的高低，而在於是否具有非凡的膽識以及無所畏懼的拚搏精神。

認清生存環境

在西班牙山地，生活著一種特殊的狼，主要以捕捉岩羊為生。所謂岩羊，是指長期生活在岩石地帶的羊。在這個十分荒蕪的地帶，狼恐怕只能把岩羊當作唯一的獵物。但岩羊身體靈活，長於攀登，不易被捕食，狼便三天兩頭餓得飢腸轆轆，一副無精打采的樣子。但狼很快意識到了生存的危機正在逼近，於是苦練攀登本領，以捕捉賴以生存的獵物 —— 岩羊。

為了捕到獵物，狼肯下苦功練習攀登，終於能在岩石叢中穿梭自如，捕捉岩羊手到擒來。此後，狼族便把捕捉岩羊的本領世代相傳，改變了岩石叢妨礙牠們捕食的狀況，輕而易舉就能捕到岩羊。

狼族是一個具有非凡智慧的族群，牠們能認清自己所處的生存環境，善於把當前的具體情況與自身實際相結合，進而積極主動的去改變它，使其適應生存與發展的需求。

競爭中必須具備捕食者的心態

在這個競爭日益激烈的社會當中，每一個人都是捕食者，同時又是其他人的「獵物」。金錢、地位、權力、愛情……這是所有人都在追求與競爭的目標。當你得到時，別人就失去了一次機會；當別人得到時，你也失去了一次機會。因為誰都不想失去一次機會，所以競爭變得異常激烈。

有些人天生就像狼一樣具有攻擊性和競爭性，他們為了實現目標而積極主動的追求，最終都實現了美好的願望。有些人天生就像羊一樣軟弱，安於現狀，不思進取，所以一直處於社會最底層。前者具有「狼性」所以成功，後者具有「羊性」所以失敗。「狼性」與「羊性」對做人做事的差別由此可見一斑。

有些人常常牢騷滿腹，怨天尤人：父母為何不是位高權重的政府要員，我為什麼沒出生在億萬富翁的家裡，自己的條件為何不如別人的好，機會為什麼總是降臨在別人身上……他們對命運總是不滿，一味的埋怨與詛咒。

其實，上蒼對所有的生命都是公平的，倒是某些人常常自輕自賤，自我蔑視。我們應該明白，羊雖然無法改變牠的本性，人卻可以改變自己的命運。與其像羊那樣抱怨，不如虛心向狼學習。

抓住人生機會

一位成功學大師說；人生有兩種人，他們對待機會的態度各不相同。

像羊一樣的弱者，總是等待機會，機會若不降臨，他們就覺得寸步難行；而像狼一樣的強者，總是創造機會，即使機會沒有來臨，也覺得腳下有千萬條路可走。

一位先哲曾經說過：「聰明的人不會坐等機會來敲門，而是積極主動的去尋找並抓住它、征服它，讓它成為我們的奴僕。只有這樣，我們的眼前才會出現一條又一條的光明大道。」

當覺得自己不夠順利時，弱者總是找藉口說「因為我沒有遇到好的機會」，強者則說「我只不過是暫時沒有找到機會」。其實，在整個人生中，時時處處都充滿了機會，只不過有些人總是消極等待，因此感嘆生不逢時或是懷才不遇。要想獲得機會，獲得成功，我們必須積極主動的去爭取。實際上，在我們正抱怨上天不公平時，成功之門早已敞開了，成功正在向我們招手。但我們與它還有很長一段距離，因此要想早日到達成功的終點，必須堅定信念，以堅實有力的步伐去追求，待灑過汗水與淚水之後，迎接我們的必將是一片碩果累累、鳥語花香的美麗莊園！

人的一生是奮鬥的一生，如果失去了奮鬥，生命就失去了意義，人生也缺少了熱情。詩中有「若非一番寒徹骨，哪得梅花撲鼻香」的詩句，意思是說，不經一番傲霜立雪的搏鬥，就無法開出嬌豔的花朵，更結不出豐碩的果實。同樣的道理，一個人只有不懼挑戰，勇於奮鬥，才能開闢獨具特色的道路，走向成功的殿堂！

神學家希歐多爾．派克是美國歷史上頗具影響力的人物，為推動美國社會發展做出了極大貢獻。在美國，只要一提起「希歐多爾．派克」這個名字，幾乎是家喻戶曉、婦孺皆知。但鮮為人知的是，他的奮鬥歷程比其他人都艱難。

希歐多爾．派克是一邊做農活，一邊自學，最終考上哈佛大學的。由於家庭原因，在念大學的時候，他還得繼續堅持自學。但完成學業時，他的成績比誰都出色。透過他的奮鬥歷程可以看出，他能夠獲得成功的一個重要原因，是因為時刻爭取機會。否則的話，他恐怕連書都讀不成。

8 月的一個下午，希歐多爾．派克與父親一起在農地裡工作。派克突然說：「爸爸，我想在明天參加哈佛大學一年一度的新生入學考試。」派克的父親是萊辛頓一位沒多大本事的水車木匠，由於家裡窮，他供不起兒子讀書，為此感到十分慚愧。他知道，兒子雖然沒能進學校讀書，卻一直在自學，而且非常用心，夢想有一天能考入一所知名大學。他很佩眼也非常支持兒子的做法，但在經濟上無法給予援助，於是答應這個要求。

第二天，派克起得很早，風塵僕僕的走了 10 英里路，趕到了哈佛學院。一路走來，他回想著自己從小到大的讀書經歷。從 8 歲那年開始，就失去了上學的機會，因為家裡窮。但是，他想方設法賺錢買書，或借朋友的書把握時間攻讀。

他惜時如金，做事、走路，甚至睡覺的時候，都一遍又一遍的在腦海裡回憶和背誦學過的知識。最後，學過的所有知識都被他背得滾瓜爛熟，同時也十分透徹的理解了它們。

有一次，他在書店裡看到一本好書，非常渴望擁有它。於是在夏天的一個早上，背著籮筐來到原野裡採摘漿果，再把這些漿果送到波士頓去賣，最終用換來的錢實現了一個小小的願望。

想到這些，派克告訴自己：這次考試，只許成功，不准失敗！等到放榜那天，他果然金榜題名。當天回家，派克把好消息告訴了父親。「我的孩子，你真是厲害！」水車木匠拍手叫道，「可是，我沒有錢供你到哈佛讀書啊！」派克笑著說：「爸爸，您不用擔心。我不會搬到學校去住，只要利用家裡的閒暇時間來自學就夠了。只要通過考試，我就能拿到一張學位證書。那樣，什麼都好辦了！」

後來，派克成功的做到了這一點，以優異的成績回報了自己和支持他的親人。

時光飛逝，當年讀不起書的那個小男孩後來成為了一代風雲人物。作為著名的廢奴運動宣導者和社會改革家，作為許多美國政界頂級人物等人的密友和事業顧問，希歐多爾．派克對整個美國的影響是無法估量的。

每當派克回憶起童年在萊辛頓的岩石上和灌木叢中爭分奪秒的刻苦學習的情景，都會感到無限的溫馨與快樂，同時也覺得無比的充實。

希歐多爾·派克雖然家境貧寒、出身卑微，但他時刻不忘努力學習、開拓進取，利用一切機會進行創造，因此，他最終踏上了成功之路！

看到希歐多爾·派克成功的例子，對於出生在當今時代，家庭環境無比優越的我們來說，又做何感想呢？努力拚搏吧，具備優越的條件並不是最大的優勢，只有艱苦奮鬥，努力爭取當生活中的強者，我們才能有所建樹，獲得成功！

練就獨立生存能力

小狼剛剛能夠行走時，狼媽媽就會把牠們趕出「安樂窩」，讓牠們獨自去生活。在惡劣的環境裡，小狼的身體遭受著難以忍受的折磨，又可能遭到凶猛動物的襲擊，那種艱難與危險是可想而知的。

有些小狼咬緊牙關，抗住嚴寒與飢餓，勇敢的挺了下來；有的挺不住，便逃回安樂窩。狼媽媽考慮的是牠的後代的生存，所以，在牠的後代能夠自己行走的時候，就把牠們趕出「安樂窩」，讓牠們自己覓食，這對牠的後代來說是一種鍛鍊。狼媽媽並不會因為小狼可憐巴巴的樣子而收留牠，而是狠心的把牠們趕出去，讓牠們繼續去過艱苦的生活，以便更早學會獨立。狼的野性也正是在這種自強不息、自食其力的生存狀態中練就出來的。

狼從能夠獨立行走的第一天開始就接受了挑戰——獨自覓食，狼媽媽知道，如果今天不讓小狼出去受凍挨餓，不去適應艱苦的環境，那麼明天，牠們就不能自立，就會被凍死、餓死，被獅子、老虎以及獵豹等強大的動物吃掉。

也只有經歷苦境、險境、逆境的磨練，狼的生命力才會更加旺盛，意志也就更加堅強。

常言道：「人在屋簷下，不得不低頭。」這便道出了寄人籬下而受人箝制的酸楚滋味。寄人「屋簷」下，是為了維持生計，是因為生活所迫才這樣做的。還有些人生來就是一副奴顏媚骨，甘願為人低聲下氣的打點一切或大或小的事務。

那麼，這些人因何處於這種人生狀態呢？究其原因，大多是由於長期處於安逸的環境而不思進取，最終自甘墮落，不得不投身於他人門下，充當「奴僕」；或是因被某種利益驅使，有意接近目標中人，得到「理想」的歸宿。歸根究柢，是因為缺乏獨立性、性格軟弱而造成的。

其實，誰都不想受人箝制，都想擺脫他人的束縛，成為群體中的強者，進而去支配和控制他人。這種想法並不是錯誤的，這個夢想也是可以實現的。要實現這個夢想，我們必須明白：要想戰勝別人，先要戰勝自己，讓自己成為自己的主人。也就是說，我們首先要自立。只有自立，一個人才能實現遠大的理想和目標。

自立是一個人在生活中展開一切活動的基礎。它與一個人完成任務的能力和自信等情況都有直接關聯。自立並非指你的感覺如何或你現在的處境、感受有多好，而是看你在生活領域裡處理一些事務是否具有勇氣。

在日常生活中，我們難免會遇到這樣或那樣的問題，在很多時候，我們不想全憑自己的能力去解決，而是總希望借助他人的力量。這樣的確會節省你許多精力、物力和財力，但總是靠別人幫忙，效果就會適得其反。天長日久，可能就會養成不愛動腦、動手的毛病，一個弱者就悄悄誕生了。

人是有骨架的，不該像一根藤條，依附外界力量才能生存。外界力量常常像一包毒品，你得到了就變得精神抖擻，動力十足；得不到就被折磨得萎靡不振，意志消沉。因此，我們應該自立，應在胸中充滿勇氣，練就一身錚錚鐵骨，這樣才能在風雨人生路上一往無前！

那麼，如何才能自立呢？

要想自立，首先要擺脫事事依賴他人的不良習慣。

有些人從小受到父母溺愛，依賴性很強，甚至連最簡單的小事都要父母來包辦代替，致使生活不能自理，成了不會動手的「廢物」。如今生活水準提高了，許多孩子的地位也隨之提高，成了家中的「小皇帝」「小公主」，衣來伸手，飯來張口，過著養尊處優的生活。等到上國中或高中的時候，竟然天天讓父母來回接送。更可笑的是，某位大學生竟然不會洗衣服，把堆放了一星期的髒衣服帶回家，讓母親幫忙洗。這些情況令人擔憂，令人悲哀！他們也許會成為學習生活中的優等生，但一旦步入社會，他們「高分低能」的弱點就將暴露出來。在激烈的社會競爭中，這種人不必說占有一席之地，恐怕連立足都很困難。

自立者應該具備頑強的意志力。

一位特殊形式意志力的創始者，他把這種意志力稱為十次法則論，就是說：不論什麼事，如果值得嘗試的話，至少要試 10 次。但是，如果在第 11 次還沒獲得成功，就要重新評估你所使用的方法，或者停止這個方案。

在與一些成功者討論支持他們成功需要依靠哪些力量時，他們總是談到意志力這一因素。而且，50%以上的成功者都認為意志力是極其重要的。

關於其他方面，意志力包含自計畫開始後自動自發以及堅忍完成的能力。也就是說，要矢志不移的致力於某個方案上，直到耗盡所有能量為止。

有位成功的會計師，他所擁有的會計師事務所是美國西北部地區規模最大的一家。他的成功經驗告訴我們：一個人能否獲得事業上的成功，取決於他本身的自立程度，以及意志力的頑強程度。如果能夠完全自立，並具備頑強的意志力，就有望獲得事業上的成功。否則，要想成功創業就無從談起。

如今這位會計師已年逾古稀，卻依然具備很強的獨立自主精神，完全依靠自己的能力生存與發展。雖然健康狀況欠佳，但他仍然經營與管理著自己的花園和高爾夫球場，並積極參與社區活動。從某個意義來講，他是為了挑戰自己，使自己永遠自立。

從以上這些事例中我們可以看出，一個人要想獲得事業上的成功，甚或一個小小目標的達成，必須首先使自己完全自立。因為自立是我們立身處世的基礎，沒有自立，我們將寸步難行。

第二章　絕對自信，士氣強盛

正是因為狼的自信，才使牠們成為世界上效率最高的狩獵者，在遼闊的草原上，只要有狼，即使是雄獅也不敢靠近牠們，這就是狼的自信所產生的力量。

堅持追求，絕不隨波逐流

你是否在竭盡全力使自己和他人保持一致，唯恐有與眾不同之處。害怕表達自己的觀點，放棄你的見解和主張。始終表現出一種跟隨主流的狀態。這是不可取的，你要有所作為，就要做回你自己。

接受你目前的樣子，建立自信。你只要對自己、對你所做的事和你想做的事深具信心，你就沒有克服不了的困難。

如果你問 100 個人：「你的人生有何明確的目標？你計劃如何達到目標？」這樣的問題，恐怕其中 98 個人會回答：「我要讓自己過得好，努力追求成功。」這個答案乍一聽，似乎言之有理，但仔細一想，你就會發現，真正成功的人，都有明確的目標和可行的計畫，都能保持自己的本色。而隨波逐流的人，一生都將一事無成，只能撿拾成功者的殘羹剩飯。因此，你必須保持自己的觀點，走向成功。

史密斯．海格是一名非常成功的律師。在他年輕時期，處於貧窮邊緣。他非常害怕面對別人，內心充滿恐懼。為了生活，他向一家雜誌社投稿，以此微薄的收入維持生活。後來他寫了一個發明家的紀事，自己從故事中得到啟示，下定決心改變他的一生。

他放棄了作家的工作，回學校攻讀法律課程，準備做一名專業律師。認識他的人對於這項決定都極為驚訝。他不想當一名泛泛的律師，他要成為「全美國最頂尖的專業律師」。他把他的計畫付諸行動，憑著這份熱情，他提前完成了法律課程。

畢業之後，他刻意承辦棘手的案件，使他很快揚名全國，案件應接不暇。即使收費高達天文數字，他所推掉的客戶，還是比接辦的多。

你只要依照目標和計畫行事，就會有很多機會。你不知道自己想要什麼，不知道自己該如何去做，別人又怎能幫你成功？你必須有自己的目標，要確定你自己的方向，你才能克服困難獲得成功。

你要成功，就要擬定你的人生規畫，並立即行動。

你的未來操縱在你自己手中，現在就可以決定你將來的成敗。

樂觀豁達，擺脫煩惱

沒有人能夠計算清楚，煩悶替人類造成的災禍與損失究竟有多少。然而煩悶確實能使天才歸於平庸，能造成人的失敗，能破滅人的希望。

工作不能置人於死地，但煩悶卻能殺死大批人。做任何工作，做任何事，都不會使我們有所損害；能夠真的損害我們的，就是我們自己。

把大量的精力耗費在無謂的煩悶上的人，絕不會發揮出他固有的能力。世界上能夠摧殘人的活力、阻礙人的志向、減低人的能力的東西，莫過於煩悶，它能敗壞人的健康、摧殘人的活力、損害人的創造力，因而可以使許多大有作為的人平庸而終。

野蠻時期的土著在宗教儀式中，往往用種種殘酷的方法傷害自己的身體，來當作虔誠的表示。對於這種土著，我們不覺得可憐可笑嗎？然而我們自己也並不高明。我們往往用種種精神的刑具來傷害自己。我們常常懷著各種無謂的擔憂與不祥的預感，讓自己的一生都處於憂患之中。

煩悶能摧毀人的活力，消磨人的精神，所以能夠很嚴重的影響人的工作。一個人在心緒不寧時所做的工作，自然不能達到最高的效率。人的各種精神機能，一定要在絲毫不受牽制的時候，才能發揮其最高的能力。困於煩悶的頭腦，它的思考往往會不清楚、不敏捷、不合邏輯。在腦細胞受到煩悶的侵擾時，腦部的思考力、自然不能像毫無干擾的時候那樣集中。

無謂的煩悶、憂慮榨盡了年輕人的生命，使人來到中年即現老相。其實，促使他們衰老的，是他們自己多愁善感的性格，以及容易煩悶的習慣。

「憂愁使人老」，煩悶是刻劃皺紋的殘酷刀鋸！有人為了重大的煩悶在三個星期之內而面容驟變，就像兩個前後完全不同的人一樣。

常常懷著一種愉快的態度，而不去看生活的不幸與醜惡的各個方面，這是驅除煩悶的最好方法。

維持健康的身體，也是矯正煩悶習慣的重要條件。良好的胃口、甜美的睡眠、清爽的神智，都是可以減少煩悶的。體強力健的人，為煩悶所乘的機會比較少。但在活力低微、體質衰弱的人的生命中，煩悶最能立足、滋長。

醫治煩悶，你無須找醫生、進藥房，你完全可以自己治療。你只要用希望替代失望、樂觀替代悲觀、鎮定替代不安寧、愉快替代煩惱就夠了。相反的想法是不能並存的，兩者是相互排斥的。

絕不輕易放棄希望

曾有一名叫珍妮的女士，由於心臟病突發進醫院搶救，她很快陷入昏迷之中，醫院向她的家裡發出緊急通知。她被推進急救室，家人在走廊上默默為她禱告。

珍妮已昏迷了六個小時，一動也不能動，醫生感到無能為力，沒有希望了。

兩個護士非常急切，反覆問著：「有沒有脈搏？」

「沒有。」

也許是求生的本能，珍妮儘管不能動，但她似乎能聽到護士的聲音。她想：我不能這樣就完了，我得告訴他們我還活著。

「我必須活著，我不能死！」

她想起了一句話：「妳認為自己能做到，就一定做得到。」

她想努力睜開眼睛，眼皮卻不聽使喚，她想抬起頭，四肢卻沒有一點反應，她不斷的嘗試睜開眼睛，終於聽到護士說：「我看到她的眼皮還在動，她還活著！」

她們激動的喊：「珍妮小姐，妳還活著嗎？妳還活著嗎？」

她用力的眨眼睛，告訴她們她還活著！

經過不斷的努力，珍妮終於能睜開一隻眼睛，然後是兩隻。醫生、護士憑著他們的愛心和精湛的醫術，把她從鬼門關裡拉了回來。

無獨有偶，有一個叫丹尼爾的人也是一個不放棄希望的強者的典型。

丹尼爾出生時兩眼全盲，醫生告訴他的家人，這是先天性白內障，目前還沒有治療的辦法，但還有治療的希望。

六歲的時候，和他一起玩的小朋友向他擲來一個球，並且說：「小心，球要打到你了！」

丹尼爾果然被球擊中了，雖然沒有受傷，可他十分不理解：「為什麼比爾知道球會打到我，而我自己卻不知道？」

母親讓他伸出五根手指，告訴他，人天生有五種感官，有味覺、聽覺、觸覺、嗅覺、視覺。然後彎下他的一根指頭說：「而我們的小丹尼爾和別人不同，只有味覺、聽覺、觸覺、嗅覺，而沒有視覺，但我們可以用其他感覺來彌補視覺的不足。」

她拿過球站起來，說：「丹尼爾，準備接球！」丹尼爾雙手合攏，把球接住了。

「太好了，丹尼爾，永遠不要忘了你剛才做的事情，我們只用『四根手指』也能接到球。也就是說，我們只用四種感官也能追求並擁有充實、幸福的人生。只要我們不斷努力。」

每當生活中遇到挫折的時候，丹尼爾都會以母親的話自勉。

他上高中的時候，父親得知了治療白內障的方法，於是就帶著他去做手術。丹尼爾仍然用母親的話勉勵自己不要怕失敗。六個月內，他做了兩次顯微手術。他勇敢的伴隨著黑暗，熱切的期待著光明。

拆繃帶那天，他很緊張。當繃帶從頭上慢慢拿開的時候，醫生問：「看得到嗎？」

他覺得眼前好像有了模糊的光影。有一個聲音在叫他：「丹尼爾。」他聽出那是母親的聲音。他漸漸的看清楚了母親，滿頭斑白的頭髮，布滿皺紋的臉，還有那粗糙的手。這是他十八年來第一次看見母親。丹尼爾覺得她是世界上最美的人。

抓住希望的翅膀，永遠不放棄一點希望。這可不是容易做到的，更多的情況是，當人們遇到挫折的時候，往往想到的是前途渺茫，甚至放棄努力。想想那些天生不幸的人，他們都能透過努力成為幸福的人，大家就會獲得勇氣和力量。

走自己的路，不理會議論

太在意別人對你的評價與議論，特別是別人惡意的議論，久而久之會讓你陷入一種不良的心態，從而產生自卑心理。要想克服這樣的自卑，你要明白嘴長在別人身上，你若想要別人在背後閉嘴不談論你，除非你是隱形人，或者你和大家都沒有利害關係衝突。這是很難選擇的問題，也是不可能實現的問題。那麼，你唯一能做的，就是不要理會這些「流言蜚語」。如果你在意它們，它們會滲入你的身體，折磨你的神經，腐蝕你的信心，將你改造成畏首畏尾的驚弓之鳥。

因為怕被別人「議論」而整日惶惶不安，使工作失去效率、生活失去情趣，這樣的代價實在是得不償失的。問題呢？沒有消除，倒是自己把自己推入泥潭中無法自拔。

如果你確信自己並未做錯，就不必擔心別人怎麼想。只要你堅定信念，就沒有任何事能阻撓你。照自己的想法行事，持續驗證並修正你的所知，以便從中發掘出對自己信念的信心。

在處理與同事的關係時，你也許很苦惱，也許會問：「為什麼我對他那麼好，他還在背後議論我呢？」答案其實很簡單，因為你是他的同事，你工作的一大半的時間都是跟他在一起。你能否從工作中獲得快樂與滿足，與你經常相處的同事有很大的關係。當你在辦公室裡，如果同事們都虎視眈眈的對待你，你的工作熱情和信心難道不會因此受到影響嗎？

其實，同事之間存在競爭、摩擦、嫉妒是很正常的現象。但是要懂得如何把這種摩擦降到最低限度，應該學會怎樣把這種競爭導向對自己有利的方向。如果你很年輕，想在短時間內得到升遷，那麼一些資深的員工，對你的能力與成就就會感到妒忌，在背後討論你的能力和家世，並在很多的事情上，故意與你作對，這是出於發洩，求得心理平衡。而你應當知道他們始終是你的同事，與同事好好合作有著不可輕視的作用。

因此，當有人在背後議論你時，你要仔細考慮一下與對方合作的情況。看看問題究竟出現在誰身上？你是否也應負一些責任，改善一下同事之間的氣氛呢？一定要重視這種與人為善的關係技巧，它不僅是你超越自卑的有效途徑，也是你日後事業成功的關鍵。

忘記自己的不幸

有些人極富使人悲傷憂慮的能力。這種人似乎是善於釋放精神毒藥的天才。無論你怎樣努力防衛，他們總能將憂鬱的精神傳染給你。他們堅持說自己天生如此，天生情不自禁的「憂鬱」和陷於沮喪。

這全是無稽之談。沒有人生來就可憐，也沒有人生來就帶給世人憂鬱或生來就使人感到不快。恰恰相反，上天認為我們都應該幸福快樂。

你沒有權力對你的朋友製造肉體上的傷害，同樣你也不應該在你的朋友們面前展現一副不愉快的表情，你也不應該釋放精神毒藥，散布懷疑、擔憂、沮喪、洩氣的病菌。你既不能使他人的肉體遭受苦痛，也不能使他人的心靈感到不快。

真是奇怪，許多人居然能安之若素的對待「憂鬱」，無論「憂鬱」什麼時候「光臨」，他們都會熱烈歡迎。他們到處談論自己的悲傷和不幸，一遍又一遍的描述自己痛苦的情形，他們喋喋不休的談論自己的貧困以及一切駭人聽聞的瑣碎細節，他們對每個人說，自己的命運是多麼的不幸。他們似乎還喜歡錯誤的分析自己人生之所以痛苦、進步之所以受阻的原因。因而，他們總是在不經意間將這些想法打在自己的性格上。

其實，一副快樂、聰明的面孔，乃是文化修養的最高境界。偶爾，我們會一眼瞥見這樣一副面孔，這樣的面孔有一種人世間都不曾有的光芒，這樣的面孔使人確信，它的主人在沉思某種神聖的事情。這副面孔是如此的安詳、平和，是如此快樂，以致我們都感到自己已經洞悉了「最神聖的東西」。但是，與那些悲傷、憂鬱面孔的數量相比，這樣的面孔又是多麼的稀少啊！

一個人如果整日愁腸百結、鬱悶難消，那很容易破壞人的免疫力，從而使人的身體易於遭受疾病的襲擊，也容易使病情加劇。

沒有什麼比精神沮喪和憂鬱更易於傳染了。

當你感到沮喪、鬱悶時，你應該盡可能徹底的改變你所處的環境。無論你做什麼，你都不要老想著你的困難或令你苦惱的不如意的事。你應該盡可能的多想一想那些令人高興的好事。你應當有善待他人、關愛他人的理念。你應當談論那些使人感到親切，快樂的好人好事。你應該盡力帶給你周圍的人們快樂和歡笑。同時，在你感到沮喪或你自認為是一個失敗者的時候，你不妨告訴自己這並沒有什麼大不了的，然後轉身面向他處。

當你轉向他處時，你的眼界也變了，因而你的人生也會有所轉變。

每天為自己打氣

要想獲得驚人的成就，必須動員你的全部潛能。

所有為自我提供的刺激，一旦進入了人的內心世界，都可以稱之為自我暗示。自我暗示就是對自己的暗示。

自我暗示，往往會產生驚人的力量。消極的自我暗示，可以將人帶向死亡；積極的自我暗示，可以使人自勵自信，克服難關走向成功。

人若敗之，必先自敗。原因在於你是被消極的自我暗示所害。無論你做什麼事，總是胡思亂想，想著失敗之後的羞辱，直至喪失創造力。

對一個自認為天生就是失敗的人而言，無論你做什麼，成功都不會降臨到你頭上。因為你從想法、心態上處於不利地位。

你應該肯定自己，除了成功，你絕不能想別的事情。一定要有成功的心態，成功的思維和成功的行為舉止。

無論別人如何評價你的能力，你絕不容許懷疑自己的能力。你要增強信心，在很大程度上，運用自我暗示能使你成功的做到這一點。

個人的自我暗示蘊藏著一筆極大的財富。你在立身行事時，要不斷暗示自己一定會成功。絕不要自輕自賤。絕不允許自己產生可能會失敗的念頭。

自我暗示是一種心理調適方法。它的用處很多，範圍也很廣。切記，不要因為自我暗示的一時效果不明顯就灰心喪氣，正所謂「萬事開頭難」。自我暗示的效果也是一個由小人到，逐步增強的過程。

下面是你在學習自我暗示時，要牢記的五大原則：

1. 簡單：為自己制訂的精神標語要簡單有力。如：「我越來越富有。」
2. 積極：這是極重要的。如果你說「我不要遭受貧窮」，這消極的語言會將「遭受貧窮」這觀念印在你的潛意識裡。因此，你應說「我越來越富有。」
3. 信念：你的句子要有「可行性」，令你心理不會產生矛盾與抗拒。如果你覺得「我會在今年之內賺到 50 萬」是不太可能的話，選擇一個你能夠接受的數目。例如：「我今年之內會賺到 5 萬元。」
4. 預想：默誦或朗誦你自己定下的語句時，你要在腦海裡清晰的見到自己變成理想中的那個人。你永遠不會致富，除非你能夠在腦海中見到自己富有的模樣。

5. 感情：預想自己健康，你要有渾身是勁的感覺；預想自己能創造財富，你要有財富的感覺。當你朗誦你的語句時，要把感情傾注進去，否則光嘴裡唸著是不會有結果的，你的潛意識是依靠想法和感受的協調去運作的。

你要牢牢把握這五項原則，遇事時，不妨對自己說：「現在，我做這件事是最恰當的。我必定會獲得成功。」

實際上，世間並沒有主宰人們沉浮的命運。「我們並不聽從命運的安排，我們只聽命於我們自己。」根本不存在什麼力量將好事分配給「命定」的人，將壞事分給你我，這都是一派胡言。只要你不斷的對自己說一些催人奮進的話，你就會發現，這種自我暗示會使你迅速振奮，使你成功。

將貧窮轉換為另一種財富

貧窮並不可怕，可怕的是貧窮的思想，認為貧窮是自己命中註定的，有這種想法的人必然會在貧窮中虛度一生。

有人問一位著名的畫家，那個跟他學畫的年輕人將來能否成為大畫家，他十分果斷的回答：「不，永遠不可能！你想想，他每天都有 6000 英鎊的進帳！」這位畫家心裡最明白，一個人的本領只有從艱苦奮鬥中鍛鍊出來。

一個生為富家子弟的人不幸就在於，他彷彿就像背負著重量去賽跑一樣。大多數的富家子弟，總是不能抵禦財富對他們的誘惑，因而使自己的生命陷於一種不幸之中。這類人不是那些窮苦孩子的對手。對於這些小老闆，你們這些窮苦孩子不用害怕，但你們也應當小心，要提防那些此你們更苦的孩子在事業上的挑戰，他們所經受的苦難，最終會使他們超過你們。不要忽視從事拖地板之類的孩子，他們會一鳴驚人，而獲得最後勝利的恐怕也是這類人。

貧窮是一種祝福，因為貧窮會對你產生深遠的影響。貧窮可以激勵人，鍛鍊人，它只是在這種意義上是好的。貧窮本身是一種罪惡，但是從貧困中掙扎出來，卻是一件好事。

假使你現在貧窮，不要悲嘆自己的命運，還應持有喜悅之心。你要明白，貧窮與財富之路是不可能妥協的，因為它們完全相反。如果你希望財富，則必須拒絕接受導致貧窮的任何環境。

如果你要求財富，則要決定是哪一類財富，要有多少方能滿足你。你已知道到達財富的道路，你已得到了一張路線圖，如果你照圖去走，你便在那條路上。如果你懶得出發，或在到達前便中途停止，則不能怨別人，只怪你自己，這個責任應該由你自己負責。如果你現在不要求或拒絕要求人生的財富，則任何藉口不能使你推卸這個責任，因為接受這個責任只要求一樣東西，而這個東西恰好是你所能控制的唯一東西，那即是：你的想法與心理狀態。心理狀態是一個人自設的，它是買不到的，必須自己去創造出來。

貧窮的思維足夠破壞一個人在任何事業中成功的機會。

你應該下定決心，向貧窮作戰。世間的種種幸福與享受，也應該大家都有分，你應當在不妨礙、不剝奪別人的那一分的條件下，去獲得你的那一分。你是應該走出逆境，得到富裕，那是你天賦的權利。

心中不斷的想要得到某種東西，同時堅毅的為求得該東西而奮鬥不止，你最終總能如願以償。

知識改變你的命運

邱吉爾年輕的時候，成績很不好。在預備軍校的成績，總是班上最後一名。

邱吉爾參加過 4 次桑赫斯特皇家軍事學院的入學考試，前 3 次都失敗了，第 4 次才勉強通過。這時他才發現，他什麼都沒學到！他那時已經 22 歲，是一位士官了。

他下定決心：「從現在開始，我要好好學習，努力讀書了。」他找來地理、歷史、哲學、經濟等方面的書，在大熱天的午後，趁著學校軍官午睡之時，拿出柏拉圖、莎士比亞等人的書，專心研讀。如此持續了好幾年，他學會了寫明快、簡潔有力的文體，這種文體幫助他成為古今中外口若懸河的辯論家之一。

看完邱吉爾的故事，你該理解到知識有多麼重要了吧！

知識能使人睿智、明理；知識能激人奮發，促人上進；知識能給人無窮的力量。富人的富有，不僅僅是金錢上的富有，更重要的是知識的富有，正是憑藉著知識的力量，他們才獲得了成功。

不少偉人可以毫不猶豫的告訴你：知識決定命運。

一個人的知識儲備越多，才能更加豐富，生活就越充實。

不知你是否注意過，當別人認為或者相信你比他們有較多的專業知識、技能或經驗時，他們對你懷有很多的敬畏，而你對別人同樣如此。

善於利用零碎時間，便能促成你一生的成功。但很多人卻在用零碎時間裡做對身心有害的事情。

自強不息、隨時求進步的精神，是一個人卓越超群的標誌，更是一個成功的徵兆。

從一個人怎樣利用零碎時間上，就可以預言他的將來。

許多人最大的弱點就是想在頃刻間成就豐功偉績，這當然做不到。其實，任何事情都是漸變的，只有持之以恆的精神，只有一步一步的增進知識的做法，才能有助於一個人最終達到成功。

從每個可能的地方努力攝取知識，這是使人知識廣博的唯一方法。而廣博的知識可以使人胸襟廣闊開通，不致流於狹隘、鄙陋。這樣的人能夠從多方面去「接觸人生，領會人生」，而他的趣味，也是廣大、濃厚的。

珍惜你的每分鐘時間

人的生命只有一次，而人生也不過是時間的累積。你必須慎選利用的方式。要知道，讓時光白白流逝，就等於毀掉人生最後一頁。你無法將今天存入銀行，明天再來取用。

垂死的人用畢生的錢財都無法換得一口生氣。你無法計算時間的價值，因為它們是無價之寶！

「記住，時間就是金錢。假如說，一個每天能賺 10 個先令的人，玩了半天，或躺在沙發上消磨了半天，他以為他在娛樂上僅僅花了 6 個便士而已。不對！他還失掉了他本可以賺得的 5 個先令。記住，金錢就其本性來說，絕不是不能生殖的。錢能生錢，而且它的子孫還會有更多的子孫。誰殺死一頭豬，那就是消滅了牠的所有後裔，以至牠的子孫萬代，如果誰毀掉了 5 先令的錢，那就是毀掉了它所能產生的一切，也就是說，毀掉了一座英鎊之山。」

這是美國著名的政治家班傑明．富蘭克林的一段名言，它通俗而又直接的闡釋這樣一個道理：如果想成功，必須重視時間的價值。

我們不能向別人多借時間，也不能將時間儲藏起來，更不能加倍努力去賺錢買一些時間來用。唯一可做的事情，就是把它花掉。

認識你的時間，是每個人只要肯做就能做到的，這是一個人走向成功的有效的自由之路。奧里森．馬登將駕馭時間，提高效率的方法概括為四個方面：

1. 要善於集中時間，切忌平均分配時間。要把自己有限的時間集中在處理重要的事情上。分清主次，切不可每樣工作都做。要勇於拒絕不必要的事。
2. 要善於把握時間，時機是事物轉折的關鍵時刻。抓住時機可以牽一髮而動全身，以較小的代價獲得較大的效果。促進事物的轉化，推動事物向前發展。

3. 要善於利用零散時間。時間不可能集中，往往出現很多零散時間。要珍惜並充分利用大大小小的零散時間，把零散時間用來從事零碎的工作，從而最大限度的提高工作效率。
4. 還要善於運用會議時間。會議時間運用得好，可以提高工作效率，節約大家的時間；運用得不好，反而會降低工作效率，浪費大家的時間，更主要是浪費你的時間。

用正確的心態營造快樂

身具狼性的人必須要在情緒低落的時候，能激發自己的積極心態，從而達到快樂。因此，快樂，需要正確的心態才能實現。

人的一生中，難免會遇到各式各樣的問題，總會遇到一些不稱心的人，不如意的事，此時，應該以什麼樣的心態面對這一切呢？此時，如果你有快樂而又自信的好習慣，那麼效果往往是出乎意料的。

人生充滿了選擇，而生活的態度就是一切。你用什麼樣的態度對待你的人生，生活就會以什麼樣的態度來對待你，你消極，生活便會暗淡；你積極向上，生活就會給你許多快樂。

當人們遭到嚴重的（或一定的）挫折以後，所產生的一種失落、無奈、困惑之感，對自己的未來失去信心、因而處於牢騷滿腹的心理狀況，於是老氣橫秋，怨天怨地，長吁短嘆。這些本是一些力不從心的老年人的「專利」，卻使血氣方剛，本應開拓事業、享受生活美好時光的年輕人，也沾上了這個毛病，就會未老先衰，失去青春的活力，失去人生之樂趣。

怎樣能夠使自己變成一個真正快樂的人，可真是一門高深複雜的學問。單單叫你要快樂，叫你微笑，以及大笑是沒有用的。假使你是一個很不幸的人，假使你看不見你自己的前途，你對人類的善良美好失掉信心，你覺得自己很瑣碎、卑微、無聊而又墮落，你可能笑，然而你笑出來的不是快樂，至少你的笑不能使人快樂。

只有正確的對待生活，保持良好的心態，才能克服以上所提到的困難，從而快樂的生活。

要擁有正確的心態，還要對自己的未來負責。給自己一些壓力，以求發展。如果一個人有了強大的「實力」，他選擇和發展的機會就會大大的增大。那你的生活中就會少一份憂愁，多一份快樂。

請展開你緊皺的眉頭吧，不要陷入生活中不如意的一面而心煩意亂，情緒消沉。樂觀的面對生活，保持一種良好的心態，就可以養成樂觀的習慣，並用這種生活習慣去面對生活，才是年輕人面臨挑戰的資本。你要想擁有樂觀自信的習慣 —— 走出一條自己的路的第一項法則是：樂觀的面對生活，保持一種良好的心態。

沒有自信，就不可能有真正的樂觀

擁有狼性的人在自己人生的辭典上鐫刻著兩個字 —— 樂觀，因為他們需要用樂觀的心態去面對各式各樣的困境。

在這個世界上，人會碰到很多麻煩、很多悲傷與苦惱，樂觀的人會自信的面對這一切，從而走過去，尋找另一片天空，相反的，自認為「醜小鴨」的人，正是悲觀而失落的人，只有養成了樂觀自信的好習慣，才能使自己在事業之途的跋涉中勇於面對困難，並戰勝它們。年輕人應該是前者，也只有這樣，在人生的考驗面前，才能從容不迫，輕鬆應對。

誠然，一個人成長的環境往往會對他產生某種程度的影響。但這並不代表全部，只要你稍微改變自己的想法，隨時就會有一條大道展開在你面前。因此，你要學習適時糾正自己的想法與觀念。

所以，只要能夠改變觀念和想法，你的立場和情況自然就有天壤之別。

冷靜分析一下自己現今所處的情況，並且細心列舉出自己的長處與短處來，這樣你就可以發現自己過去不曾注意到的優點了。

世界上不知有多少人講述過信心帶給人類力量的影響。成功者與失敗者的信念就是截然不同，而我們現在對自我評斷的信念，往往就支配了我們的未來。如果我們相信美妙，未來就會過著美妙的日子；如果我們自行設限，轉瞬之間那些限制就在眼前。所以，若我們相信有可能會成真的事，它就必會如你所思。有些人雖有熱情，但對自己的能力懷疑或期許不高，因而從未採取能讓願望實現行動。但成功者不然，他知道所追求的並且相信能夠獲得，他們有足夠的自信讓自己成功。自信猶如汽油，推動你的人生之車駛向卓越之境。

成功，永遠是美麗的。成功的快樂，永遠只屬於那些獲得成功的人。快樂可以養成為一種習慣，一種年輕人成大事所必備的一種習慣，你自信嗎？你就會有成功的機會，你就會有快樂的源泉。樂觀的人是自信的，自信的人才是成功的。

樂觀是生活的一種力量

樂觀是身為狼性人的一種心態，即使面對危亡，依然勇敢無敵。可是，個人如何激發自己的樂觀力量呢？這是成大事者非常關注的人生問題。

樂觀是無形的，但它是有力量的。而且樂觀的力量又是超乎想像的。它可以使你的心靈永保青春，使你的生命光彩奪目，使你的周圍灑滿成功的陽光。年輕人，只有養成了樂觀的自信的習慣，才會在事業上獲得一番成就。

有這樣一個例子：

在一個家庭的聚會上，成年的孩子們要求自己的父親一起和他們玩耍。他們的父親都 60 多歲了。「噢，一邊去，一邊去！」他說，「我太老了，不能再玩那種遊戲了。」但是他們的母親卻加入了他們的遊戲中，她像孩子們一樣的熱情，有一種發自內心的興奮。她的眼睛中閃爍著青春的光彩，她的一舉一動都顯得那麼年輕。她的年齡與孩子們的父親相差無幾，但是卻為什麼顯得比孩子們的父親年輕那麼多？因為她們在像孩子一樣嬉戲。一種年輕的感覺，和年輕人在一起，參加他們的活動和娛樂。年輕的精神是有感染力的。

我們需要學會知足常樂。這種知足不是遲鈍，而是一種從虛榮、狹隘、擔憂和焦慮中的解脫。這些東西是我們成長的絆腳石。那些過分野心勃勃的追逐著虛名、地位和個人的權勢，卻不想做一個高尚而有愛心的人，正是虛榮和野心損耗了他們的生命，使許許多多的人還沒有到50歲就已經老態龍鍾。簡樸的生活是最完滿、最高尚和最有益的。

我永遠不會變老，因為我喜歡自己的事業。我全身心的投入到工作當中，永遠不會感到疲倦。當一個人幸福、充實和永不疲倦的時候，當他的精神永遠年輕的時候，皺紋怎麼會爬上他的額頭呢？當我感到疲憊的時候，那不是我精神的疲憊，而是我身體的疲憊。

「貪婪無度會消耗一個人的青春，縮短一個人的壽命。有的人沉浸在過去的痛苦生活中不能自拔，於是，皺紋過早的爬上了他的臉龐，他的眼睛失去了光彩，腳步失去了彈性，人生也就失去了意義。」

「留住你的愛心，保持一份浪漫的心情。它能夠撫平你臉上的皺紋。如果你的思維沐浴在愛的光芒中，如果你能夠對芸芸眾生播撒你的愛心，那麼你將會充滿活力。但是，如果你的心靈乾枯了，如果你失去了同情和愛心，如果私欲和貪婪占據了你的心靈，你就會未老先衰。任歲月流逝，世事滄桑，一顆沐浴在愛意中的心靈青春永駐。」

我們永遠無法阻止歲月帶走我們的青春容顏，但是我們卻可以永遠有一顆快樂的心靈，擁有快樂的好習慣。

思維的作用是龐大的。從來不要認為自己太老了，不適合做這樣那樣的事情了。這樣的想法很快就會從你的皺紋和你蒼老的表情上表現出來。我們就是自己所想像的樣子，我們會變成自己所想像的樣子。這是許多人公認的事實了。

當人們問古代一位長壽智者永保青春的祕密時，他說：「我的祕密是每天堅持學習一些新東西。」歷史上也不乏類似的觀點。

這句話中包含著真理。健康的活動增加了心靈和體質的力量，讓你靈活敏銳。如果你要留住歲月的腳步，你必須要樂於接受新思想，開闊心胸，多一些愛心和同情心，在人生的路途上不斷探索真理。

歡樂是延緩衰老的良藥，樂觀的人才能夠留住歲月的腳步。人必須驅除擔憂、嫉妒和仇恨。這些東西令人痛苦，讓人衰老。純潔的心靈、健壯的身體、寬廣的心胸和堅強的意志是年輕的泉源。我們每一個人都有資格過快樂的生活，我們每一個人都平等的享有生命的樂趣，都有同等的機會擁有快樂。年輕人們請做一個樂觀的人，養成樂觀的生活習慣，為成功人生增加一份力量！

相信一切，學會向前看

成大事者的生活之道是:做一個樂觀的人。因為樂觀的人，總是向前看，他們看到美好的生活，充滿希望的未來和每一個人的快樂，他們認為，快樂是屬於每個人的。每個人都有屬於自己的快樂。你的快樂就蘊藏在生活中。尋找屬於你的快樂，就要到生活中去。他們的生活中，擁有著尋找快樂的向前看的好習慣，所以，他們的生活和工作都是快樂而積極的。

在樂觀人的眼中，平實的生活中蘊含著許多東西。

生活快樂不快樂，全在自己對生活的態度的理解。

樂觀的人就是這樣看待生活和問題的，他們總向前看，他們相信自己，相信自己能主宰自己的一切，包括快樂和痛苦。

的確，你自己不但可以創造財富，而且你自己還是這些財富的指導者。生活是你自己的一切，都在你自己。你是否願意快樂，是否養成了快樂的習慣，是否向前看，尋找美好的東西。

到處都有明媚宜人的陽光，勇敢的人一路縱情歌唱。即使在烏雲的籠罩之下，他也會充滿對美好未來的期待，跳動的心靈一刻都不曾沮喪悲觀：不管他從事什麼行業，他都會覺得工作很重要、很體面；即使他穿的衣服襤褸不堪，也無礙於他的尊嚴；他不僅自己感到快樂，也為別人帶來快樂。

我們還要唉聲嘆氣嗎？我們為什麼不做個快樂的人呢？生活中有不順，有煩惱，有壓力，但只要你保持愉快的思維，你就會發現更多的快樂。

永遠不要憂慮，永遠不要發牢騷。如果我們一直向前看，生活積極樂觀，工作勤奮努力，就一定會得到幸福的關照。地底下的種子從來不懷疑，總有一天它會破土而出，長成一棵幼苗，長出枝葉，並且一定會開花結果。它從來不問自己，怎麼才能突破壓在頭上的厚厚的土層。它從不抱怨成長的過程中碰到頑固的石頭和沙礫，而是不斷的把自己柔嫩的根鬚一點一點向上頂出，穿過石頭和沙礫，堅韌勇敢的成長著，直到露出地面，長出枝葉，並開花結果。從這顆幼小的種子那裡，我們可以學到從無名之輩成為社會名流，從無知愚昧變得文明開化的成功奧祕。

快樂是屬於你的，你自己的快樂只有你自己才能尋找得到，如果你自己放棄了你快樂的權力，放棄了快樂的習慣，那你也就放棄了生活，放棄了你自己，那麼誰也幫不了你。

你要想擁有樂觀自信的習慣 —— 走出一條自己的路的第四項法則是：永遠不要憂慮。永遠不要發牢騷。

樂觀自信是一種財富

世界上的財富除了金錢之外，人的個性也是獲取成功的重要財富。對於成大事者而言，他們更注重把樂觀自信視為精神財富，用它去追求物質財富。這是一種良好的習慣！

擁有財富，是每個人都希望的，也是當今許多人為之奮鬥的目標。財富也就成了一個人成功的標誌，怎樣看待你的財富呢？這又是我們生活中所面臨的一個問題。有的人衣食富足卻憂鬱不快，而有的人雖然清貧，每日粗茶淡飯，卻又幸福快樂，那麼，到底怎樣對待我們的財富呢？每個人想擁有成功、擁有財富，那就應該讓樂觀自信成為一種習慣，在事業的開創中助你一臂之力。執著的對待生活，緊緊的掌握生活，但又不能抓得過死，鬆不開手。人生對於財富，也應有一種能夠「捨」的態度：我們必須接受「失去」。年輕人必須學會這些，學會怎樣鬆開手。少追求一些物質利益，多累積些精神財產。

我們在經受「失去」中逐漸成長，經過人生每一個階段，我們是在失去娘胎的保護才來到這個世界上，開始獨立的生活：而後又要進一系列的學校學習，離開父母和充滿童年回憶的家庭;結了婚，有了孩子，等孩子長大了，又只能看著他們遠走高飛。我們要面臨雙親的謝世和配偶的亡故：面對自己精力逐漸的衰退；最後，我們必須面對不可避免的自身死亡 —— 我們過去的一切生活，生活中的一切夢都將化為烏有，我們的財富會成為雲煙散去。

人生絕不僅僅是一種作為生物的存活，它是一些莫測的變幻，也是一股不息的奔流。我們的父母透過我們而生存下來，我們也透過孩子而生存下去。我們建造的東西將會留存久遠，我們自身也將透過它們得以久遠的生存。我們所造就的美，並不會隨我們的湮沒而泯滅。我們的雙手會枯萎，我們的肉體會消亡，然而我們所創造的真、善、美則將與時俱在，永存而不朽。這樣的東西，也有只有樂觀、自信的人才能創造出來。

請接受前輩的告誡:不要枉費了你的生命，要少追求物質，多追求理想，做一個樂觀自信的人。因為只有理想才賦予人生以意義，只有理想才使生活具有永恆的價值。

快樂是一種比金錢還要寶貴的財富。樂觀的態度自信的人生，是充實而又富有的，是另一種別樣的財富。這種財富只有擁有了樂觀自信的人才會擁有它。年輕人在創業之際，一定要養成這種好習慣，才會在今後的事業發展中增加許多動力的來源。

笑對天下難事

假如你心情憂鬱，那麼請記住這樣一位成大事者 —— 美國著名企劃專家的話：「用微笑的習慣打掃你憂鬱的心情吧！」

的確，很多年輕人把「笑對人生，快樂生活」作為自己的座右銘。他們這種積極快樂、熱愛生活的態度，生活習慣無不使他們的生活充滿生機與陽光。和任何一個快樂生活的年輕人談話，他都會向你講出一種辦法。

有這樣一個小故事：

有一個老先生，得了病，頭痛、背痛、茶飯無味、萎靡不振。他吃了很多藥，也不管用。這天聽說來了一位著名的中醫，他就去看病。名醫望聞問切一番後，給他開了一張方子，讓老先生去按方抓藥。老先生來到藥鋪，向賣藥的師傅遞上方子。師傅接過一看，哈哈大笑，說這方子是治婦科病的，名醫犯糊塗了吧？老先生趕忙去找醫生，醫生卻出門了，說要一個多月才能回來。老先生只好揣起方子回家。回家路上他想，糊塗醫生開糊塗方，自己竟得了「月經失調」的婦女病，禁不住哈哈樂起來。這以後，每當想起這件事，老先生就忍不住要笑。他把這事說給家人和朋友，大家也都忍不住樂。一個月後，老先生去找醫生，笑呵呵的告訴醫生方子開錯了。醫生此時笑著說，這是他故意開錯的。老先生是肝氣鬱結，引起精神憂鬱及其他病症。而笑，則是他開給老先生的「特效藥」。老先生這才恍然大悟 —— 這一個月，老先生光顧著笑了，什麼藥也沒吃，身體卻好了。

你看，笑對一個人的生活有著多麼大的影響。它關係著我們的健康，我們的心情，我們與他人的溝通，我們事業的成敗，我們生命的意義。

這使人想到一些關於樂觀人生的名家名言：

「世界上的事情最好是一笑了之，不必用眼淚去沖洗。」這是印度大文豪泰戈爾說的。「笑，實在是仁愛的表現，快樂的泉源，親近別人的橋梁。有了笑，人類的感情就溝通了。」這是英國詩人雪萊說的。

我們忙忙碌碌的生活在這個世上，每一天都承受著龐大的生存壓力。我們要維持自身和家庭的生活水準不至於太低，我們要時時提防天災人禍的發生，我們面對著生老病死的困擾，我們要和形形色色的人打交道等等，如果我們不懂得調節自己，苦惱、憂愁、煩躁、憤怒、痛苦等等這些不良的情緒，就會嚴重的損害我們的身體和精神。就像老話說的「愁一愁，白了頭」。而最好的自我調適方法，就是笑，就是樂觀的生活，就是養成樂觀生活的好習慣。

俗語說得好：「笑一笑，十年少。」的確，經常保持愉快的心情，笑口常開，是大有益於身心健康的。笑，使肌肉變得柔軟，身心在極度放鬆的狀態下，很難引起焦慮。

只要你笑，就多一份覺醒，對這個世界更有安全感。世界也會分享我們的感覺。

笑對一切，樂觀向上，應該是年輕人們的處世態度，是成功的良好習慣之一。簡單而樂觀的生活，快樂的源頭，為我們省去了多少欲求不能滿足的煩惱，又為我們開闊了多少身心解放的快樂空間！

擺脫心靈的紛繁，簡單而充實的生活，讓歡笑撒滿你的每一天，怎會不快樂呢？

如果你要成大事，愁眉苦臉是無濟於事的，只有養成樂觀自信這樣的好習慣，笑對一切困難並戰勝它們，才是走向成功的正確道路。

每天都面帶微笑

能讓自己的臉上多一點微笑，是生活快樂的象徵。請多給別人一點善良的微笑吧！這是一種好習慣，是成大事者的一種人格魅力！

先讓我們來看一個故事。有一位老先生，他的生意做得非常好。其中一個很重要的原因是他善於微笑。有一次他談到自己的成大事經驗。

他說：「在這個世界上我給別人一個什麼表情，別人就回報我一個什麼表情。我給對方一個怨恨的表情，對方就回報我一個怨恨的表情；我給對方一個善良的微笑，對方就回報我一個善良的微笑。」

他繼續說：「我的經驗就是，當你把一個微笑面對千百個人的時候，千百個人回報你的是千百個微笑，這樣，你就能成大事了。」

老人說得非常好。的確，微笑是上帝賜給人們的一種專利，是美麗生活中的一劑神祕配方。學會微笑，對一個人的生活會有許多益處。

首先，學會微笑對一個人至少有三個好處：

第一個好處，微笑自然而然的調整了人的身體。

臉一微笑，全身放鬆，我們全身都會微笑。

請用你的胸口、胃部微笑，當你胃疼的時候，你讓胃部微笑一下，胃部放鬆，疼痛緩解。全身包括四肢都會微笑。微笑在生理上有放鬆、通暢的作用。

第二個好處，微笑在使生理放鬆的同時，還能使心理上得到放鬆。

人們求學時有學業壓力，長大以後要做很多事業，所面臨的壓力必然更重。在這方面，卡內基為我們樹立了良好的榜樣，他在短短的幾年裡，寫了幾十部書，共一千多萬字，還拍了電視影片做宣傳。應該說他做的事相當多，但他並沒有感到特別的累，更沒有生病，這得益於他的自我放鬆，用微笑的表情對待人生。

面帶微笑的第三個好處，就是前面那位老先生講的，一個人在日常生活中，善於用微笑來對待週邊世界和週邊人物，他會得到更多的機會。

其次，一個人的微笑，比高貴的穿著更重要。笑容能照亮所有看到它的人，像穿過烏雲的太陽，帶給人們溫暖。

曾有一個獲得大筆遺產的紐約婦人，她參加一次宴會時，急於留給每一個人良好的印象。她浪費了好多金錢在黑貂皮大衣、鑽石和珍珠上面。但是，她對自己的面孔，卻沒下什麼功夫。她的表情尖酸、自私。她並不懂得每一個男人所看重的是：一個女人面孔的表情，比她身上所穿的衣服更重要。

再次，微笑是一種令人愉悅的表情。每當別人面對你的這種表情，他便會感到你的自信、友好，同時這種自信和友好也會感染他，使他油然而生出自信和友好來，從而使他對你親切起來。

總之，你的笑容就是你好意的信使，你的笑容能照亮所有看到它的人。對那些整天都皺眉頭、愁容滿面、視若無睹的人來說，你的笑容就像穿過烏雲的太陽。尤其對那些受到上司、客戶、老師、父母或子女的壓力的人，一個笑容能幫助她們樹立這樣一種信心，那就是：一切都是有希望的，世界是有歡樂的。

最後，還是讓我們記住這段賢明的忠告吧！

「每回你出門的時候，把下巴縮進來，頭抬得高高的，肺部充滿空氣；沐浴在陽光中；微笑著招呼你的朋友們，每一次握手都使出力量。不要擔心被誤解，不要浪費一分鐘去想你的敵人。試著在心裡肯定你所喜歡做的是什麼；然後，在清楚的方向之下，你會徑直的達到目標。心裡想著你所喜歡做的偉大而美好的事情，然後，當歲月消逝的時候，你會發現自己掌握了實現你的希望所需要的機會。正如珊瑚蟲從潮水中汲取所需要的物質一樣。在心中想像著那個你希望成為的有辦法的、誠懇的、有用的人，你心中的想法，每一個小時都會把你轉化為那個特殊的人……思維是至高無上的。保持一種正確的人生觀——一種勇敢的、坦白的、愉快的態度。想法正確，就等於是創造。一切的事情，都來自於希望，而每一個誠懇的祈禱，都會實現出來。我們心裡想什麼，就會變成什麼。把下巴縮進來，把頭部高高昂起，我們是明天的神仙。」

第三章　居安思危，保持警惕

在蒙古國草原上，牧民們會在一些牲畜的屍體旁邊挖一些陷阱，在裡面設置上狼夾。狼一旦為吃食物掉進陷阱裡，就會被狼夾夾斷四肢甚至腰部，根本沒有逃脫的機會。

狼是一種時刻都保持危機感的動物。只要是生存 8、9 年的老野狼，牠們都是經歷了太多的生存與死亡的戰鬥，有很多次牠們都是用自己的勇猛和犧牲，把自己從死亡邊緣拉了回來。此外，敵人在牠們身上留下了太多的傷痕，而這些傷痕也見證了牠們頑強的生命力。因自然衰老而死亡的狼，牠們在狼群中所占的比例是極其微小的，大約只有 1%～ 15%。從以上數字，我們就可以想像到狼群的生存環境是多麼惡劣。

狼經常用伏擊戰來屠殺羊群，牠們深諳此道。而狼群有時候也會成為獵人或者其他大型食肉動物的獵取目標。所以，狼也經常會遭遇這種伏擊戰術，所以狼必須時刻都保持高度的警惕性，因為危險和殺機時刻都圍繞在牠們身邊。牠們要是有稍微的放鬆，就很有可能會被獵人打死或者被其他食肉動物吃掉。

那些或長或短飼養過狼的牧民們幾乎都知道，狼在吃食物時，任何人都不能靠近。一旦靠近，狼就會近乎瘋狂的對人進行攻擊。狼在吃食物時這種護食本能的表現，就是因為在狼的頭腦中存在著危機意識 —— 沒有食物，牠們就不能生存。無論是在草原、森林，還是在雪域，狼要獲得食物都要經過艱苦的努力，甚至要付出生命的代價。狼知道食物的寶貴，奪走牠們的食物，就如同奪走牠們的生命。牠們保衛自己的食物，就相當於在保衛自己的生命。

有近憂也要有遠慮

按照狼道來做人做事，要有長遠的考慮，要有全局的細想。孔子說：「人無遠慮，必有近憂。」沒有長遠的考慮，只注意眼前的利益，那麼必定會有近期的憂患。全局是指事物的整體，是事物的各個部分、各個方面的有機統一。全局是相對於局部而言的。所謂要有全局觀念，是指人們在具體制定和實施決策過程中，必須對事物有一個整體的掌握，從大局出發，著眼於對自己的發展有利的環節來展開工作。

關於全局與局部的關係早在中國古代就有過這方面的論述。古人云：「自古不謀萬事者，不足謀一時，不謀全域者，不足謀一域。」講的就是一個領導決策者必須有全局觀念，善於從全局觀察問題，分析問題，解決問題。「長遠性」是策略觀、全面觀的重要特徵之一。從決策的角度講，人無遠慮，必然助長短期行為，只要對當前有利的事就做。而那些對當前無利、甚至要以犧牲一定眼前利益為代價，對組織長期發展有重要意義的事業就根本沒有興趣，它提醒人們做決斷時，一定不要只顧眼前的利益，而忽視長遠的利益。

任何層次的領導決策者，都要有點憂患意識，事事處處增加一點未雨綢繆的未來意識，是我們做人做事的必須懂得的。

做好預測風險決策

雖然食物的誘惑讓牠們無法抗拒，但牠們會保持足夠的警惕性。一般在離牧民居住區較近的地方，牠們都會格外小心。精明的狼會用嘴叼一些物體扔到牲畜屍體周圍，來看看有沒有陷阱。等探明了沒有危險之後，牠們才放心的走過去，但也並不是立刻就去撕咬食物，而是用牠們嗅覺靈敏的鼻子去聞聞屍體。如果有異常的味道，牠們也不會去吃的，因為牠們知道，那有可能是牧民們在牲畜的屍體上撒了毒藥。

在經營活動中，具有狼道思想的決策者在做某一項決策時，都是要做好各種預測，當風險發生時，心中就有了相應的對策和準備。

經營決策工作是一個動態過程，絕非固定不變的，決策的過程和程序亦不是千篇一律的。儘管如此，任何一項決策，在理論上分析是有個合理過程和階段性的。

春秋時期，吳國有一個叫伍子胥的大夫，當吳王讓他主持練兵時，他不是先領官兵練習打勝仗，而是先訓練他們如何打敗仗，吳王不解緣由。伍子胥解釋說，知道失敗才能懂得收穫成功，明白如何獲得勝利，這樣的軍隊將立於不敗之地。用兵之前，先把可能失敗的道理多想一下，再一一做好應付局面的準備，然後仔細研究制勝的方略，而後以必勝的信心率三軍而戰，這樣雖然不一定能百戰百勝，但起碼失敗時不會全軍崩潰，最終必定可以獲得勝利。

伍子胥言行一致，每次打仗行動之前，他都做好退卻的準備，選好退路。一次，他率兵與楚國交戰，誤中埋伏，便按事先選定的路線退出，傷亡甚微。隨後以逸待勞，乘敵人不備而進入楚國，打了勝仗。

一位美國學者認為，任何決策制定包括四個主要階段：

第一階段探查環境，尋求決策的條件，可稱之為「情報活動」。

第二階段，創造、制定和分析可能採取的行動方案，稱之為「設計活動」。

第三階段，從可資利用的方案中選出一項特別行動方案，稱之為「抉擇活動」。

第四階段，對過去的抉擇進行評價，稱之為「審查活動」。

一般說來，「情報活動」先於「設計活動」，而「設計活動」又先於「抉擇活動」，然而階段循環較之所提示的序列要複雜得多。制定某一特定決策的每個階段，其本身就是一個複雜的決策制定過程。

雖然決策是一個複雜的動態過程，但正如「凡事預則立」所證實的，每一項決策，只要做好各種準備對策，面臨各種變化就能應付相對應的變化，贏得決策的成功。

成功的狼道企業家，在做出每項經營決策時，都是做好預測準備。在對決策可行性的論證時，總是把同行們的競爭意圖、競爭策略、競爭能力、競爭手段和競爭時機等作為重要問題研究，並準備好相應的對策。同時，在預測市場發展趨勢時，充分考慮未來競爭因素及市場變化的因素，這樣可使決策避免偏差，增強可靠性。

用策略眼光去決策

企業的決策者如同身處自然中的孤狼一樣，制定經營策略，必須有遠見卓識，能高瞻遠矚，善於抓住事物的本質，這樣才不會進入失敗的死胡同。要達到這個要求，決策者需要有廣博的科學知識，敏銳的眼光，果斷、機敏的決斷力。不僅要懂得自然科學、工程技術知識，還要懂得廣泛的社會科學知識，並且具有善於從廣博的知識海洋中，提煉出洞察事物本質及預見事物發展方向的深刻洞察力。這樣，在企業經營活動中遇到主觀或客觀的眾多問題時，能權衡利弊，做出準確的決斷。否則，會猶疑不決或盲目決斷。

A 製藥總廠原是生產內銷成藥的老廠，近年來，隨著經濟的商品化程度越來越高，市場競爭也開始激烈，工廠面臨著生存和發展的種種困難。由於它規模大，產量多，同類產品蜂擁上市，導致其產品難以銷售完畢，時常出現積壓。

「眼光不能只盯住當地市場，如果當地市場繼續那樣發展下去，我們的生產必然要萎縮。我們工廠技術基礎好，可以到國外市場去競爭。」具有深刻洞察力的廠長在傾聽了廣大員工的意見和建議後，與廠的主管成員商量，他一錘定音：「產品打出去，去賺外國的錢！」

廠長透過調查獲悉，1984 年功能食品進入歐美家庭，老幼皆服維生素 C，美國兩億多人年需量 1.78 萬噸，日本武田公司急忙趕去美國開辦藥廠。在日本武田公司在美國的工廠尚未投入正常生產前，A 製藥總廠物色了美國經銷商，搶先把維生素 C 打進了美國市場，不久，就達到了一定的銷量。

1989 年，維生素 C 生產過剩，當地有關生產藥廠紛紛倒閉，但 A 製藥總廠卻一枝獨秀，且要繼續增產。原因是該廠開闢美國市場後，又立刻著手進軍歐洲市場，連世界第三大製藥的一家跨國公司也成為它的顧客，該跨國公司利用 A 製藥總廠的維生素 C 改變包裝後直接上市。

A 製藥總廠在 1987 年獲得了外貿自主權後，先後在香港、漢堡、倫敦設立經銷點，把銷售網撒到非洲、歐洲、北美和東南亞 55 個國家和地區，到 1991 年當年創匯 4000 多萬美元，該廠生產的藥品的 60％在國際市場實現價值，躋身於世界藥業強手之林。

A 製藥總廠的產品行銷於國際，有不少品項都在先進行列。有的員工說：「我們的小日子過得蠻好的，為什麼還要再投入資金做研究和更新設備呢？」但該廠決策者卻看得更深刻，認知到今天的科學技術是日新月異的，再加上國外消費習慣總花樣翻新。我們只要有了優勢，就可以「兵來將擋，水來土掩」了。

A 製藥總廠的發展過程，充分顯示出企業決策者的洞察力十分重要，這亦是決策者必須具備的素養。

成功的決策者大都具有敏銳的洞察力、策略眼光、善於謀略等素養。

只有居安思危，時刻保持警惕，才能在殘酷的競爭中，始終屹立潮頭，保持不敗。

環環相接去決策

管理者的決策有著較長的時效性，甚至一項決策影響以後許多工作，所以決策必須有長遠的眼光。但是在具體決策中，決策又是可以分成許多環節的，每個環節又相輔相成，牽一髮而動全身。因此，決策又必須講究環環相扣，節節相連，才能使領導管理的決策在實際運用中處處獲取主動。

職場中須警惕七種危險同事

懂得狼道的人都知道，危險處處存在，必須時刻保持警惕。在職場中，有以下七種同事，你在打交道時必須小心謹慎，否則「陰溝裡翻了船」就太不划算了。

（一）口是心非的同事

這類同事經常對你說些很動聽的話，他們之所以這樣說，是因為他們知道你喜歡聽他們這樣說。俗話說：「哄死人不償命。」但是，你切記對這類同事不要抱有任何幻想，因為他們絕不會自找麻煩來實現對你的承諾，僅是說說而已。他說介紹個客戶和你見面，當你做好了與客戶見面的準備時，他卻又找了個藉口溜掉了。所以，你若對這類同事抱有希望，只能怪自己犯了「幼稚病」，對他們所說的話應當做耳邊風，聽過就算；也不要因為他們的不守信用而大動干戈，樹無謂的強敵。

（二）事事同意的同事

這種同事對任何人的建議都給予鼓勵支持，好像他們不會壓制任何人的創造力，他們最喜歡說的話就是「我同意」「就這樣做」等等。遺憾的是，他們說完了就沒有了下文。他們會對任何建議給予一視同仁的讚賞，所以他們的讚賞從根本上來講毫無意義。因此，當你有專案或為更用心完成上司所安排的任務需要找個人商議時，不要去找這種人，因為這只能浪費掉你的時間，而對事情本身毫無價值。

（三）無事不通的同事

這類同事有種雅號叫「活字典」「萬金油」，似乎世間萬事萬物他們無所不知無所不曉。對他們來說，沒有他們不知道的事，只有他們不想知道的事。這類同事自認為有著電腦一般的腦子、冠軍般的信心、蝸牛般的直覺，在他們的字典裡唯獨缺少「我需要幫助」「我錯了」「這件事我不知道」一類的詞語。

這類同事的外表很能迷惑人，所以你一定要把眼睛放亮點，認清其真實面目。要知道，他們若真是如此「博才多學」，那早就成就了一番事業，至少也該是個部門的負責人吧，不會僅是個小職員。對待這類同事「熱心的指點」，你要學會一個耳朵進，一個耳朵出。面子上要敷衍，不必讓他們下不了臺，但心裡一定要清楚的認知到：他們所持的意見往往是斷章取義或道聽塗說的，只會將人引上歧途。

（四）人格僵化的同事

人格僵化的同事最易得到老闆的賞識。他們長時間的加班工作，並在每個細節上苦下功夫，對自己的要求也較高。所以在老闆眼裡，他們是以勤奮工作、高揚敬業精神而出眾。其實你只要仔細觀察會發現：他們是不會為難自己的，因為他們所關心的無非是些無關緊要的細節問題。不管他們是在數迴紋針，還是打掃清潔，他們都表現出一副「鞠躬盡瘁，死而後已」的樣子。

所以，你一定要努力避免和這種同事一道工作。因為「人比人，氣死人」的道理是明擺在那裡的，他們的外表假象早已迷惑了老闆，倘若你不能做成他們那個樣子，一定會被上司認為工作不賣力。同時，你要對這類同事所持有的「工作精神」加以經常讚揚，滿足他們所渴求的那份虛榮，這樣他們也許會在老闆面前替你美言幾句。

（五）多嘴多舌的同事

這類同事似乎天生就愛管閒事，整天囉嗦個不停，像個長舌婦一般，把傳小道消息當做自己的本行，對別人的事情往往表現出極大的關心。

他們會對你說：「有什麼心裡話請對我講吧，我會為你保守祕密。」但其實這是根本不可能的，他們無非是想從你那裡獲取一點情報，又去對別的同事賣弄一番。這種人唯一的好處是每當他們從你這裡得到一點消息後，他們就會覺得有義務告訴你一點有關別人的祕密，這樣也有助於你對其他同事的性格以及其他同事間的來往有所了解。但危險在於，他們既然會對你公開別人的祕密，同樣會對別人公開你的祕密。明白了這一點，你也就自然明白該如何對待這類同事了，關鍵在於千萬不能把自己的真心話告訴他。

（六）佯裝無能的同事

佯裝無能的同事表現會像個「大孩子」：不會用影印機（這自然要請別人幫忙），不會用電腦（結果使整個工作速度變慢），無法應付一個很小的客戶或一筆很小的業務（這也自然要請別人參謀）等等。而其實他們這一切只不過是「作戲」而已，目的在於偷奸耍滑，只要能不做就不做，以虛心請別人幫忙的態度把自己分內的事推脫給別人做。倘若一旦出了事，他們自然也不會承擔任何後果。

對待這類同事的請求，你應該持回絕的態度，因為這種幫忙是毫無止境的，有了一次就會有二次，沒完沒了的，到頭來只能影響到自己的工作效率。所以你應該對他們說:「對不起，我也很忙。」當然，態度盡量和顏悅色，他們碰了一次「軟釘子」後，自然會知趣的走開。

（七）真正無能的同事

這類同事最大的本事是能被別人聘用，第二大本事是在你不太注意的地方鬧個非常愚蠢的笑話，當發現的時候已經為時過晚。所以，你要是某個分部門的負責人，切不可用這種人；若你跟他一樣是平起平坐的話，千萬不要和他一起工作。他鬧個天大的笑話出來，別人也會認為你沒水準。

上述七種同事普遍存在於各個公司、企業中，與他們打交道務必警惕。儘管他們並不屬於「小人」的範疇，但若處理不好與他們的關係，一樣會使你受到損害。

知人知面要知心

在為人處世中，每個人都在追求工作成績，希望贏得人們的好感，獲得升遷，以及應付其他種種利害關係。這就使職場同事之間存在著一種競爭關係，而這種競爭很大程度摻雜了個人感情、好惡、與上司的關係等等複雜因素。

表面上大家同心同德、平平安安、和和氣氣，內心裡卻可能各自打各自的小算盤。利害關係導致職場同事之間既可能同舟共濟，也可能各自想各自的心事。因此，這種關係表現出來便是和平與抗爭共存。

既為同事，幾乎天天在一起工作，低頭不見抬頭見，彼此之間會有各式各樣雞毛蒜皮的小事發生。各人的性格、脾氣稟性、優點缺點也暴露得比較明顯。尤其每個人行為上的缺點和性格上的弱點暴露多了，就會引發出各式各樣的瓜葛、衝突。同事之間，儘管彼此年齡資歷會有所不同，但因沒有距離感，因此產生不了敬畏之心。相互間你瞧不起我，我也看不上你，咱們彼此半斤八兩，這必然使每個人只看對方的缺點和弱點，日積月累，便成了對立之勢。

同事之間要在一起共同分工處理一些事情，這些事情如何處理，每個人都會有自己的一些想法。合適與否，在上司眼裡的地位，對公司的發展，對每個人的利益會有什麼影響，每個人都有一本自己的帳。別人的見解，別人的處理方法，每個人都會拿來與自己做一番比較。一旦認為別人的程度不如自己，就會生出傲慢之心，瞧不起對方；若發現對方的能力強過自己，例如某同事工作做得很出色，經常受到上司的表揚，則又會令他人產生嫉妒之心。

「逢人只說三分話，未可全拋一片心」的戒條，在同事關係上能得到淋漓盡致的表現，在利益為重的商界中，大家都戴著一副虛假的面具去對待自己的同事。因此，套話假話連篇，而直話真話很少。人們往往在同事面前擺出一副虛假的面孔，掩蓋自己的各種弱點，掩飾自身的真實面目。

當然，上述僅是同事互動中心態的一個層面。從人性角度來看，除卻利益面前的勾心鬥角，大多數人在與別人打交道時都崇尚真善美，以和諧共鳴為最終目標。商界同事之間也不例外，那是因為：

良好的同事關係，會使你在工作中得到別人更多的幫助，得到別人的讚揚和鼓勵，使你感到左右逢源的力量。

良好的同事關係，會使你的形象、在老闆心目中的地位得以迅速提升，從而對你委以重任，使你在公司中前途無量。

良好的同事關係，會使你保持健康的心態、愉快的精神，成為你取之不竭的力量泉源，從而激發出自身龐大的潛能，在工作中不斷創造奇蹟。

所以，在你與同事來往中，無論表現出「爭鬥」的一面抑或合作的一面，你都要把握住這樣一個真理：知人知面更要知心。

第一，從公司中的人際關係和派別來劃分同事的類型。

組織越大，人際關係也越複雜。大公司不像小公司，彼此關係良否一目了然。在大公司裡利害關係更為複雜，因此很容易產生一些「派系」問題。

同事會因為擁護不同的領導者而形成不同的小團體，你在與同事相處之前，就必須先了解公司內的人際關係。而這些方面可以從同事平時的言語、行事作風，以及公司舉行的旅遊或聚餐活動中略知一二。

當然，得知了這些資訊，並不是讓你不擇手段打入某個團體，那是小人行徑。你只要冷眼旁觀，不被捲入不良團體中即可。保持中立是絕佳法則。

第二，於細節處看同事。

人們常說，遇到大事時最能看出一個人的品行，殊不知，小事才能反映出一個人的特質。驚天動地的大事畢竟少之又少，而你每處理一件小事都是你思維的全部反映。自私的同事縱然是微不足道的小事，也是只想到自己；而顧全大局的同事，考慮任何事情都是從整體利益出發。

第三，從其他同事眼裡、口中看同事。

你在與某個同事來往之前，無妨先從其他同事那裡多了解一下他的為人，聽聽別人對他的看法，然後再把這些「參考資料」，與你自己接觸中的親身感受結合起來。

主管對待心腹也該留一手

一位主管曾經根據自己的親身體會，說過這樣一句話：「不擔心公司環境變差，就是憂慮內部的不平等。」即使薪水少，工作繁重，但若對待下屬很公平，是不會引起團隊內部員工不滿的。

但是，在管理工作中，很多上司喜歡在自己的周圍培養一些心腹，這本身沒有什麼對與錯之分，關鍵取決於領導者自己的領導方法。要注意的是，平時對待被視為心腹的下屬，也應該留一招，因為在不久的將來，你的「寵物」具有狼性，為了自身利益，有可能會反咬你一口。

假設你將去進行一個商務談判，這位「心腹」會立刻打電話給對方，與其約定時間，同時為你準備好談判所需的一切資料。

若是你須出差去遠一點的地方，或者另一個城市，他會周到考慮到交通工具，訂票、安排下榻處所，可以說是無微不至。並且，他會送你到車站或機場，目送你踏上征途。如果一切進展順利，他會協助你，若是商務談判沒有獲得進展，這位心腹也會安慰你。如果擁有這樣的下屬在自己的周圍效力，當然是一件令人愉快的事。

事情往往也有另一方面，而且這樣的例子在現實生活中並不少見。日照之處也有陰影。在下屬給你安慰時，或許你會失去挫折感、進取心；或許你會漸漸的目中無人而引起其他下屬的反感；或者無法從失敗中獲得東山再起的勇氣與決心。甚至還有更加可怕的事情發生，你喜歡的下屬、心腹，平時對他是推心置腹，聽信於他，並且把公司的重要機密與他一起分享，但是他卻洩露出去，並且向你提供不實的情報等等，如此種種，其結局只能是你被這位心腹弄得身敗名裂，事業上一蹶不振。這些情況，每個公司的領導者應心中有數。

心腹能使上司高興，但在某一天，也可能使上司痛苦難堪。

如何應付身邊的小人

每個公司當中，員工之間就是一個合作的團隊，員工都希望同事與同事之間、員工與上司之間能平等相處，相互促進，人們為了一個共同目標而精誠合作。同時，員工也期望，在公司事務中，上司及同事對你的評價應主要基於你在工作中的表現，而不應將你的人品及個人性格偏好混在一起。但在現實中，要做到這一點是很難的。不幸的是，大多數工作環境中都充滿了人與人之間的矛盾。儘管你力圖避免與人為敵，但有時你仍會發現自己的身邊就是有人在「搞鬼」，他們會從語言和行動上，暗中破壞你的工作或毀壞你的聲譽。一旦你發現有這麼一個人的存在，就顯示你的辦公室裡已經有小人盯上你了。

許多善良的人在發現自己身邊有這樣的小人時，會習慣性的採取迴避的辦法。這種對策過於消極，反而更會助長他對你的威脅。作為你的對手，他挑起事端的目的是為了從你手中奪取利益，只有當他的這一目標實現以後，他才會解除對你的攻擊。因此，對付那些已經開始對你不利的敵人，需要果斷採取清楚而目標明確的行動。你需要做的是找出敵意的來源、導致他對你產生敵意的原因，以及誘使他攻擊你的動機。

如果你不小心遇上這種情況，這個小人可能成為毀滅你的工作的導火線，對你的事業造成嚴重的危害。因此，你一定要提防這些敵對分子的不良行為，當他們向你發起進攻時，一定要準備好應對策略，來對其加以有效的反擊。

澄清問題並制定對策的一個最好辦法，就是把注意力放在事情的解決上，而不是對付人。將注意力集中在人的身上會改變你的視線，並把你的精力轉向很難改變的某些東西。將注意力集中於事情，能幫你找到消除矛盾的最佳行動，它能使你將問題簡化，使你不至於替敵意之火加憤怒之油，而落入對手的圈套。

小人可能有以下三類：工作中的小人、有個人恩怨的小人，和政治上的對手。第一類小人跟你在企業中的表現及工作目標和意見相左。他們對你的不滿，源於他們不同意你工作範圍內的計畫、策略與目標。這類敵人還相對比較容易對付，因為其問題很直接，這種敵意只是由於你們在達成某個目標，或達到那個目標的途徑上意見不同。處理這種敵對環境的最好方法是正面對待問題。如果可能，弄清楚這個人反對你什麼，並且如果這種反對在你看來是合理的，你應該修正你的計畫和某些想法，以消除不和諧因素。多數人在面對這種敵意時，往往做出的第一反應是回擊，但你冷靜的思考一下，就會發現你的合作態度能多麼有效的解除對方的敵意。「一個巴掌拍不響」這一說法是有其道理的。你很難與一個不予反擊的敵人打仗。如果消除緊張所需的變化是你能接受的，遵從他們的意願，讓他們驚奇一下，然後你會發現他們的敵意將逐漸消退。

對第二類敵人 —— 私敵，就難處理得多，因為牽涉到私人問題時，就更為複雜。如果你相信有人對你不利，是因為他們對你個人的印象不佳，就不能使問題得到輕易緩和。有幾件事情很危險。工作中的私敵，會極大的降低你與你身邊的人的工作效率，它們還會導致龐大的感情消耗。發現你自己與明顯不喜歡你的人一同工作或相處，會破壞你在工作中保持良好心態，及全心全力做好工作的努力，它最終還會造成對你自尊心的傷害。對待這類敵意的辦法是，首先檢討一下自己是否做過一些無法更改的事情。如果是因為你曾做過的什麼事，導致敵意的產生，你可考慮道歉，或做出其他和解的行動來加以彌補。你大方的表現很容易消除緊張氣氛。但如果問題的來源是你不能或不願更改某些東西，你能做出的選擇就少一些。比如這個人不喜歡你太矮、太高，你穿著的方式，或其他你不能或不願改的方面。在這種情況下，你只有少數幾種選擇。你最好是盡可能的迴避這種人。如果無法迴避，你可能需要面對他們的偏見。既然你不能或不願改變你自己的立場，那就只好改變他們了。如果他們知道自己對你的負面反應是不可接受的，而你的反對足夠強烈，很可能他們就會停止當面對你的消極反應。你需要做的下一件事情是觀察暗中反對你的行動。在這種情況下，最好的反應是不允許他們在暗地裡活動。如果有必要，應當面要求他們公開為他們的行為負責。這樣他們就會知道他們對你的反應是不可接受的。盡可能強烈並大聲的說出你對他們負面反應是無法容忍的。除非他們是真正的好鬥的公雞，你的強烈反應都會使他們放棄與你作對。

對待第三類小人 —— 政敵，可就更難了。因為他們往往很難察覺，因為敵意源自於一股強大的反對力量，他們通常不是個人化的敵人。在現代社會，企業也不可能純是一塊「淨土」，在企業中總有一些玩弄政治技巧的人，有些人可能會被迫加入某個政治團體。當你在任何問題上持某個立場時，你都有製造敵人的危險。儘管這是不可避免的，但還是可以減少這種敵對情緒的。為了減少這種情況對你事業的威脅，你能做的最好一件事是正確觀察矛盾衝突。如果你發現你認為對你事業重要的某個人站在另一個政治陣營裡，你就要盡量減少你們兩人之間的分歧。如果你稍不當心，政敵也會變成前面提到的第一類和第二類敵人。多一點小心就能避免這種事情發生。如果你與這個人在政治分歧發生之前關係很融洽，最好是與此人，就兩人分屬於對立陣營的尷尬之情況進行坦誠對話。如果你能表明立場，你們的分歧只是在這個問題上，而不是基於私人或工作表現，你可能就會發現這種狀況只是暫時的，對你們任何一方都不會造成太大的傷害。要記住不要輕率發表政治立場。避免這種處境的最好辦法就是盡量保持獨立，不要總是與某一個團體結盟。如果你在政治立場上保持自主和靈活，你就會發現自己更像一個活動靶，很難被小人的流彈擊中。

防止「桃色事件」纏身

在每一個狼群中，普通的狼與異性之間的交配權是被等級和權威嚴格限制的。如果有哪個狼膽敢私自求歡，必然被狼王所懲罰。

在人類社會中，每個人都要處理好公司中與異性的關係，避免出現令其他同事在背面指手畫腳、議論紛紛的「桃色新聞」，女職員對某些不規矩的男同事言談舉止的防微杜漸均十分重要。

因為一般男女問題，總是從日常的小事上開始延伸開去的。特別是職業女性，千萬要對此有清醒的認識。在小事上絕不能姑息那些不檢點的男同事，而且態度必須堅決、明確。如果你僅是軟綿綿羞答答的拒絕，還會使男同事認為妳是半推半就，欲說還休，那就更麻煩了。

現代職業女性，已經與男同事一樣，承擔各種職務，面對各種挑戰。如果妳職位高，因公出差代表公司做生意的機會就越多。作為一個主管，應該愛職敬業，絕不能以任何理由拒絕正當的差旅，並且應該意識到，不論在什麼情況下，都應該保持高漲的情緒和開朗的心境。

出差時，經常單獨行動，而女性的問題要比男性要多。最普遍的，就是在酒店多被別有用心的人騷擾。所以，為了維護尊嚴，言行必須多加留意、舉止言談要得體。

雖然在晚上已沒有公務在身，衣著方面可以輕鬆，但卻不能穿著很性感，如果穿得全身閃亮，人們的注意力就會停留在妳身上。切勿在酒吧獨自喝酒，這樣會替自己引來麻煩。

許多公司的男職員，喜歡在下班後相約去娛樂，半夜才回家。如果女性的妳被邀請，該怎麼辦呢？

奉勸妳下班後應避免和關係一般的男人喝酒，除非是已經建立良好關係的業務主顧，並確知他會尊重你們之間的關係。

要是這些人職位高，又有權勢，而你很想和他們打交道，那麼，倒不妨藉比較輕鬆的時間，向他們打聽一下公司的動向，交換工作心得，為自己打探虛實。不過，與他們一起去，請注意兩件事，一是最好一群人去，二是量妳自己的酒量而行。

如何與男同事尤其是男上司的太太打好關係，對一位積極追求前程的上班族女性來說，也是個十分重要的課題。

雖然妳與這些太太見面的機會並不太多，只會在有些業務社交場合交際一下，但記住，不要低估女人的力量，尤其是善妒的妻子。所以，當妳出席有太太們出現的場合，應謹記以下要求：

打扮方面，要大方端莊，切勿標新立異。那些性感服裝，還是留到別的場合穿著。記住，穿得比上司的太太漂亮、搶眼；只會招來不必要的麻煩。

你或許有更大的興趣與男同事們討論業務、政治或時事新聞，但何不留待翌日在辦公室再談呢？多花時間與太太們交際，什麼髮型、時裝、烹飪、化妝等等，談得她們不亦樂乎，要比讓她們呆坐一旁冷眼看妳充滿自信的在男人堆裡走動，要高明得多。

平時，男同事們總是「女士第一」，凡事對妳都服侍周到，但既然他們的太太在旁，最好讓男士們去「太太第一」。

如果有同事突然向妳提出一起去度假，妳會如何抉擇呢？

要是你們平時關係都挺好，對方這個邀請，或許是找個旅伴。不過，即使妳願意與他一同去，也不必招搖，處處給人一種誤會之口實。

若是這位同事原本和妳就沒什麼交往，或僅在公司業務上是拍檔，這次找妳，必是另有目的。

請提防對方是在拉攏你或耍什麼手段。姑且不論人家動機如何，妳總是不想心甘情願被人利用的。

婉拒對方是最直接了當的了。輕輕而隨意的告訴他：「對不起，我早約了老同學一起度假，真是抱歉。」也可以說：「噢，這個提議太好了。可惜我有很重要的事，這個假期不能去，真遺憾。」

藉口到處都是，只是看妳想說什麼，說得更得體。

即使是某個男同事真的對妳日久生情，傾心不已，展開追求攻勢，但奉勸妳切勿在辦公室裡發生愛情，因為這無論如何都會為妳帶來麻煩，可免即免！

大部分上班族女性又常有以下煩惱：公差時經常要與男同事同行，易出現桃色問題。因此在出差時要很小心，以免有後遺症產生。

有些男人，平日在辦公室裡正襟危坐，對女同事亦紳士風度十足，但一旦到了沒人認識，沒有公司條款限制的外地，可能又是另一模樣，希望能藉此良機，對妳有所圖謀。

既然大家要同舟共濟，當然不能板著面孔相對。因此，對方若不是有非分要求或企圖越軌，最佳方法是裝傻。例如，工作了一整天，妳與男同事同進晚餐之後，他提議買一瓶酒在房中共飲，以解悶氣。妳可以委婉拒絕。

還有，當晚上男同事藉故來到妳的房間，請把房門打開，大方的帶點不解的問：「要借什麼東西嗎？我習慣早睡的。」處處不讓他有機可乘，並保持良好的態度，對方一定知難而退。

美麗的女性常惹來蜂蝶纏繞，煩不勝煩，最慘還是給人一個壞印象：會放電的花瓶。經常有不必要的騷擾，對工作多少會有影響，最重要的是老闆會對妳不滿，所以妳必須懂得迴避。

要是追求者是同部門的同事，向妳大獻殷勤，大送鮮花，妳可以將鮮花轉送其他同事，每人一枝；又或者他請妳下班後去消遣，那告訴他，妳已約了人或者要回家吃飯。讓他多碰釘子，自然就會打退堂鼓了。若是別部門的男同事向妳展開追求攻勢，則可讓他曉得妳每天必須與一大群同事吃午飯，如果他願意，加入行列也無妨;至於其他的邀請，不妨婉拒。至於禮物攻勢，也可採用借花送佛的招式。

所以，上上之策乃是，既不墜入對方圈套，又不得罪於他，更不會因此影響工作。

例如當上司藉故邀請妳，妳可以裝瘋賣傻的問：「你太太也一起去嗎？」或者，表示高興：「噢，真好，可以認識認識您太太了。」

另一方面，要藉故獲得上司家的電話號碼，有必要時，打電話找他太太，與她交朋友，讓別有用心的上司不能得逞。

妳既然要與男人一爭長短，就要有心理準備，不論在工作上或生活上，都得應付那些喜歡占女人便宜的沒品男人。

例如，有男同事專愛在語言上討人便宜。如果他的對象是其他女同事，裝作聽不懂便算了；要是他太過分了，話語露骨，不妨盯他一眼，表示妳的介意，或起身離去。

記住：不論怎樣，請捺住怒火，千萬別拍桌而去。只要在不傷對方自尊心的情況下，表明自己的立場即可。事後最好面對他也若無其事，因為妳還得在工作上與他繼續來往。

無論男女表面上如何平等，上班族女性們仍會遭到輕薄。妳必須學會兵來將擋，又不得罪人。

有男同事對妳說：「寶貝，可知道我早就對妳……」妳絕不能假以辭色，而應該板著臉色說：「請叫我的名字，我是專心一意做事的，可不喜歡跟人胡亂開玩笑，請尊重你自己。」

保持妳正直不可侵犯的形象，別人就是要心有不軌，也不會找上門來。

職場女性一方面要勇於反抗性騷擾，另一方面，也不要搞得草木皆兵。要分清什麼是不懷好意的騷擾，什麼是出自對方善意的關愛，以便更良好的開拓交際局面。

堅守你的道德準則

有道德情操的人總會受到人們的尊敬，道德敗壞者必將遭人唾罵。

在職場中，你最難處理、同時對你最致命的打擊就是被懷疑有道德問題。一旦給人留下這樣的形象，你在公司中的前景可就不妙了，不僅公司上層不會重用你，而且其他同事也會疏遠你。

道德問題是一個很強的倫理判斷問題。說你有無道德問題，除了你自己的表現以外，其他人的價值取向和利益動機也會對此產生直接影響。因此，一些你無法左右的事情，往往會使你蒙受「不白之冤」，比如，同事的所作所為、主管階層的決定、公司政策的變動或外來壓力等，都會影響你的「形象」。這樣，我們就無法預測道德問題會何時出現、來自何方、究竟是什麼問題等。不過，問題的關鍵還在於你如何掌握自己，盡力使自己成為一個在道德上無可置疑的人。

在為人處世中，你只要堅守道德準則，即使有一些心術不正的人想算計你，也會無計可施的。工作中避免道德衝突的關鍵是自身要有心理準備，在你和受你影響的人的頭腦中，確立這樣一種觀念：你有自己明確的道德準則。第一步，你要明確自己的個人道德限制及其範圍。第二步，要讓別人知道你的這些限制和範圍。如果你清楚的認知到自己的標準，並準確的向其他人表達，你就不會遇到很多這方面的問題。

在我們的工作中，會在許多場合出現種種道德問題。你自己的行為、同事的行為、公司政策的建立和變動、財務分配、法律案件及處理敏感資訊等，這些都會遇到道德挑戰，最好是在確定你個人的道德準則時，把每個因素都考慮進去。下面就是你在考慮一些令人迷惑、至關緊要的道德問題時，應該注意的一些主要問題。

(一) 敏感資訊

如果你懷疑資訊是否真的會帶來道德問題，只要想想內部交易的例子就夠了，這些人會利用祕密資訊來增加他們自己和客戶的收益。讓不該知道的人在不該知道的時間得到準確的資訊，會破壞那些透過合法權利得到這些資訊和給出資訊的人之間的道德信任。由此可見，這種利用敏感資訊來獲取私利的行為是不道德的。

如何不使自己陷入這種境地呢？這裡有一個十分重要的經驗就是，如果你想在這一問題上保持清白，就應該像對待個人隱私一樣，保密的資訊就應該始終保密。

(二) 法律事件

令人吃驚的是，人們經常將道德等同於法律。在一個公平的社會裡，人們期望法律最高程度的反映道德準則，但每個人都知道，有時道德問題也會向法律提出挑戰。例如，一個經濟上貧困的人，急需為其妻子弄一些救命藥品，這個人買不起這些藥，而且他所有正當努力都失敗了，絕望之中他闖入一家藥店，偷走了藥。藉由此例，我們可以看出，這個窮人儘管違法，但其行為在道德上卻值得同情。

一些研究倫理道德的專家認為，類似這一窮人的行為，在道德上應該是沒有錯的，因為在道德的最高水準上，一個人的生命之可貴，應該勝於法律加之於人的行為上的限制。

無論你是否同意這一觀點，但有一個問題是，你不能總是靠法律來指導你的道德判斷。毫無疑問，一些矛盾的現實會向你的道德觀提出挑戰。因此，將你的道德觀念與法律的關係界定清楚，這會幫助你面對這類問題。

(三) 金錢分配

與法律事件一樣，關於財務問題也有一個正式的基本準則。然而，有時你會被引誘去違規，就像內部交易的例子一樣。有時獲得錢財的機會對你的影響，甚於你的判斷與控制力，金錢會令有些人失去理智。當他們負債累累、有機可乘，或者貪婪不已時，就會失去自己應有的判斷力。對於金錢，有一個幫你遠離泥沼的標準，那就是保持自身道德的清白。

（四）公司政策

當公司政策的轉變缺乏道德標準時，也可能會對員工造成一定的困境。假設公司突然通知你，公司決定開發一種會產生有毒廢棄物的新產品，並且由你來負責這個專案。對於這一問題的道德問題，你也許會引起關注，也許不會。但如果你是一個環境保護主義者，你就會處於一種兩難的困境。你可能會向公司上層提出異議，但公司上級一再堅持，於是你要麼遵命服從，要麼表示抗議，以至離開公司。儘管你不能預見所有行為的可能結果，但如果你擁有一些個人的道德原則，無論公司做出什麼樣令人難以忍受的決策和行動，你都不會全然手足無措。

（五）同事的行為

如果你與他人共事，很可能會發現別人做出違背你道德準則的事情，這時你也會陷入一種困境。儘管你會小心翼翼的不要把自己的立場強加於人，但有時你還是覺得，必須對潛在的危險行為做出自己的反應。違反安全原則、濫用麻醉品和烈性酒的情形就是一個典型的例子。在這些情況下，如果你擁有個人的道德和行為準則，你就能在面對問題時，快速做出自己的決定與選擇。

（六）個人行為

這或許是與道德有關的領域中，最容易控制的一個方面，因為你唯一能完全控制的就是你自己。為自己的道德行為確定明確標準並堅守它們，當其他因素危及你的道德觀時，你就不會為難了。

把持立場，不要被人利用

在辦公室裡，總會或多或少存在小團體，小派系，選擇加入其中之一，成為職場潛規則。如果遇到派系鬥爭，比如說兩位部門經理之間的爭鬥，應該怎麼辦呢？

為了增加自己的力量，兩派人自然都希望拉攏你，卻又不能直白露骨，在言詞上表達，或在工作上給你些甜頭，聰明的你當然明白其用意。但你不可能一直裝蒜下去，必然要表明立場，否則會被視為兩面派，那就更不妙了。

那麼應如何抉擇呢？要順利的出人頭地，你當然也得選擇自己要走什麼路。

例如決定了朝業務發展的方向走，自然是倚向業務經理那一邊了，他把你當心腹，自會對你很好的。但你的難處就是，要令另一位經理不至於把你視作眼中釘，替自己樹大敵，埋下定時炸彈。所以，你在業務經理眼前，最好只著重聽他的指示，不隨便提意見，尤其是不要亂講另一位經理的壞話。同時，在另一方的面前，要有意無意間表現你只是就事論事，並非針對他本人。

例如有別的主管犯了大錯，公司的最高人員大為震驚，又開會又討論的，而且老闆還可能私下召見你，問你各方面的意見，就是其他部門主管（受牽連的與不受牽連的），也有可能找你傾談。這種種情況，你都不能夠一一迴避，你還需好好的面對。

盛怒之中的老闆一定牢騷甚多，指責某人做事不力，某人又能力欠佳，目的只有一個，就是要看你和哪方面關係良好；你不要輕易表態，最好是這樣，既保護了自己，又沒有傷害別人。

至於其他同事，找你無非是探口風或想見風轉舵，這類人也是得罪不得，來一招模稜兩可吧，以防被出賣。

要想不被他人當槍使，上面說的中立態度確實很重要。

平日與你關係密切的某部門，其中幾位同事突然發生內訌，弄得十分不愉快，成為公司上下的話柄，甚至有些人以為你必然對此事了解甚多，紛紛向你打探。

此時，你應避開，即日起，盡量減少與該部門的接觸，可能的話，所有聯絡交由專人去做。既然沒有直接接觸，那麼，你對事件的前因後果自然是不大了解了。因此，即使有人訴苦，也等於是「對牛彈琴」了。

一天你因公事與某同事一起出差，對方突然問你：「你跟拍檔間似乎有很大的問題存在，你如何面對呢？」你一直覺得與拍檔相處融洽，公事上大家都很合作，私人間是客客氣氣的，何來問題呢？

冷靜一點，世事難料，這當中可能發生了不少問題，有直接的，有間接的，總之不那麼簡單。

表面上，你必須表現得落落大方，微笑一下，反問對方：「你看到了什麼？」或者「你是聽到了什麼？」對方必然是支吾以對，你可以繼續說下去：「我們一直相處得好好的，我從不察覺到有什麼問題，亦不會因公事發生不愉快事件！」

這個說法，可收到很好的效果。若對方是有心挑戰，或試圖獲取情報，你這一番話就沒有半點線索可讓他查到，間接的還拆穿了他。對方要是真的要透過某些蛛絲馬跡，或小道消息，希望明白一下而已，你的表現，也就等於怪他過敏了。

所以，遇上上述問題，你的態度最好是保持中立，千萬不要被人利用當槍使。

不要被流言蜚語所中傷

有人的地方就會有流言，學會處理它們是獲得成功的重要一課。最近某市對上班族進行了一次抽樣調查，竟然獲得了一些使人啼笑皆非，又頗值得我們深思的結果。其中當被問到「什麼是吸引你每天上班的理由」時，竟有相當一部分人在「不上班，就聽不到許多小道消息、謠言、流言、傳言和讒言」之後投了選擇確定一票。

的確，在我們這個世界上，始終有許多人喜歡傳播一些可疑的謠言。在一個複雜而忙碌的工作組織中，流言蜚語、小道消息是少不了的。

「說閒話的人」，通俗的來講，是指一種「到處閒扯，傳播一些無聊的，特別是涉及他人的隱私和傳言的人」。換句話說，就是背後對他人品頭論足的人。雖說古人早有「謠言止於智者」的忠告，但智者畢竟很少，謠言總是會被傳來傳去。每個人忙忙碌碌的在一個組織裡工作，固然是為了公事，然而一起工作總要說話，說話也不可能光說正事，難免會講些題外話。其中有些閒談不僅很有趣，而且人們在背後談的也是有關同事的好壞。然而有些卻純粹是傷害他人的閒話，無論有意還是無意，這種閒話都是不可寬恕的：故意的是卑鄙，無意的是草率。何況有時「言者無心，聽者有意」，經過許多人豐富的想像，也許在一番穿鑿附會，改頭換面之後，謠言就產生了，再加上「說閒話者」捕風捉影，添油加醋之後，更使謠言的傳播速度加快，遠遠超過做事的速度。

傳播傷害他人的流言，有時是出於嫉妒、惡意，有時是為了藉揭示別人不知道的祕密來抬高自己的身分，這些都是極令人厭惡的行徑。我們一旦發現自己只是想要說些不利於他人的話時，就應該立刻閉嘴了。要知道「己所不欲，勿施於人」。恐怕人人都能如此，才有望截堵流言，「名譽是一個人的第二生命」，沒有了名譽，以後就無法正正當當的待人處事。

被流言蜚語影響，乃至毀掉了名譽的人自然悲憤、痛苦，而那些以害人損失好名聲為樂，經常傳播流言謠言的人，在他毀人名譽的同時，也毀了自己的名譽，卻還不自知。老闆和同事也許還會聽他津津樂道的說別人的短長，可是也許內心深處早已充滿了輕視和鄙夷，久而久之，就再也沒有人輕易相信他說的話了，哪怕那是真話，這又何嘗不是自毀前程、得不償失？這些仁兄們最喜好的是玩「陰」的，他們從不拿工作或業績表現來正面交鋒，也沒什麼真槍實彈，真材實料，而是運用各種謾罵、造謠，使對方為流言所傷，這正是「暗箭傷人」的最好寫照。

有人用這樣幾句話來描述企業中流言的性質:「言者捕風捉影，信口開河;傳者人云亦云，添油加醋；聞者半信半疑，真偽難辨；被害者莫名其妙，有口難辯。」

也唯有組織中的全體成員互相信任與合作，人人做「智者」，才能破解這種流言的惡性循環。

當然，並非所有的謠言都是罪大惡極，「馬路消息」和「小道新聞」也是組織中同事間溝通的一種形式。此種傳言彷彿是組織內的民意調查，你多少能從中獲得一些資訊。

另外，傳言有時也是一種預防性的警告，當一個人被各種傳言纏身時，定會有所警覺，從而調整自己做人做事的風格，以減少別人對其的議論。

但無論如何，任何人聽到關於自己的流言，心中都會極為憤慨，有些人甚至會直接去找「好事者」大吵一架而後快。可這樣處理的結果卻通常是兩敗俱傷，沸沸揚揚。

面對流言蜚語，首先不宜暴怒，而應開心才是。要知道，已知的謠言也總比那些未知的謠言好對付，這至少證明你還很有分量，很有製造謠言的價值，被抬舉成議論的中心，而且還頗耐人尋味。

化解流言蜚語，說難也難，可說易又很容易。做人若行得正，又何懼影子歪？一個人如果操守無可爭議，沒有倫理上的失足、腐敗、頹廢，沒有私生活的出軌，被謠言傷害到的機會就必然大大減少。

現代社會中的現代組織，人與事越來越變得錯綜複雜，微妙神祕，要想完全脫身、置身於一切流言之外是不可能的，幾乎很少有人能一生都不曾被人造謠中傷過，但我們必須相信，別人的嘴巴是長在別人的臉上，不可能管得了，但自己的耳朵卻是長在我們自己身上，完全有可能讓它去少聽少傳，更重要的是，手腳是在自己身上的，自己勤快些做事，以行動來對抗流言蜚語是最有效的。

第四章　堅持到底，絕不認輸

狼是自然界中效率最高的狩獵者，在狼的字典中是沒有「失敗」可言的。牠們是「失敗乃成功之母」這一信條的最卓越的實踐者。

曾有人對許多狼群進行觀察後，得出了這樣的資料，就是狼在捕食獵物的時候，大約有90%的失敗率。可以想像到，那些沒有經驗的幼狼和那些衰老的狼，失敗的機率將會更高。而對人類，如果所有行為都是只有10%的成功機率，也就是說十次同樣的行動，才有一次成功，那將是一種什麼樣的情形。然而，這卻是每匹狼都必須面對的情形。在牠們忍受著飢餓，在草叢中埋伏了幾天之後，牠們卻可能連一隻羊一隻狐狸都抓不到。因此，狼群實際上經常處於飢餓狀態。

或許，也就是這種飢餓狀態，促使牠們積極的面對失敗，讓牠們從失敗中吸取教訓。牠們在面對失敗時，從來不會退縮、屈服，牠們甚至沒有一點點沮喪。牠們不會像人類一樣，在失敗之後不停的抱怨，不停的為自己尋找各式各樣的藉口，牠們要做的只是默默的忍受失敗，忍受飢餓，然後從失敗的行動中尋找經驗教訓，以便在下一次捕獵時避免重蹈覆轍。

每當牠們在捕殺獵物過程中失敗後，仍會去觀察其他獵物，然後開始新的追逐，也許在追逐的過程中，牠們又失敗了，但牠們會再去鎖定新的目標，就這樣屢戰屢敗，屢敗屢戰，直到達到目的為止。而這正是狼之所以能獲得最終勝利的原因。

一匹幼狼從跟隨母狼捕食弱小的動物開始，到成為狼群伏擊牲畜群的主力，要經歷無數次的失敗。但失敗對牠沒有絲毫負面影響，牠只會在飢餓中變得更加機敏、更加仔細。每一次捕獵，都是牠磨練捕食技巧的機會。對狼群來說，失敗就是經驗，牠們會把每一次失敗都牢牢記在心裡，以避免再犯同樣的錯誤。牠們會在失敗之後，等待下一次機會。對狼群來說，再多的失敗都沒有關係，只要牠們最終能捕捉到獵物，只要牠們能生存下來，就是最大的成功。

狼在自然界中獵取動物的時候，時常會遇到一些獵物的拚死抵抗。但狼在鎖定目標之後，不論跑多遠的路程，冒多大的風險，牠也絕不會放棄，不捕到獵物牠是絕不甘休的，正是狼的這種永不言敗的精神，才使得牠在自然界中生存了下來。

捕捉機會，絕不讓機會從眼前溜走

機會可以改變人生，若想實現自己美好的人生願望，我們必須善於發現機會，並且要像「餓狼撲食」一樣捕捉機會。要想獲得成功，必須勇敢的冒險，勇於接受逆境的挑戰，並善於從中發現、捕捉和利用商機。

這是一匹正在原野上奔跑的狼，牠已經餓了兩天兩夜。穿越一個叢林時，牠發現了一隻狐狸正在覓食，於是在叢林的掩護下悄悄向牠移去。當狼突然發動進攻的時候，狐狸猛然間發現了牠，以閃電般的速度向叢林前的山中逃跑，餓狼可不想放棄這個難得的機會，隨後追了上去。狐狸身體靈活，在山丘上恣意穿梭，盡量把路線跑得迂迴曲折一些，以甩掉後面正在追擊的餓狼。然而狼絲毫沒有鬆懈，始終窮追不捨，雖然狐狸的逃跑路線令牠感到頭疼。

一段時間過後，狐狸的體力漸漸不支了，加之又被狼逼上絕路，最終沒有逃脫，落入狼口，成了狼的一頓美餐。

狼遇到一次機會，絕不會輕易將它放棄。因為牠們知道，在競爭激烈的自然法則當中，每一次機會都是非常難得的。遇到一隻野兔屬於一次較小的機會，但這次較小機會的價值依然不可輕視，因為捕捉到無數個這樣的機會後，所獲得的價值就是不可估量的。

狼不像其他動物那樣，對獵物具有嚴格的選擇性，比如老虎有時對羔羊不屑一顧，獅子有時對野兔看不上眼。狼向來對較小的獵物也給予足夠的重視，把每一次或大或小的機會，都真正當成非常重要的捕食機會，並牢牢把握它、抓住它。不重視利用有限的時間，不去積極追求自己人生目標的人，眼中總難發現機會，許多機會便與其失之交臂了。久而久之，這種人必然走上了一個失敗的人生。

這個社會中存在著太多不公平的事情，但有一點，上帝對所有人都是公平的，即祂給每個人的壽命大致相當，而且每天都是 24 小時。但同樣是生活在一個社會中的兩個人，同樣活了一輩子，也同樣每天經歷了 24 小時，有的人獲得了卓越的成就，有的人卻終生一事無成。

人與人在成功的道路上之所以會產生差別，在很大程度上是因為他們對待機會的態度不同。成功者之所以成功，是因為他們像狼一樣重視機會；而失敗者之所以失敗，往往是因為對機會不夠重視。石油大王哈默之所以能夠獲得極大的成功，就是因為他能像餓狼一樣捕捉成功的機會。

16 歲那年，阿莫德．哈默看中了一輛正在拍賣的雙人座敞篷舊汽車，但這輛車標價為 185 美元，這個數字對當時的他來說簡直就是天文數字。儘管如此，他仍然抓住機會不放手，向當時在藥店裡送貨的哥哥哈瑞借錢，買下了這輛車，利用它為一家商店送糖果。他的運輸生意做得很好，幾個星期以後，不僅按時將錢如數還給了哥哥，手裡還剩下一些足夠的零花錢。

1921 年，哈默在經過漫長的旅途後，來到了當時的新生政權蘇聯。他在那裡考察時發現，這個國家地大物博、資源豐富，但令人難以理解的是，人們一直過著吃不飽、穿不暖的日子。哈默的腦子非常靈活，看到這種現象後，立即想到：為什麼不出口各種礦產去換回糧食呢？於是向當時執政的領導人列寧提出了建議，很快得到了列寧肯定的答覆。

就這樣，哈默獲得了在西伯利亞地區開採石棉礦的許可權，成為第一個在紅色蘇聯獲得開礦權的外國人。美蘇之間的貿易從此開始了。後來，哈默透過在莫斯科建立的美國聯合公司，領導 30 多個國家的美國公司與蘇聯進行各式各樣的生意。

哈默善於發現機會與捕捉機會，一個偶然的發現，使他產生了在蘇聯辦鉛筆廠的念頭。

一天，哈默想買鉛筆，但他發現每支售價高達 26 美分，而且是德國貨。於是，他拿著鉛筆去見前蘇聯主管工業的人民委員會委員克拉辛。哈默誠懇的對克拉辛說：「您的政府已經制定了政策，為推動文化事業的發展與進步，要求全民讀書、寫字。但貴國沒有廠商能生產鉛筆，而是花鉅資從國外進口，這怎能使貴國的政策順利的貫徹實施呢？所以，我想為貴國開設一個鉛筆生產廠，請您授予我鉛筆生產權。」

克拉辛答應了他的要求。於是他以高薪從德國請來了技術人員，從荷蘭引進了機器設備，在莫斯科開起了鉛筆生產廠。1926 年，該廠生產的鉛筆不僅滿足了蘇聯全國的需求，而且出口到包括中國在內的十幾個國家。當然，哈默也從中獲得了百萬美元以上的利潤。

1930 年代，哈默從蘇聯返回美國，發現生產葡萄酒的廠商太多，而生產酒桶的少之又少，便做起了「酒桶生意」，結果又大大的賺了一筆。

「二戰」期間，美國的民眾生活水準顯著提高，吃牛肉的人越來越多，但優質牛肉在市場上很難見到。哈默又抓住時機，迅速籌集資金在自己的莊園「幻影島」上辦起養牛場。他花 10 萬美元的高價買下了上個世紀最好的一頭公牛「艾瑞克王子」，從此，「艾瑞克王子」像個搖錢樹，為哈默賺了幾百萬美元，而哈默也從此由一個門外漢，一躍成為牧場行業公認的領軍人物。

哈默從養牛業賺取豐厚的利潤後，打算從商界引退，安度晚年。但來自石油業的誘惑又讓他蠢蠢欲動，他無法自控，便又開始了「人生始於六十」的新生活。這一年，哈默 58 歲。

幾經周折，哈默買下了配方石油公司因經營不善，而造成的將要報廢的幾口油井，成立了自己的石油公司。成立之初，公司只有三名員工。該公司當時正處於風雨飄搖、瀕臨倒閉的困境中，但哈默對自己的選擇有抱堅定的信心。他精心挑選了一批專業人才，之後便與當時十幾家實力雄厚的大公司展開了競爭。競爭開始不久，他花幾百萬美元鑽出的前三口井都被一些「專家」宣布為「乾井」。哈默不能接受這個失敗的評論，在被宣告「死刑」的乾井上架起鑽機，繼續勘探，終於鑽出兩個可以生產高級原油的新油井。就這樣，哈默對經營石油行業充滿了十足的信心，後來獲得了更加出色的成績，成為大名鼎鼎的石油鉅子。

透過哈默的創業歷程，我們可以得到這樣的啟示：人生必須勇於冒險，並善於從冒險中發現、捕捉和利用商機。

抓到手裡才是機會

西元 1831 年，達爾文從基督學院畢業後，面臨擇業問題。按慣例，再過幾年他就能如父親所希望的那樣，到一個教區去當教父了。

可是一封來自羅伯特．斐茲洛伊船長的信卻改變了他的一生：英國政府準備派遣斐茲洛伊駕駛「小獵犬」號軍艦去南美洲進行考察，將邀請一名博物學家參與其中，有人推薦了達爾文。

達爾文看出這是進行生物考察的大好時機，當即表示願意前往。但他的這個決定卻遭到了父親的強烈反對，父親認為如果達爾文接受了這個邀請，將會推遲他在神學職業上的發展，那他這輩子恐怕就沒什麼大的出息了。

不過，達爾文並沒有因此而放棄說服父親，在他的一再懇求下，父親終於給了他一線希望：「如果有一個頭腦清醒、有見識的人贊成你去，我就同意。」達爾文立刻找來他的舅舅喬斯說服父親，並最終獲得了父親的批准。

西元 1831 年 12 月 27 日，達爾文終於搭上海軍勘察船「小獵犬號」，開始了歷時 5 年的環球旅行。一路上他做了大量的觀察筆記，並採集了無數的標本，為他以後撰寫《物種起源》、創立進化論提供了第一手資料。

「小獵犬號」之航是達爾文終生偉業的起點，它改變了達爾文的人生，也永遠的改變了人類的生物學。不難想像，如果失去這次機會，《物種起源》這部鉅著也許要等待很長時間才能問世，而達爾文也可能永遠無法成為英國著名博物學家、進化論的先驅。

19 世紀法國積極浪漫主義作家大仲馬，曾經這樣告誡我們：「誰若是有一剎那的膽怯，也許就放走了幸運在這一剎那間對他伸出來的香餌。」

機會是珍貴的，又是極易消逝的，我們要積極的去觀察、去捕捉，才能擁有更多的成就大事業的籌碼和資本，才能順勢而為，加快走向成功的步伐。

如果面對機會猶豫了、退縮了、放棄了，一而再、再而三的把機會白白浪費掉，其結果顯然會不利的，在未來社會中即使不被淘汰，也註定是碌碌無為之輩。

也許有的人會說，「我的人生中從來沒有出現過機會」。其實，機會只不過暗藏在生活的每一個角落之中，如果我們有一雙慧眼，就會發現機會無處不在，但如果我們是粗心人，那麼就只能看到生活平靜如水的表面，而很難去發現蘊藏在其中的寶藏。

正如卡內基所說：「我們多數人的毛病是，當機會朝我們衝奔而來時，我們兀自閉著眼睛，很少人能夠去追尋自己的機會，甚至在被絆倒時，還不能看見它。」

每一個渴望成功的人，都要善於分辨那些對自身成才最有效用的機會，並勇於當機立斷、果斷行事，盡可能使機會在成功之路上發揮出最大的作用。這樣，當別人對機會的到來還猶豫不決的時候，我們才能捷足先登、搶占先機，從機會當中鑽探出自己想要的成功和希望的「石油」。

如何發現並抓住機會

機會不會讓你一眼看楚自己的面容，你要想與機會邂逅，就必須懂得機會源自何處。

首先，冷靜的選擇那些對成功最有效用的機會。

亞里斯多德曾說：「人生頗富機會和變化。人最得意的時候，有最大的不幸光臨。」機會當前，我們總是愛把結果往好的方面想，然而，機會帶來的並非都是福音，盲目的冒進可能會使我們蒙受重大損失。

尤其對於我們大多數人而言，分辨是非能力與閱歷豐富者相比較差，往往很容易就把誘惑當做機會，而不計後果的意氣用事，甚至走上違法犯罪的道路。

比如，有的人在報紙上看到高薪徵才的啟事時，常常會不經考慮就急匆匆的邁出求取的腳步，全然不顧自己其實是沒有資格和能力現在就出發的。

可見，「重要的不是決定要做什麼，而是決定不做什麼」，面對每一次機會，我們不妨先冷靜一下，等心境平和了，再仔細的想想：它到底是不是機會，抓還是不抓，怎麼去抓，這樣至少可以讓自己不那麼燙手。

其次，留心周圍的小事。

那些我們熟視無睹的小事情，看似偶然，可往往就蘊藏著真正的機會。

19 世紀的英國物理學家瑞利在日常生活中觀察到，人們在端茶時，茶杯會在碟子裡滑動和傾斜，但當茶水稍灑出一點到茶碟上時，茶杯反而會變得不易在茶碟上滑動了。

瑞利對此進行了進一步的探究，做了許多相類似的實驗，結果得到一種求算摩擦力的方法——傾斜法，獲得了機會為他帶來的重大成功。

當然，我們說要留心周圍小事，並不是讓自己把目光完全局限於「小事」上，而是要善於「小中見大」「見微知著」。只有這樣，才能有所發現、有所成就，並真正抓住造就成功的機會。

最後，機會來時，就要牢牢抓住它。

機會對每個人而言都是公平的，但是對於渴求成功的人來說，機會的品質重於數量。

一位桌球世界冠軍說過一句話：「人生能有幾回搏！」在這種堅定信念的

支撐下，他抓住冠亞軍決賽的機會，奮力拚搏，為自己書寫了一個輝煌的序曲，也成為家喻戶曉的人物。

作為當代的有志青年，我們也應該像他一樣，在與機會親密接觸的時候，牢牢抓住它，絕不能掉以輕心，因為有好多機會往往因相差一點點，就會與我們失之交臂。

比如，對於每一個上大學的人來說，大學生活都是一個機會，一個造就未來的機會。但是，面對同一片天空、同一個氛圍、同一個機會，不同的人卻有著不同的結果——

有些同學是「春風得意馬蹄急，一日看盡長安花」：時光用在了風花雪月的「愛情」上。

而有些同學是「花前月下尋常見，舞廳門前屢次聞。正是一年好風景，補考時節又逢君」：時間用在了自由瀟灑的快活上。

更有些同學是學業未完，人已憔悴：不注意運動，而累垮了身體。

美國心理學家威廉．詹姆士說得好：「不管你知道多少金玉良言，不管你具備多好的條件，在機會降臨時，你若不具體的運用，就不會有進步。」

我們不必感嘆別人多麼幸運，我們只須知道自己目前所處的位置就是最佳的方位，有不少機會正在迎面而來。我們要做的就是迅速抓住它而不是悔恨。

所以，從現在起，我們每個人就應認真的做好迎接它的準備，包括：考好每一場試，學好每項技能，做好每一次工作任務，才能不浪費每一次機會，才能利用好每一次機會。

培根曾經說過：「善於識別與把握時機是極為重要的。在一切大事業上，人在開始做事前，要像千眼神那樣察視時機，而在進行時要像千手神那樣抓住時機。」

是的，機會是一個美麗而性情古怪的天使，她會像不速之客一樣突然降臨在我們身邊，如果稍不注意，她就將翩然而去，不管我們怎樣扼腕嘆息，她都將從此遠去。

讀者朋友們，看看自己的身邊，機會的翅膀正在掠過，你是否已準備抓住她的翅膀，一起飛向更加美好輝煌的明天？

為迎接機會，準備必須充分

西元 1861 年，俄國科學家門得列夫擔任聖彼德堡大學教授。在編寫新的無機化學教科書的章節時，他遇到了難題，按照什麼次序排列化學元素的位置呢？

為此，門得列夫邁進了聖彼德堡大學的圖書館，在數不盡的書籍中逐一整理以往人們研究化學元素分類的原始資料；他還把所有的元素名稱、化合物的化學式和主要性質分類寫在紙卡片上，每天皺著眉頭的玩「牌」，夜以繼日的思考著。

冬去春來的八年後，有一天，他又坐到桌前隨意擺弄著「紙牌」，擺著，擺著，他像觸電似的站了起來，然後迅速的抓起記事本在上面寫道：「根據元素原子量及其化學性質的近似性試排元素表。」

就這樣，門得列夫於西元 1869 年 2 月底，發現了化學元素具有週期性變化的規律，為世界化學史留下了劃時代的一筆財富。

門得列夫在 63 個孤零零的元素中找到了關聯和變化的規律，發現了影響深遠的元素週期律。對此，很多人都會得出這樣的感嘆：他的發現和發明，完全得益於偶然的機會和靈感。

可是，「冰凍三尺，非一日之寒」。雖然科學發明、創造的成果似乎有時來得突然，但它卻是意料之中的必然的結果。

正如門得列夫的回答：「這個問題我大約思考了 20 年，而您卻認為坐著不動，一行一行的寫著，突然就行了！事情並非這樣！」

如果有的人把門得列夫發現元素週期律歸結到偶然性因素上的話，那麼，我們也只能說：「如果成功確實有什麼偶然性的話，這種偶然的機會也只會垂青那些有準備的人。」

常聽到一些剛畢業的大學生談起身邊同學的成功時，總是感慨的說：「他運氣真好。」言下之意，運氣總是「照顧」別人，而他自己的不成功，又因「運氣」。

誠然，每個人的發展都離不開一定的機會，沒有機會，再有才能也是英雄無用武之地。中國的古話「懷才不遇」或「知遇之恩」，就說明了「遇」是何等重要。

但事實上，成功的機會對我們所有人而言都是平等的，它有可能降臨在我們每一個人的身上，但前提是：在它到來之前，我們一定要做好準備。

在美國軍隊的一次冬季演習中，經過幾個小時急行軍，團長感覺非常口渴，就問身邊的士兵，有誰帶了水。可士兵們忙了半天，只拿出一個個早已冰凍的水壺，裡面一滴水也倒不出來。

這時，一名新排長從自己的破棉帽裡拿出了一個帶有體溫的水壺，並且倒出淙淙的甜水。團長「咕咚咕咚」的喝了幾大口，便仔細的打量著這個新排長，臉上露出了笑容。

幾天後演習結束了，這位新排長受到了重用，而他就是後來的美國總統——艾森豪。

可見，無論是科學發現，還是人生發展，機會的出現既出人預料，又在情理之中，只有付出了努力，具備了一定的條件，才能在機會到來時「發現」機會，抓住機會；相反的，離開了主觀努力，坐等機會，那麼，即使機會來臨，我們也只會心有餘而力不足。

這裡的準備主要有以下內容：一是知識的累積，沒有廣博而精深的知識，要發現和捕捉機會是不可能的；一是思維方法的準備，只具備知識，而不具備必要的思維方法，看不到機會，它便會默默的從我們身邊溜走。

(一) 做好知識的累積。

有些年輕人空嘆機會難求，可是他們平時腦子裡空空如洗，再好的機會也只能讓它悄悄溜走。

縱觀古今中外傑出人物的成功史，我們不難發現：機會的到來是平時知識的累積、刻苦勤奮的結果。

比如 X 光，倫琴是透過螢光屏幕發光發現它的，這帶有偶然性。但是，之所以是倫琴而不是別人發現了 X 光，就在於倫琴在這方面付出了超人的努力，有了超人的知識累積。

在倫琴之前，就有一位叫史密斯的牧師，發現把包好的照相底片放在克魯克斯管附近，底片出現了霧翳，但史密斯卻沒有意識到這是 X 光所致。

再比如苯環結構，在凱庫勒之前，人們不知道有機物之間碳原子是怎樣結合的。凱庫勒為了揭開這個謎，曾廢寢忘食的工作，但還是什麼也沒有發現，不得已，他放下手頭的工作，把座椅轉向火爐進入半睡眠狀態。

這時，原子在他眼前飛動，長長的隊伍，變化多姿，彼此連接了起來，像蛇一樣扭動著、旋轉著，忽然，蛇咬住了自己的尾巴。凱庫勒驚醒，他由此成功的提出了苯環結構的假說。

試想，如果沒有長期廢寢忘食的鑽研，沒有豐富的化學知識，凱庫勒是不可能在偶然中破解這一科學之謎的。

就像當年曾處在同一起跑線上的學生一樣，他們中的一些人之所以畢業不久就獲得驕人的成績，是因為他們在學校時就只爭朝夕、刻苦學習、拚搏進取，積蓄了抓住機會的本事。

每一位年輕人都應該抓緊時間刻苦學習、勤奮工作，用扎實豐厚的知識和辛勤的汗水求取自身的進步，這樣才能更加把握機會，才能不斷提高成功的機率。

(二) 要鍛鍊出敏銳的洞察力和思維能力

大多數年輕人在念書時成績都很優異，但後來工作上的成就卻相差懸殊，關鍵在於有些人，一天到晚都在學習書本知識，而不注意培養自己的洞察力和思維能力，當面對新出現的複雜問題時，總是一籌莫展，或者粗心大意，結果與機會擦肩而過，喪失獲得成功的機會。

相傳魯班被茅草劃破手指，從中得到啟示，發明了鋸。

牛頓見蘋果落地，觸發了靈感，發現了萬有引力。

可見，使我們走向成功的機會確實有其偶然因素，但只要有敏銳的眼光，善於審時度勢，就不會使那些被假象掩蓋著的機會從自己的眼前悄悄溜過。

所以，每一個年輕人不僅要盡可能的學習廣博的理論知識，還要在學習中不斷的鍛鍊自身敏銳的觀察力、準確的判斷力、豐富的想像力和科學的預見性，從而提高自身的綜合素養。

這樣，我們就會在複雜的情況下及時發現和正確利用機會，在為社會付出貢獻的過程中發展自己的事業，實現自己的人生價值。

就像一位著名數學家說的那樣：「科學的靈感，絕不是坐著可以等來的。如果說，科學上的發現有什麼『偶然的機會』，也只能給那些學有素養的人，給那些善於獨立思考的人，給那些具有鍥而不捨精神的人。」

機會不是上天無故的恩賜，而是給有準備之人的最美的禮物！

每一個年輕人都應該在平時努力提高自身素養，苦練「內功」，時刻充分做好迎接機會的準備，這樣，等到時機成熟，才可以擁有「有備無患」的從容！

機會可遇也可求

有一位才華橫溢的年輕畫家，早年在巴黎闖蕩時一直默默無聞、一貧如洗，連一張畫都賣不出去。因為當時的行業規則是，巴黎畫店的老闆只寄賣名人的作品，年輕的畫家根本沒機會讓自己的畫進入畫店出售。

但是，這一天，畫店卻來了一位顧客，向老闆熱切的詢問有沒有那位年輕畫家的畫。畫店老闆對這麼一位不知名的畫家感到陌生，拿不出來，最後只能遺憾的看著顧客滿臉失望的離去。

在此後的一個多月裡，不斷有顧客來店裡詢問年輕畫家的事情，畫店的老闆開始為自己的過失感到後悔，多麼渴望再次見到那位原來如此「知名」的畫家。

終於，年輕畫家出現在了心急如焚的畫店老闆面前，他成功的賣出了自己的作品，並因此而一夜成名。

原來，當這位畫家口袋裡只剩下十幾枚銀幣時，他想出了一個聰明的方法：他用錢僱用了幾個大學生，讓他們每天去巴黎的大小畫店四處打轉，每人在臨走的時候都要詢問畫店的老闆：有沒有他的畫？哪裡可以買到他的畫？

這個智慧的年輕畫家，便是偉大的現代派巨匠畢卡索。

金子不是在哪裡都會發亮的，譬如，當它還埋在沙土中的時候；同樣，也不是每一位有才華的人就一定會獲得成功，當機會不來的時候，怨天尤人也無濟於事。

這時，我們不妨學一學畢卡索，動一動腦筋，想一個聰明的辦法來創造自己的機會。那麼，成功說不定也就不期而至了。

遺憾的是，在現實生活裡我們經常會看到，很多年輕人在遭遇挫折、打擊和失敗之後，就逐漸失去了戰鬥力。他們開始感到無奈、無助、無力，並經常發牢騷，在消極等待中苦嘆功成名就的終南捷徑與自己無緣：

「這個社會太不公平！」

「我沒有有權有勢的關係！」

「如果給我機會，我也會成功。」

……

事實上，「沒有機會」，只是失敗者的推託之辭，真正的成功者通常不是那些把機會奉為神明的人，他們從沒把希望寄託在機會上，更不會一味的怨天尤人。

他們知道，大事業是從小處開始的，「天下事，必作於細；合抱之木，生於毫末;九層之臺，起於壘上」;他們明白，一磚一木壘起來的樓房才有基礎，一步一個腳印才能走出一條成形的道路；他們相信，只有依靠自己的力量才是最實在，也是最可靠的。

馬其頓國王亞歷山大大帝在打了一個勝仗之後，有下屬問他，是否等待機會來到，再去進攻另一個城市。

「什麼？」亞歷山大聽了這話，大發雷霆，「你認為機會什麼時候會來到？機會是我們自己創造的！」

靠自己的努力和實力不斷去創造成功的機會，正是亞歷山大之所以能夠建立豐功偉績，成為歷史上一代偉大帝王的原因。

如果一個想成功的人，只求別人用雙手托著銀盤子把機會送到他面前，那他也就只有失望的分，因為成功的關鍵在於我們能夠主動採取行動，把機會創造出來。

正如鋼鐵大王安德魯．卡內基所說：「機會是自己努力創造的，任何人都有機會，只是有些人善於創造機會罷了！」

每一個渴望成功的年輕人都應該用足夠的勇氣和睿智的腦袋，主動尋找機會、創造機會，而不應消極的等待機會，更不應一味的抱怨社會沒有為我們提供施展才華的舞臺。

(一) 是「千里馬」就應敢於表現自己

「表現自己」的人歷來名聲不佳，在人們心目中，它與「名利思想」「出風頭」「往上爬」等結下了不解之緣，因而使得一些年輕人不敢表現自己，一談到表現就餘悸在心。

可實際上，只有透過表現自己，才能真正顯示出一個人的才能和價值；人的聰明才智也只有在表現自己的過程中，才能得到提高。

千里馬遇到伯樂，若不以洪亮的聲音長鳴兩聲，也許就不會引起伯樂的注意；「毛遂」若不「自薦」，不在實踐中表現自己的唇槍舌劍，又怎能建立功勛、青史留名？

而被譽為世界上最偉大的推銷員的吉拉德，也總是隨身帶著名片，見到人就遞上一張。有時在觀看體育比賽，當觀眾為運動員的精彩表演而起立歡呼時，他就掏出一把名片隨手撒出，以便為自己創造更多的機會。

在如今人才輩出、競爭日趨激烈的時代中，我們年輕人僅僅擁有才華是不夠的，還必須在自己的黃金時代和黃金領域，大膽的、主動的發揮出自己的聰明才智，使自己的才華為人所知、得到社會的承認，才有可能讓機會「從天而降」。

反之，如果我們總是「藏而不露」，那就只會貽誤時機，等到有一天別人終於發現時，我們的知識和特長也許已經成為過時的東西了。

(二) 要有勇氣去尋找「伯樂」。

生活中，每個人都有自己固有的舞臺，但我們一定要有勇氣跳出自我封閉的小圈子，努力去尋找那種適合自己、能夠創造更多機會的領域，才能真正尋求到更多的「伯樂」。

宋慶齡的父親宋耀如是中國近代史上的一位重要人物。他 9 歲那年就隨叔叔來到波士頓，在一個小商店當學徒，而他一生中最重要的機會恰恰是他自己創造的。

13 歲那年，他偷偷上了一艘開往南方的船，想逃離商店學徒生活，去尋找自己渴望的讀書機會。幸運的是，船長很善良，為他的學習熱情所感動，就把他介紹給一些熱心的教會人士，其中一位將軍資助他進入了一所教會學校讀書，成就了他的未來。

可見，勇敢的去尋找「伯樂」，主動到機會多、適合自己的地方去，這也是創造機會的一種有效方式。

對於大多數年輕人來講，從小到大，幾乎不用為了任何一個目標、任何一個機會而勞累奔波，因為父母基本上已經為我們安排好了這一生的運行軌跡。

但是，有多少年輕人因此而喜歡自己所學的科系？又有多少年輕人熱愛自己所從事的工作？

不喜歡自己所學的科系，就沒有學習的熱情和動力；而不熱愛自己所從事的行業，也同樣不能經營好自己的長處、為自己的成功增值。就像富蘭克林所說：「即使是寶貝，放錯了地方也只能是廢物。」

所以，如果我們不甘於做一個平庸之人，那麼就必須盡快跳出過於封閉的發展空間，主動去拓展更大的成功舞臺，主動將自己定位在能夠自由馳騁的遼闊空間，才能為自己創造出種種成功機會，實現自己的理想。

有句話說：「那專想等待良機的人，無異在等待月光變為銀子。」機會確實很重要，因為它能改變人們一時的處境，甚至一生的命運，但機會最終的主人卻不是信步其上的人，而是耕耘其下的人！

如果機會沒有如期而至，每一個年輕人都應該靠自己的努力和實力去尋求機會、創造機會。造就成功的機會，其實就掌握在我們自己的手中！

關鍵時刻就要奮勇出擊

在一次捕獵公牛的行動中，一匹阿爾法狼（小狼斷奶之前，牠們就開始把自己分成「阿爾法」狼和其他狼。「阿爾法」狼速度更快，好奇心更盛，占有空間、母乳和母親的欲望更強，而且終生如此。「阿爾法」狼到處遊走，年年繁殖後代，可能活 10 或 11 年。而較低級別的狼只在家附近待著，很少繁殖後代，通常活不到 4 歲。）不幸被牛角劃破了肚皮。儘管阿爾法狼鋒利的牙齒一刻不曾離開公牛的脖頸，並且刺出了大量鮮血，但公牛仍有足夠的力氣與牠對抗；而且，從凶猛的架勢上看去，公牛是拚了命了。

與阿爾法狼前來的還有三隻歐米佳狼（動物學家將最底層的狼叫歐米佳狼），在此關鍵時刻，兩隻歐米佳狼已嚇得渾身發抖，不敢上前與公牛搏鬥，搭救自己的首領。但第三隻很勇敢，牠像離弦的箭一樣飛奔過去，在離公牛兩公尺多遠的地方縱身一躍，轉眼間將鋒利的牙齒卡在公牛的脖子上。牙齒在肌肉與骨骼中前進，最終切斷了公牛的喉管。鮮血噴湧而出，公牛掙扎了幾下，便倒地身亡了。

接著，幾隻狼把公牛撕成了碎片，風捲殘雲般吃了起來。阿爾法狼受了傷，由其他幾隻狼照顧著，也吃了些食物。後來，阿爾法狼傷勢復原，對那隻對牠有救命之恩的歐米佳狼十分感激，在日後的捕食行動中給牠許多好吃的食物，並提高了牠在狼群中的地位。

狼群中雖然有些膽小怕事的傢伙，但只是為數極少的那麼幾隻，大多數狼都是勇敢而凶猛的，尤其是在頭狼面前。為了顯示自己的本領，贏得頭狼的賞識，其他狼一有機會就不失時機的「露一手」。許多狼在狼群中原本處於較低的地位，關鍵時刻顯身手，才逐步被提拔上來的。

眾狼與頭狼的日常來往活動，其實就是員工與上司來往活動在自然界的一個寫照。因此，對於如何與上司相處，以及如何獲得上司的賞識，我們就可用到狼一般的強勢生存之道了。

在與上司打交道的過程中，有時可能會出現這種情況：在關鍵時刻，上司還未發現事態的嚴重性，員工卻看到了。這個時候，員工如果貿然的提出來，可能會損害上司的形象和利益；但如果採取另一種形式，尋求另一種辦法，為上司指出一條起死回生的路，上司就會對你感激不盡。員工由於在關鍵時刻大顯身手，在上司心目中的地位也將大大提高，乃至得到上司給予的豐厚回報。

某公司部門經理由於辦事不力，受到公司總經理的指責，並扣發了部門所有員工的獎金。消息傳來後，辦公室頓時怨聲四起，不少員工認為這不公平：既然是經理做錯了事，責任就該由他一人承擔，怎能推到大家身上呢？經理雖然是個主管，但由於心中有愧，也不好駁辯，便陷入了尷尬的境地。

這時祕書小吳站出來：「大家別再發怨氣了，經理在受到批評的時候還為大家據理力爭，要求總經理只懲罰他自己而不要牽連大家處分呢。」聽到這話，大家的氣消了一半。

小吳接著說：「經理從總經理那裡回來很難過，表示下個月一定想辦法把大家的損失透過其他的方法補回來。其實，這次被扣發獎金也不能全怪經理，我們也有一定的責任。所以我們別再爭辯誰是誰非了，努力爭取把下個月的任務好好完成吧！」

小吳的調解工作獲得了很大的成效。按說這並不是祕書職權之內的事，但小吳的做法使經理擺脫了尷尬的處境，如釋重負，心情豁然開朗。接著經理又適時提出了自己的方案，進一步激發大家的熱情，糾紛很快得到了圓滿的解決。

在上司最需要的時候，能夠及時勇敢的站出來，巧妙為他解除尷尬、窘迫的局面，這往往會受到上司的重視，你的晉升之日也就為期不遠了。

機會光顧有準備的人

一個想有所作為的人，都知道這樣一句名言：「成功的機會是為有準備的人而準備的。」古往今來，有許多成功人士並不注重機會在哪一刻來臨，而是把握所有的時間，讓生命的力量發揮到極致，從而在最適合自己的位置上，牢牢的站直了身子。如果你做到了這一點，那麼這些斑斕多彩的機會，就會一個個來到你的面前。

相反的，有的人卻總是站在荒蕪的土地上，在遙遠的天空中尋找著屬於自己的機會。這些人總在數落著哪個機會該是自己的，哪個機會是不該走掉的，哪個機會是應該來臨的，盼望著某一天一覺醒來就有美好的機會等在自家的門口，自己可以一步登天了。然而，機會終究沒有到來，這些人便在無盡的等待中將短暫的生命放逐掉了。

機會是最公正的，它永遠不會光顧那些生命中的看客和懶客。對於那些孜孜不倦的跋涉者，它表現出極大的無私與慷慨；對於那些懶惰平庸的等待者，它表現出無比的自私與吝嗇。為自己得到一個機會而慶幸的人，是膚淺的過客。這種人不過是偶爾綻放的曇花，永遠不會有絢麗多姿的百花齊放。

為自己沒有得到機會而抱怨生活的人，是永遠也欣賞不到人生美景的凡夫俗子。這些人註定了終生一事無成，註定了要永遠站在別人高大的影子裡。

只有終生都在為自己的終極目標而努力的人，才是生命中最昂貴的精血，才是生活中最美麗的花朵。生活是一條不斷的河流，她不斷高歌著、跳躍著勇往直前，而在她的每一朵浪花裡，每一個細小的轉彎處，都閃現著智慧的光芒。

有自信的人，才有可能抓住成功的良機。日本的小澤征爾是世界著名的音樂指揮家。義大利米蘭的斯卡拉歌劇院和美國大都會歌劇院等許多著名歌劇院，都曾多次邀他演出。一次，他去歐洲參加音樂指揮家大賽，決賽時，他被安排在最後一位。小澤征爾拿到評委交給的樂譜後，稍做準備，便全神貫注的指揮起來。突然，他發現樂曲中出現了一點不和諧。剛開始他以為是演奏錯了，就讓樂隊停下來重新演奏，但仍覺得不和諧。至此，他認為樂譜確實有問題。可是，在場的作曲家和評委會的權威人士都鄭重聲明：樂譜不會有問題，是他的錯覺。面對幾百名國際音樂界的權威人士，他難免對自己的判斷產生了猶豫，甚至動搖。但是，小澤征爾考慮再三，堅信自己的判斷是正確的。於是，他斬釘截鐵的大聲說：「不，一定是樂譜錯了！」他的聲音剛落，評委席上的那些評委們立即站起來，向他報以熱烈的掌聲，祝賀他大賽奪魁。

原來這是評委們精心設計的一個圈套，以試探指揮家們在發現錯誤而權威人士不承認的情況下，是否能堅持自己的正確判斷，因為，只有具備這種素養的人，才真正稱得上是世界一流的音樂指揮家。在進入決賽的三名選手中，只有小澤征爾堅信自己而不隨聲附和權威們的意見，因而獲得了這次世界音樂指揮家大賽的桂冠。

自信和堅持，也可以鑄就你的成功人生。

關鍵時刻，幫老闆一把

在企業經營中，有時一個好點子就是一條通向成功的光明大道，但有時這條路就在眼前，也許老闆沒有看到，卻被你看到了，這是你聰明和智慧的表現，也是對企業發展深入思考的結果。在關鍵時刻，如果你能為老闆指出一條金光大道，老闆一定會對你刮目相看，從此重用你。

要想表現自己，就要具備無所畏懼的精神，甚至在關鍵時刻為老闆賣力。一名員工只有為企業的發現以及老闆的成功勇於奉獻，只有這樣才能成為老闆的心腹。

位於日本千葉縣的迪士尼樂園，原來叫作「千葉迪士尼樂園」，如今改為「東京迪士尼樂園」，是為了吸引更多的遊客而重新命名的。當時，遊客們一聽說「千葉」這個名字，立刻就會覺得那是一個非常偏僻的地方，想去遊玩的興趣便大大減弱。正因如此，某段時期該樂園才處於蕭條狀態，幾乎到了破產的邊緣。

然而，就在樂園老闆一籌莫展時，員工山本提出了一個絕妙的建議，其內容之一是將「千葉迪士尼樂園」改名為「東京迪士尼樂園」。這有什麼絕妙之處呢？

山本向老闆提出了自己的理由：

遊客不願光顧「千葉迪士尼樂園」，是因為覺得千葉縣是個偏僻的地方。而將樂園改為「東京迪士尼樂園」，遊客們就會認為千葉縣離東京很近，實際上，這兩個地方離得很遠。遊客由於產生了這種錯覺，就會認為「去趟迪士尼樂園很值得，都快到東京了」，或者「去了迪士尼樂園，可以順便去趟東京」。這樣，遊客們到樂園遊玩的興致就能大大提高。

事實果然如此，名字一改，遊客大增，「東京迪士尼樂園」從此興旺起來。後來位於千葉縣的成田機場曾名為「新東京國際機場」，也是同樣的道理。

關鍵時刻，能為公司和上司排憂解難的人，怎麼會得不到重用呢？

安東尼是位著名的服裝縫紉師。他出生在西西里島，17 歲來到美國加州的一個小鎮，拜一個叫莫亞德的服裝店老闆為師，學習服裝縫紉技術。

由於天資聰穎，又肯上進，沒過多久時間，安東尼縫紉的服裝便在小鎮小有名氣。他是個很會辦事的人，每次城裡的富人到小鎮找他們縫製服裝，完成後都是他搶先把衣服替他們送去。老闆莫亞德心裡明白，在所有顧客中，替富人送衣服是最麻煩的事情，那些人總是橫挑鼻子豎挑眼，故意說衣服沒做好而對你橫加指責。而安東尼總是這樣為自己「解決麻煩事」，這讓他有些過意不去。於是，他替他調高了薪水，幅度比別人的兩倍還高。安東尼心安理得的接受了，一如既往的工作著，繼續為老闆「解決麻煩事」。

最終，安東尼受到莫亞德的重用，兩人合夥做起了大事業，將服裝店搬到底特律，在那裡創建了「法蘭克禮服出租店」。由於經營有道，他們出產的服裝，在市場上占有很大的比例，一年下來總能獲得鉅額利潤。

在關鍵時刻幫老闆一把，他一定會對你感激不盡。當老闆陷入困境時，也許連平時最親近的人都遠離他，生怕沾惹是非。這個時候，是否有信心與老闆繼續合作下去，對員工的信念、意志、能力、感情等都是極大的考驗。通過了嚴峻的考驗，你必將得到老闆的重用。

日本有家鄉間旅店，由於地理位置不佳，生意一直很蕭條。一天下午，旅店老闆望著後面山上的一片空地出神，忽然間，他的臉上露出笑意，大概是想出了能使旅店生意好起來的妙計。

第二天，老闆來找空地的主人川雄一男，對他說：「我看這塊空地不利用十分可惜。你能不能在空地上栽些樹，綠化一下，也改變一下旅店的環境。」

川雄嘆氣說：「唉，我也有這種想法，可惜資金不夠，力不從心哪！」

由於旅店生意冷清，也因為缺乏資金植樹，老闆整天悶在屋子裡發愁。一天，一個員工提醒老闆：「能不能想辦法讓顧客種樹？」

老闆茅塞頓開，馬上與員工商量起來，研究怎樣才能讓顧客種樹。第二天，與空地主人協商之後，該旅店登出了一則別出心裁的廣告：

尊敬的旅客，您好！本店後面的山上有片空地，寬闊而幽靜，專為旅客朋友植紀念樹所用，如有興趣，不妨種下小樹一棵，本店派專人為您拍照留念。樹上可留下木牌，刻下您的尊姓大名及植樹日期。

廣告一出，旅客們紛紛攜樹而來，沒過多久，旅店後山已是滿眼綠色。那些栽過樹的人，也常來這裡看望自己親手所植樹木，旅店從此便夜夜燈火通明。

關鍵時刻幫老闆一把，是讓老闆對你另眼相看的最佳途徑。陪同老闆去見重要的客戶，洽談對公司生存與發展至關重要的業務時，你適時補充一句，可使老闆順利度過偶然出現的思維「停滯」階段；在很重要的會議上，老闆可能會忘記某些資訊或舉止有失得體，在此關鍵時刻，你若能及時提醒，給老闆一個順利過渡的階梯和及時糾正的機會，他就能避免陷入尷尬的境地。在關鍵時刻表現自己，會為個人職業的發展帶來很大好處。

但是，也不要總對老闆表態：赴湯蹈火，萬死不辭。有些時候你打算為老闆效力，事先可以不聲張，這樣一來，成功了你可以給老闆一個驚喜，失敗了也不必承擔過多的責任。更不要在表態時說狂話，如「保證完成任務」「絕對沒問題」等。因為一旦完成不了任務，這樣的表態就成了一句空話，讓老闆認為你是個沒有本事、只會吹嘘的人，這將影響你在老闆心中的形象和地位。

從小事中尋找機會

「以小搏大」是成大事者常用的手段。世界上許多富翁都是從「小商小販」做起的。只有扎扎實實的從小事情做起，才能有希望在日後做出大事業。這樣從事的事業才會有堅實的基礎，如果憑投機而暴富，那麼來得快，去得也快。錢賺得容易，失去得也容易。

雖然我們有「從今天起開始做」的想法，但如果訂了過大的計畫，到後來難以實行，也不會有什麼結果的。因此，在開始時，不要把目標訂得太遠，應從小處著眼。

有一位曾經做過人壽保險的業務員，同時在其他事業上也非常成功。他認為：若要增加人們對他的好感，應該先把自己的外貌整理好。因此，他每天早上在鏡子前仔細研究，想辦法使別人對他產生好感。可以這麼說，他的成功，便是他平常做好小事而導致的。

萬丈高樓平地起，你不要認為為一分錢與別人討價還價是一件醜事，也不要認為小商小販沒出息，金錢需要一分一釐積存，而人生經驗也需要一點一滴累積。在你成為富翁的那一天，你已成了一位人生經驗十分豐富的人。

恐怕現在的年輕人都不願聽「先做小事，賺小錢」這句話，因為他們大都雄心萬丈，一踏入社會就想做大事，賺大錢。

「做大事，賺大錢」的志向並沒什麼錯，有了這個志向，你就可以不斷向前奮進。但說老實話，社會上真能「做大事，賺大錢」的人並不多，更別說一踏入社會就想「做大事，賺大錢」了。

事實上，很多成大事、賺大錢者並不是一走上社會就獲得如此成績的，很多大企業家是從店員當起，很多政治家是從小職員當起，很多將軍是從小兵當起，人們很少見到有人一走上社會就真正「做大事，賺大錢」的！

那麼「先做小事，先賺小錢」有什麼好處呢？

「先做小事，先賺小錢」，最大的好處是可以在低風險的情況之下累積工作經驗，同時也可以藉此了解自己的能力。當你做小事得心應手時，就可以做大一點的事。

此外，「先做小事，先賺小錢」還可培養自己踏實的做事態度和金錢觀念，這對日後「做大事，賺大錢」以及一生都有莫大的裨益！

你千萬別自大的認為你是個「做大事，賺大錢」的人，而不屑去做小事、賺小錢，你要知道，連小事也做不好，連小錢也不願意賺或賺不來的人，別人是不會相信你能做大事、賺大錢的！如果你抱著這種只想「做大事，賺大錢」的心態去投資做生意，那麼失敗的可能性很高！

賺小錢既然沒問題，那麼賺大錢就不會太難！何況小錢賺久了，也可累積成「大錢」！

捕捉時機，該出手時再出手

在非洲大草原上經常會出現這種情景:一群分散的狼突然向一群鹿衝去，引起鹿群的極大恐慌，導致鹿紛紛逃竄。這時，狼群中的一隻「劍手」就會箭一般衝到鹿群中，抓破一頭鹿的腿。狼群之所以選中這頭鹿，也許是因為牠身上帶有某些弱點，易於攻擊。但狼不會立即將牠置於死地，會將牠重新放回鹿群當中。

當狼群攻擊鹿群中的一頭鹿時，周圍那些強健的鹿並不會去援救，而是聽任狼群攻擊牠們的同胞。這樣的情況日益加重，受傷的鹿漸漸失掉大量的血液、力氣和反抗的意志。而狼群在耐心的等待時機，牠們定期更換角色，由不同的狼來扮演「劍手」，使這頭可憐的鹿舊傷未癒、又添新傷。最後，當這頭鹿體質變得極為虛弱，對狼群再也無法構成嚴重威脅時，狼群開始全體出擊並最終捕食了受傷的鹿。

實際上，狼在戲鬥鹿時已經飢腸轆轆了，但牠為什麼不直接進攻那頭鹿呢？因為像鹿這類體形較大的動物，如果踢得準，一蹄子就能把比牠小得多的狼踢翻在地，非死即傷。是耐心保證了勝利必將屬於狼群，狼群謀求的不是眼前小利，而是長遠的勝利。這種「該出手時再出手」的戰術，對於戰勝敵人十分有效。

狼「該出手時再出手」的捕獵方法告訴我們，耐心等待對捕捉機會、創造成功是非常重要的。耐心等待，你才能發現機會正在向自己靠近。機會離自己足夠近的時候，你才能輕鬆的將它握在手裡。正如小說中的小李飛刀，不出手則已，一出手就能擊中目標。

一位著名時裝設計師的成功經歷，就說明了耐心等待時機的重要性。

他出生在一個軍人家庭，從小酷愛畫畫，沒上幾年學，就遇上了戰爭，運氣不好，1974 年他 16 歲，被迫輟學。好在他有一手比別人強的本領，喜歡在牆上畫畫。軍人眼睛一亮，問這是誰畫的？他便從田裡跑了出來。軍人問他：「你願意去當兵嗎？」他欣然應允了。

就這樣，他踏上了軍旅生涯。他積極工作，畫了很多配合任務的圖畫。在四年時間裡，他的表現非常突出，希望自己能脫穎而出。可是，一次次機會鬼使神差般從他身邊溜走了。當部隊再次決定提拔他時，剛好上級下達了「凍結升遷」的軍令，他便又失去了一次機會。部隊對他的遭遇也很同情，讓他再等一兩年。

他暗暗盤算起來，再過一兩年自己就二十三四歲了，得到機會還好，但如果到時上面再下個「凍結升遷」的軍令，自己的大好前程豈不是被耽誤了嗎？趁現在考大學還有機會，他於是脫下軍裝，開始潛心攻讀起書來。最終，他考上了一所絲綢工學院，在學校裡成績很出色。畢業時他想當服裝設計師，想留校任教，學院也有意要留他。但不知什麼原因，學校最終改變了主意，把他一個人分配到基層單位 —— 絲綢廠上班。這樣一來，他想成為服裝設計大師的理想就變得渺茫了。但他並未灰心喪氣，在做好本職工作的同時，繼續做設計，鑽研理論。

他做夢都在尋找「機會」，機會也終於慢慢向他走來。工藝美術學院開辦了一個培訓班，沒有教師任教。他聞訊走進學院辦公室，來了個毛遂自薦。學院接收了這筆「送上門來的買賣」。他走上了理想中的工作職位，以自己深厚的功力及獨到的見解，在講臺上描繪一個又一個精美的圖案。

不久以後，他被調到時裝雜誌社，這與他理想中的職業更近了一步。1987 年他受命籌辦大型時裝表演。當時，在當地舉辦時裝表演還是第一次。他深知責任重大，全心全力投入，發揮所有聰明才智，最終光榮的完成了任務。於是，他的大名在一夜間傳遍大江南北，成為服裝界甚至商界關注的焦點。

他的實力日益雄厚，他終於擺脫了「打工」的生活，做起自己的事業。1991 年 12 月，與香港公司合資，正式成立了一家時裝公司，從此成了時裝界影響極大的著名企業家及藝術家。

他最終發展為著名的時裝設計師，其間經歷了許多挫折與磨難，但他始終等待機會，尋找機會，在適當的時候捕捉機會，他的成功在很大程度上是妥善的處理機會的結果。

辦事要選擇有利時機

有句話說：「識時務者為俊傑。」可見時機的選擇是事情成功的關鍵，選擇好有利的時機，大事就有了一半的成功機會。

前日本首相大平正芳，在 1979 年 9 月提前解散眾議院，10 月 7 日舉行大選。他的目的就在於利用情勢對自民黨有利的時機，實施總選舉，藉此來鞏固他首相的地位。

此舉本非自民黨內一致的意見，在野黨亦表示反對。但是，大平得到了田中派的支持，一意孤行，以致選舉結果在眾院五百一十一席中僅獲二百四十八席，可謂慘敗。此時，黨內福田、三木、中曾根等反主流派，猛烈抨擊，並為追究選舉責任問題，要求大平為選舉失敗下臺，但都遭到大平的拒絕。

此後，經過自民黨內經過一個多月的內爭，最後由大平與福田二人在國會中決選。此事開創了日本憲政史上一個政黨提名兩位首相候選人的先例。大平雖然最後以極少的多數，艱苦的贏得了首相寶座，然而自民黨的分裂以及大平聲望的一落千丈，都註定了未來自民黨黨內紛爭及混亂的態勢。大平內閣的前途困難坎坷，也是意料中的事。

其後，大平為了提高個人的聲望，並轉移國民對其政府的注意力，於是迫不及待的在 12 月 5 日率領外相大來佐武郎等一行前往中國訪問。而此時國會正值開會期間，身為一國首相，竟於國會開會期間出國訪問，可見其用心之良苦。但推究其原因，乃在於轉移日本國內對他領導不力，不負眾望的注意力，並欲藉由外交上的成就，來沖淡大家對自民黨選舉失敗的記憶罷了！

在這個事例中，大平正芳選擇了有利於自己的時機進行大選，又選擇了有利自己的時機出國訪問，他這樣做的意圖就是為了擺脫自己不利的一方面，擴大自己有利的一方面，展現了政治家辦事的魄力和膽識。

永遠朝著目標奮進

非洲的馬拉河畔，一群羚羊正在綠草如茵的草地上悠閒的覓食。一隻狼隱藏在不遠處的草叢中，仔細的觀察動靜。看到羚羊吃得正起勁，便悄悄的向前爬去。

狼與羊群之間的距離越來越近，羚羊有所察覺，開始四散逃跑。狼眼疾手快，隨後跳出草叢，箭一般向羚羊群衝去。牠的眼睛緊緊盯住一隻未成年的羚羊，腳步像射出之箭一樣向前飛奔去。

狼越過了一隻又一隻站在旁邊觀望的羚羊，但牠沒有停下來或掉頭改追這些離自己更近的獵物，而是鍥而不捨的一直朝著那頭未成年的羚羊猛追。漸漸的，羚羊跑累了。最終，狼的前爪搭上了牠的後背，將牠絆倒在地。接著，狼鋒利的牙齒狠狠的插進羚羊的脖頸，很快結束了牠的性命。

在捕食之前，所有食肉動物都知道應該隱藏自己；在選擇目標時，都懂得首先鎖定那些老弱病殘以及落單的獵物。狼族生存的最重要技巧，就是能把所有精力集中於所要捕捉的獵物上。一旦瞄準獵物，不達目的絕不甘休。對於無法達到的目標，牠們絕對不會做出無意義的行為，不管是恐嚇性的咆哮，還是無謂的奔跑。

狼對獵物執著專注，是牠們最終捕獲獵物的重要原因。人類如果也能發揮狼一樣的「執著專注」精神，大概早已捕到自己想要的「獵物」了。然而，走在人生的路上，許多人總是左顧右盼，游移不定。他們沒有明確的目標，即使確定了目標也不能堅持到底。因此，人應該向狼學習那種「心無旁騖，鎖定目標，堅持不懈」的精神。1950 年代，美國洛杉磯郊區有一個沒有見過世面的孩子，年齡雖然只有 15 歲，卻擬出一個題為《一生的志願》的表格，上面列著：

「到尼羅河、亞馬遜河和剛果河探險；登上聖母峰、吉力馬札羅山和厄爾布魯士山；駕馭大象、駱駝、鴕鳥和野馬；探訪馬可波羅和亞歷山大一世走過的路；主演一部《人猿泰山》那樣的電影；駕駛飛行器起飛降落；讀完莎士比亞、柏拉圖和亞里斯多德的著作；寫一部樂譜；寫一本書；遊覽全世界的每一個國家；結婚生孩子；參觀月球……」

他把每一項都編了號，一共有 127 個。

當他把夢想莊嚴的寫在紙上之後，就開始循序漸進的實行。16 歲那年，他開始按計畫和父親到喬治亞州的奧克費諾基大沼澤和佛羅里達州的大沼澤地國家公園探險。

從那個時候起，他就按計畫逐一實現自己的目標。到 49 歲時，他已經完成了 127 個目標中的 106 個。現在，他正全力以赴著手準備參觀月球的目標。

這個美國人就是聞名全球的探險家約翰·戈達德。

當人們問起約翰·戈達德實現這些目標的感想時，他說了一段耐人尋味的話：

「任何人都可以成為遠大目標的追求者。第一個目標一旦實現，你接下來就必須為第二個目標動身啟程了……」

成功的法則其實很簡單，而成功者之所以稀有，是因大多數人認為這些法則太簡單了，沒有堅持，不屑於去做。這個法則就叫「專注」。

從前有個叫秋的棋手，由於棋藝甚高，別人都叫他弈秋。弈秋的名聲越來越大，許多人慕名而來向他討教，也有人打算拜他為師。

後來，他收了兩個學生，同時向他們講課。他一心想把自己的棋藝傳授給他們，於是每堂課都非常仔細的對他們講解。其中一個學生態度很端正，全神貫注的聽弈秋的講解和分析，對周圍發生的事全然不去理會。另一個學生看上去也像認真聽講的樣子，雖然端正的坐在那裡，心思卻已飛到了九霄雲外。他一下子看看窗外的田野和樹林，一下子又聽聽鳥兒的鳴叫。當他發現天上有幾隻天鵝飛過時，他便想：「要是能有一張弓、幾支箭，射下一隻天鵝煮了吃，該有多好啊！」過一下子，他又向窗外看了一眼，發現樹上停著兩隻黃鸝，樣子非常可愛，便盤算著如何把牠們捉下來玩。

結果，直到弈秋全講完了，這個學生也沒在意。弈秋想看看他們學得怎麼樣，就叫兩個學生對下一局。起先，那個不專心的學生憑著以前的基礎還能勉強應付，可漸漸的就顯出差距來。那個專心致志的學生攻守從容，而那個三心二意的學生只有招架之功，卻無還手之力。弈秋一見，語重心長的對兩個學生說：「下棋雖是一種小小的技藝，但不專注於它，也學不好啊！」

由此可見，要想獲得一些些有用的知識，也必須全心全力投入。在這一點上，古人告訴我們：要想讀好「聖賢書」，必須「兩耳不聞窗外事」。這便是「專注」精神。

專注是獲得成功的必要前提。只有對事物專注，一個人才能矢志不移的追求、拚搏與奮鬥。

職場中人更需要具有「專注」這種精神特質。

專注可以彌補技術上的不足。臺灣晶片公司在放棄其他生產線，決定只做來料加工時，曾經遭到內部管理人員的抵制，但事實證明，這條路走對了。現在美國前十大設計公司，幾乎都是它的客戶。

專注可以以小勝大。一些企業做大了以後，往往喜歡向其他行業滲透。如過去在零售方面獲得一定業績的某公司，現在正往生產領域滲透。有專家認為，這種縱向滲透一般都難以獲得成功。還有一些企業喜歡往橫向滲透，如一些大型家電企業正往小家電行業滲透。這些企業雖然有著雄厚的資金和強勢品牌，但成功率很低。專家認為，小家電高度專業化的製造水準和銷售手段，是攔截大家電企業搶占地盤的一道堅實屏障。

專注可以提升競爭優勢。哈佛大學策略大師波特指出，面對經濟競爭，唯有與同行策略相異，產品與服務相異，才能長久的保持住競爭優勢。這就要求企業管理者瞄準自己的特長，避開自己的不足，提升自己專業生產方面的競爭優勢。A 品牌打字機在 1980 年代初期一度非常熱銷，但現在幾乎沒有人使用它了。A 品牌董事長在反思經營的教訓時認為，A 品牌和當地大部分企業一樣，犯了一個大而全的錯誤，當國外的企業都在進行精細的分工合作時，他們當地的企業卻被大而全拖垮了，一個產品，所有部件都要生產，必然會使創新能力和創新速度下降。

專注是成功的必要保障。一個人即使具有超強的能力，但如果做什麼事都半途而廢，那麼連一件小事也辦不成。

創造並捕捉良機

白天時，狼盯上一隻羊，先不動牠。一到天黑，羊就會找一個背風草厚的地方臥下睡覺。這時候狼也抓不住牠，羊的身體睡了，可牠的鼻子耳朵不睡，稍有動靜，羊蹦起來就跑，狼也追不上。一晚上狼就是不動手，趴在不遠的地方死等。夜晚很快過去了，等到天亮了，羊憋了一夜尿，膀胱憋漲了，狼抓準機會就衝上去猛追。羊跑起來撒不出尿，跑不了多遠膀胱就會顛破，後腿抽筋，就跑不動了。這樣一來，狼很輕鬆的就能將羊捕獲。

狼是智慧的化身，在捕捉獵物時從不蠻幹，而是善於利用機會。牠們知道，魯莽草率的做出行動，即使有充沛的體力跑完所有草原高山森林沙漠，也很難達到自己的目的，捕到好的獵物。而等待時機，善用技巧，輕而易舉就能實現願望。在每次行動之前，狼都會考慮如何創造或發現及利用機會。正如因此，狼幾乎在每一次行動中都能如願以償的捕捉到獵物。

機會到來後有個停留的過程，在整個過程中，任何時候都可以去抓它，但在哪一時刻最為有利，便值得我們認真考慮了。

李嘉誠是香港的傑出企業家，天生有副靈活的頭腦和一雙善於捕捉商機的巧手，每每商機如潮水般洶湧而來時，他總能在最佳時刻迎潮而上，大撈一把。

1966 年底，衰落近兩年的香港房地產業開始復甦。1967 年，由於歷史原因，北京爆發了火燒英國代辦處事件，香港隨之掀起「五月風暴」。在香港，「中共即將武力收復香港」的謠言四起，港民人心惶惶，議論紛紛，掀起了自二戰後的第一次移民大潮。

移民者大多是有錢人，他們紛紛降價拋售物業，致使新落成的樓宇無人問津，整個房地產市場賣多買少，找不到客戶，地產商和建築商們因此焦頭爛額，一籌莫展。然而，李嘉誠顯得格外冷靜，時刻關注著市場形勢的變化。

多年的創業經驗告訴他，要想做出一番事業，絕不能與人眾走同樣的路。他懂得「高峰時退出，低谷時投入」的黃金法則，於是決定逆流而上，大量收購各大公司或企業低價拋售的物業。

另一方面，他堅信世事亂極則治、否極泰來。他理智的分析了中國與香港多年來的交往狀況，相信中國不會以武力收復香港。因為若要收復，1949年就可以收復，不必等到現在。中國當年保留香港，是因為考慮到其可作為對外貿易的通道，這樣對中國的發展可能更有利。現在的國際形勢和香港的特殊地位並沒有改變，因此中國武力收復香港的可能性不大。

經過仔細思考與分析之後，李嘉誠覺得這是一次千載難逢的拓展良機，於是大膽的實施自己的計畫。他將買下的舊房翻新出租，又在土地上興建物業。

李嘉誠的這一舉動是需要超凡的膽識與氣魄的。為此，他的親朋好友都替他捏了一把汗。與此同時，同行公司的地產商們都在等著他的笑話。

香港房地產衰落的局面一直持續到1969年，等到1970年的時候，「中共以武力收復香港」的謠言不攻自破，於是各個產業開始復興起來，房地產生意生意更是日益興旺。這時，李嘉誠已累積了大量的物業資本，從最初的12萬平方英尺，發展到35萬平方英尺。生意異常興旺，李嘉誠每年僅憑房屋出租一項收入就高達390萬港幣。

在這場房地產大災難中，李嘉誠成了大贏家。親朋好友為此歡呼雀躍，而那些本想嘲笑他的地產商們，卻因錯失良機悔恨萬分。

有人說李嘉誠是賭場常客，他這次能夠獲得成功，純屬僥倖。實則不然，李嘉誠絕不是一位投機家，他之所以能夠獲得成功，是因為具備理智的頭腦，非凡的智慧，善於捕捉商機。

關鍵時刻，捕捉住靈感

成語「靈機一動」，形容某種靈感、主意一下子湧上心來，臨時想出了絕妙的辦法。主管在做決策時，靈機一動可以說是機智最突出的表現，而促成靈機一動機智表現的基礎，是領導者的靈感。沒有靈感，就沒有靈機一動。

靈機一動成功的事例很多。有一次，美國人福特把一輛汽車賣給一位醫生，一個看熱鬧的工人對同伴打趣道：「不知哪一年我們才能買得起汽車。」「很簡單！從現在起，你不吃飯不睡覺，一天做 24 小時，我想只要 5 年，你便會擁有一輛汽車。」這句話使在場者哄笑起來。福特聽了沒有笑，反而從玩笑中靈機一動，獲得了靈感。事後，福特研製出一種「連擦皮鞋的人也能買得起的汽車」。4 年後，福特的 T 型汽車問世了，價格比其他公司的產品便宜 80%，每輛只賣 575 美元，投入市場後，供不應求。再舉一例：日本一個從事印刷的工廠廠長，走路時無意踢了一個小積體電路板，他當時靈機一動，這個東西如果用印刷的辦法生產，一定會快得多；幾經努力，終於發明了積體電路用的引線架，用印刷的方法生產，一下子效率提高了 100 多倍，占領了包括美國在內的 70 多個國家的市場。

那麼什麼是領導的靈感呢？

有人說它是烏雲密布時的一道閃電，它是黑暗摸索中的豁然開朗，是百思不得其解時的茅塞頓開。也有人說，靈感就是平波中躍起的一朵浪花，猶如「忽如一夜春風來，千樹萬樹梨花開」，又似「山重水複疑無路，柳暗花明又一村」，一位知名科學家甚至把靈感與人體特異功能相提並論，稱靈感為特異思維。那麼靈感到底是什麼呢？由於靈感的發生表面看來是出於偶然，而且人類對靈感的認識知之不多、知之不深，因此，導致一些人認為靈感神祕莫測。

在領導工作中，領導者的靈感則表現為：領導者在追蹤解決某一既定問題時，由於長期的思考和探索，大腦時刻處於高度受激狀態，在某種偶然因素啟發下，靈機一動，突然產生的使問題得以解決的頓悟。靈感作為領導決策過程中的一種非邏輯方法，從外觀上看，它的產生常常是突發性的，表現為一種新穎的思路或想法完全出乎意料的突然闖入領導者的頭腦中，從而使領導者百思不得其解的問題，頃刻迎刃而解，瞬間做出決策。

決策者要有獲取資訊的能力

人類的知識，19 世紀人約每隔 50 年增加一倍；到 20 世紀上半葉，每隔 30 年增加一倍；1950 年代就 10 年增加一倍；1970 年代每 5 年增加一倍；1980 年代中期則每 3 年就增加一倍。由於科學技術的高度發展，資訊總量的急劇成長，因此，人類開始進入資訊時代。由於現代知識不斷更新，知識的「老化」也加快了。18 世紀知識老化週期為 80 ～ 90 年；19 世紀到 20 世紀上半葉為 30 年，近半個世紀以來為 10 年。國外有人認為，一個大學生在校學習只能獲得 10%所需要的知識，其餘 90%的知識都要在工作中不斷學習獲得。同樣，作為領導者，他所需要的知識，絕大多數也是只有在工作中不斷努力學習才能獲得的。

據說，如果向美國前國務卿季辛吉諮詢 1 分鐘，就要支付 270 美元。英國前首相柴契爾夫人和美國前總統雷根等要人，做一次報告，就要十幾萬或幾十萬美元，美國前總統柯林頓做一次演講，多的時候要 200 萬美元。

從現代社會資訊理論的角度來看，資訊是財富，資訊是效率，資訊更是金錢。因為資訊雖然不是物質，卻能創造更多的物質產品；雖然不是能源，卻能創造更有效的能源。它是維持和發展人類生產活動和社會活動必不可少的資源。資訊能使現有的人力、物力、財力得到充分、有效的利用，為社會創造更多的物質財富。社會財富的增加，主要不是靠勞動者投入越來越多的體力，而是靠勞動者不斷更新知識、提高智力和生產技能。

因此，在日常工作中，要對資訊有強烈的占有欲；對各種變化莫測的因素，要不知疲倦的去追蹤；要自覺的、千方百計的去搜集資訊、捕捉資訊。同樣，在機關的管理工作中，聽和看是向領導者頭腦輸入資訊；想是資訊加工，即形成概念，進行推理、判斷的思維過程;想出的成品是領導者的打算、主意、決策、方案、計畫、指示等資訊產品。一個領導者如果有較強的洞察力、較高的閱讀、理解、思維能力，較好的文字與口語表達能力，那麼，他的領導工作就會富有成效。

由此可見，每個員工應當盡快完成從經驗型向科學型轉變，逐漸學會利用並建立先進而健全的資訊網路系統，對現代社會瞬息萬變的資訊進行搜集和篩選，做到「廣、新、快、實、精」。同時，要有對資訊敏捷反應和擴展、引申的能力，並進一步形成新的概念、新的思想、新的主意，做出決策用來指導工作。這樣才稱得上是有高成效的領導者。

審時度勢做決策

領導者要在複雜的市場環境中獲取經營成功，必須有準確無誤的決策，要達到決策無誤，必須對影響市場變化的種種因素進行研究、分析，並善於捕捉資訊。一句話，要學會審時度勢。時者，是指各種時機，勢者，是指事物發展變化的趨勢。

(一) 審和度就是要分析研究

古人說：「識時務者為俊傑。」就是強調要認清形勢，把握事物發展變化的趨勢，不做違背實際情況，逆歷史發展方向而動的事。在每一項決策決定之前，都要對形勢進行認真的分析，對事態的發展趨向做出準確的判斷，搞清楚哪些是有利條件，哪些又是不利條件；現有諸因素中哪些是必然因素，哪些是偶然因素；它們將向何種狀態發展等等。只有把這些因素分析透徹，才能制定切實可行的策略。在這方面，不僅外國人有可借鑑的東西，就是古人也有可學習的地方。

(二) 要善於抓住時機，當機立斷

在戰場上，時機對指揮員來說是十分重要的。如果指揮員善於抓住各種戰機，就會在敵強我弱的情況下，獲得戰爭的勝利。反之，如果不善於捕捉戰機，即使我強敵弱，也容易處於被動挨打的地位。企業生產指揮也是如此，如果老闆能抓住生產和銷售的有利時機，就會一步主動，步步主動，否則，就會「一著不慎，滿盤皆輸」。老闆要想及時抓住有利時機，必須目光敏銳，思想活躍，有豐富的想像力和真知灼見。這樣，才能善於由此及彼，見人所未見，及時發現「苗頭」，從而捷足先登，掌握主動權。俗話說：「機不可失，時不再來。」機會是非常難得的。所謂「時勢造英雄」，是說時勢替英雄提供了叱吒風雲的機會，但能不能抓住機會，獲得成功，還要看他是否能當機立斷。當稍縱即逝的時機到來的時候，並不是每個人都能果斷的抓住它。猶豫遲疑，當斷不斷，成功就會屬於別人。

(三) 要機動靈活，善於隨機應變

我們說不善於抓戰機不行，但有了戰機而不善於根據情況的變化而採取相應的對策，也同樣不會成功。領導者要學會隨機應變，善於根據客觀條件的變化而迅速急劇的改變策略，如果原先的道路在當時不妥善或行不通時，就選擇另一條道路來達到目的。而且管理活動的各種因素，總是在變化的，所以老闆決定問題要根據情況的不同來變化。

(四) 勇於創新，出奇制勝

僅僅停留在以變應變還是不夠的。以變應變是被動的變，要主動應變，才能在競爭中立於不敗之地。主動應變就要善於改革創新，不重複老一套，適應新情況而變化無窮。許多事實證明，把應變創新運用自如、高度昇華，就能做到善發奇兵，出奇制勝。

（五）把握住順水推舟的時機

自古有人順勢而行，有人逆勢而行，正如船在水中行進，順水而行則其勢悠悠，自然而功成，這是天成之法，無論是做人還是辦事，都可達到滿足的效果。

唐朝的時候，李靖出任定襄道行軍總管，率部擊敗了突厥。突厥首領頡利可汗退守鐵山，派使者向唐請罪，願舉國降服。朝廷派李靖前去迎接，頡利可汗雖然表面上願歸降朝廷，但心裡卻猶豫不定，另有預謀。李靖已經摸透頡利可汗的心理，與副手張公謹商量說：「唐使到突厥後，會使頡利可汗暫時安心，認為我們不會有什麼行動。這時，我們如果率萬名騎兵，備足二十天糧草，去奇襲突厥，不費多大力量便能活捉他們。」果然，當行到離頡利可汗大營僅有七里的地方，頡利可汗才發現了他們，倉皇之中尚未布陣完畢，李靖已帶兵衝殺進來。結果一萬多敵軍被殺掉，俘獲有十萬多人，並且還俘虜了頡利可汗的兒子疊羅施，殺掉了頡利可汗之妻、隋朝的義成公主。透過這場大獲全勝的戰鬥，擴大了從陰山直到大漠的唐朝疆域。

在這次戰爭中，李靖利用突厥首領戰敗之後急於求和而放鬆警惕的時機，乘勝追擊，順水推舟的將戰果擴大，獲得了唐代對外作戰的最大勝利。

相信你的直覺判斷力

不平凡的人必具有與眾不同的判斷力，老闆就是這樣的人。值得指出的是，軍事家、政治家的自信不是從天上掉下來的，而是在長期的戰爭和實踐中形成的超人直覺。

據說邱吉爾有非凡的直覺能力，1941 年秋，正值第二次世界大戰德軍轟炸倫敦。一天晚上，邱吉爾從陣地視察回來，警衛替他打開了鄰近的車門，可邱吉爾卻彷彿有所警覺似的走向座車的另一邊。當座車開動後急駛在實行燈火管制的黑暗街道時，突然飛來一顆炮彈，把警衛剛才開門那邊的兩個車輪炸飛。邱吉爾因坐在另一邊而安然無恙。也許正是由於這種不同凡響的預測力，使他成為了世界上著名的政治領袖。

在商業上充分發揮領導人的直覺判斷力，在很多情況下也會帶來意想不到的成功。每次預測並不都有現實的依據，預測常表現為一種直覺，有時像是一種啟示。要想成功，就需要直覺，更需要勇於相信直覺的魄力和勇氣。下面三則故事是古今中外人們利用自信以爭取成功的親身體會，我們可以從中吸取一些經驗：

（一）絕望時要相信奇蹟

古時候，有人被判了死刑。行刑前，他向國王保證，他可以在一年內教會陛下的馬飛翔，由此獲得了緩刑——如果不成功，他將被特別的酷刑處死。

這人是這樣想的：「在一年之內，國王可能會死掉，要不我可能會死掉，要不馬也可能會死掉。而且，誰也不能洞察一年內的一切。也許，那馬真的學會了飛翔呢？」與其失去一切，不如相信奇蹟。

（二）自信贏得支持

1960 年，美國總統大選的時候，甘迺迪和尼克森進行了一場轟動全國的電視辯論。辯論之前，許多政治分析家都認為甘迺迪處於劣勢。他年輕，名望不高，是個天主教徒，波士頓口音又太重。但是，在電視機的螢光幕上，人們看到的是一個心平氣和、說話很快但又十分輕鬆的人：他的面容誠實而自信，而在他旁邊坐著的尼克森，看上去卻是一臉風霜顯得十分緊張，很不自在。據說，正是由於這次辯論，改變了許多人的看法，甘迺迪在美國大眾面前成功的把自己推銷出去了！

(三) 認真才能獲取信任

有位藥房老闆到太陽銀行請求貸款，申請單上填了「91 萬元」。經理土田正男是位企業調查專家，立刻注意到「1」萬元的尾數。問，為什麼不貸 100 萬或 90 萬呢？

「這次只要 91 萬夠了，90 萬我不夠，100 萬卻多了點，銀行不會不方便吧？」

「不會，不會！」土田正男非常欣賞這「1」萬元，立刻准許了。這是以「數字」獲得了別人信任的事實。因為在人們看來，數字，特別是精確的資料能給人鄭重仔細的感覺，它不但客觀而且是經過嚴密推算獲得的，這說明你一定是一位穩重可以信賴的人。

努力減少辦事的干擾

在人們工作最緊張的時候，最討厭的莫過於那些來自各個方面的干擾了。

如果你正忙得不可開交，即使電話鈴聲、門鈴聲響個不停，也不要理睬它們。如果有必要，你甚至可以把電源切斷，這比不理睬鈴聲更為有效。

為了更有效的利用一般說來不受干擾的時間，你應該預先制定工作計畫。你也可以提前或推遲午飯，這樣就能夠充分利用一般人的正常吃飯時間了。

噪音是使人們注意力渙散、浪費時間的罪魁禍首。人們一旦聽慣了噪音，就不十分不滿意了，其實人的身體已經在各個方面受到有害影響。所以你一定要重視並研究如何消除噪音的問題。

有些拜訪你的客人實際上是來閒聊天的，應當請他們盡早離開。

逐客或者避而不見，最初你可能會感到很不好意思，但是磨磨蹭蹭、拖泥帶水所帶來的，卻是比浪費時間更壞的結果。也許因為你的直率會得罪一些朋友，但等你達到目的之後，人們便會理解你的這種做法。

然而對於來自你的主管的干擾，卻是無論如何也不容易妥善處理好的。有這樣的主管，當客人來的時候，他一定讓下屬作陪，而不管下屬是否還有更重要的工作要做。

為了排除上級的干擾，你應該定期和上級接觸，和他商量制定你自己的預定日程表。這就是所謂的心理戰，如果他想叫你完成主要業務，就不會干擾你、打亂你的預定日程。另外，當你要進行一項重要工作的時候，如果感覺無論怎麼樣周圍總似乎存在著一些干擾，那麼你最好在公司以外的地方另找一個工作場所。就算上級吩咐你做什麼，因為碰巧你不在，也許他就會暫時忘了這件事。

有時候，你還會受到來自你的下屬的干擾。對於這類的干擾，你只要稍微注意一下，便可輕鬆的解決了。

例如，你可以每天抽出一點寬裕時間，以解答下屬所提出的問題；你鼓勵下屬多使用備忘錄，這種備忘錄不一定需要冗長的語句，寥寥數語，便能讓人立刻明白問題的核心；對於下屬的請求，應立即給予答覆；把充分的責任和職權委任給下屬。

只要你掌握了排除各種干擾的方法，工作起來自然會精神抖擻，事半功倍。

學會變不利為有利

狼有狼的弱點，人也有人的弱點，但「尺有所短，寸有所長」。天底下沒有一個沒有短處的人。而那些獲得成功的人不是因為克服了自己的短處，而是因為極大的發揮了自己的長處。這在人際交往過程中，大概也是一條屢試不爽的黃金規律。

如果你是一個善於交際的人，那麼你應該知道，迴避不利點是一般性的思考方法，而反過來思考如何變不利為有利，則有可能得到意料之外的收穫。

吉田茂被稱為日本昭和元老，他在擔任首相時曾有一個有趣的傳聞。

1960 年，吉田首相前往自己的出生地高知縣，進行競選連任的宣傳活動。車開到半路的山道上時，他突然感到肚子不舒服，這個地方離落腳的旅館還有不少的路程，又不好在山路邊解決。正在為難之際，發現附近有一戶農舍。於是隨從與首相去敲門想借茅廁一用，不料正巧沒人在家，不得已只好闖進去解了燃眉之急。

事情雖然已經過去，但吉田首相第二天卻又親自驅車前往農戶家拜訪，向其表示昨天的失禮之處。農戶家主人大感受寵若驚的說：「承蒙吉田閣下特地前來，在下是何等的榮幸啊……」傳說回到車內的吉田「閣下」開玩笑的對隨從說：「這個村子裡的選票都會到我這裡來，看來選舉還是要靠『黃金』啊！」

這是把自己所排泄的「黃金」比喻為選舉中不可缺少的「金錢」的幽默。雖說是自我解嘲，也同時是自我讚揚。他能夠把途中突然產生的窘態，利用第二天前去道歉的手段化為選民的選票，這的確是日本歷史上個性派首相才會有的幽默，頗為有趣吧。

在一般人的字典上，「優點」的反義詞是「缺點」；「長處」的反義詞是「短處」。但在現實生活當中並不如此絕對，我們可以自由自在的任意轉換。正如剛才提到吉田首相的例子，就是把自己的失誤由事後的彌補變成好事。

由此可見，「優點」「缺點」「長處」「短處」都是主觀性的詞語。如果都把它們當作「個性」「特長」來看待，就如同硬幣的兩個面一樣，並無多大的區別。如果把觀察的眼光換成這樣的角度，以往困惑不解的問題就會突然的變得清晰了。

應做好失敗的準備

沒有什麼事能註定成功，沒有人總會一帆風順。因此，在辦事之前，應當做好心理準備，如果失敗了怎麼辦：

(一) 事前要有成功與失敗的兩種心理準備

無論是結交他人，還是求人辦事情，都有成功與不成功兩種可能。對事情只想到成功，而不想到失敗，似乎是不客觀、不現實的態度。

幹練成熟的人，做任何事之前都有兩手準備。他們求人辦事，常常胸有成竹，不因事情順利而沾沾自喜、忘乎所以；也不因事情受挫而悲觀失望、牢騷滿腹。我們稱這種人為「心理正常」或「心理健康」。

比如，當今商業社會，利益至上。在貸款方面求人幫忙，免不了一番討價還價的談判，那是多麼複雜的事呀！作為一個冷靜成熟的談判者，就應當有兩種準備，即不要把成功的「期望值」定得太高或太低。太高，你就會麻痺大意，談判前該準備的資料和應商定的對策，你就不會去認真準備，結果「大意失荊州」，被對方弄得措手不及而陷入被動；太低，你就可能喪失信心，或怯場，或精神萎靡不振，而丟了自己的優勢，讓對方牽著鼻子走。

(二) 要想到萬一不成功怎麼辦

對於能否達到目的，寧可事先將不利因素設想得嚴重一點。

俗話說：「先難後易。」任何事寧可在事前把不利因素設想得充分一點，也不肯到事後來找麻煩。因為，事前尚有應變、迴旋的餘地；事後卻「生米煮成了熟飯」，要想挽救也來不及。

有一機關職員，看到別人辭職做生意賺了錢，於是自己也想發財，仿效他人做起了生意。但由於對自己不適合於做生意的種種不利條件和其他客觀的不利因素設想太少，結果失敗了，不僅虧了本，而且丟了原本不錯的工作。後又見原來的同事調高了薪資，非常後悔，痛苦萬分，弄得如今精神錯亂。

究其原因，很重要的一點就是對自己經商這一行為所確定的「期望值」太高，而被主觀上的成功沖昏了頭腦，既缺乏對情況的整體把握，又缺乏必要的心理準備和應變措施。這同樣是求人辦事之大忌。

(三) 不要指望一次就成功

在求人辦事的過程中適時的調整好「期望值」。

由於人們對人情世故的把握程度所限，人不可能都是「諸葛亮」，事事能掐會算。因此，在實踐中學習，在實踐中調整自己的行動，就是十分重要的了。

這就是說，在求人辦事的過程中，及時的根據此時此地和彼時彼地情況的變化，來審視和調節自己的「期望值」，適時的採取相應的變通措施，才可能避免或減少失敗。事變我變，人變我變，不把希望盯在某一點上。成功的可能性變小了，就後退一步，或改弦易轍；成功的可能性變大了，就全力爭取，奮勇拚搏。

與前例不同，某地一教師，曾辭職經商，與人合作，辦了一個電器維修和電子產品的經營商店，然而不景氣，他立即改變門路，與合作者商談，辦起了一所電器維修學校，學習者絡繹不絕，不僅受到了上級主管和群眾的歡迎，而且經濟收入頗豐。如今經批准已擴大為大學，聞名國內外。

人們常說「祝你心想事成，萬事如意」等等，當然是一種美好的祝願。作為當事者本人，遇事總應當朝好的方面想。但一旦行動起來，就不能不從多方面考慮。其中重要的一點是調整好自己的「期望值」，使自己處於正常行為和正常競爭的心理狀態。這樣，你就少了一份失敗的危險，而多了一份成功的希望。

第五章　勇於競爭，勝者為王

在地球上，狼族已經生存了超過 100 萬年的時間，牠們經歷了自然界的弱肉強食和人類的獵捕、毒殺、陷阱。

由於狼族的堅毅，雖然只限於某些特定的區域，但牠們今天仍雄踞在屬於自己的角落裡。牠們不需要人類施捨，更不要人類教導牠們如何生存。牠們只是渴望自由自在的生活，並且在造物者賦予牠們的生存意義下生活。

狼族中有最高層的狼與最低層的狼之分，後者通常（但不一定）是公狼，而且是族群中塊頭最小的小傢伙。這個可憐的小不點，常常會受到族群中其他成員的虐待與排擠，特別是在吃東西的時候，牠往往是排到最後一個。

鎖定目標後就持之以恆

有時，狼為了獵食一個對象，常常會連續跟蹤數天，直到發現機會。

身處一個競爭激烈的職場中，就需要鎖定一個目標，然後緊追不放，才能實現自己的理想。著名銀行家大衛年輕時不斷的變動工作，但是他始終抱有一種理想 —— 想管理一家大銀行。他曾經做過交易所的職員、木料公司的統計員、簿記員、收帳員、折扣計算員等，最後才接近自己的目標。

他說：「一個人可以透過不同路徑達到自己的目的。如果能在一個機構裡學到自己所需的一切學識和經驗當然很好，但大多數情況下需要經常變化自己的工作環境。

「如果我換工作僅僅是為了每週多賺幾塊錢，恐怕我的將來早為現在而犧牲了……我之所以換工作，完全是因為現在的公司和老闆無法再為我帶來更多的教益了。」

鎖定一個目標後，要緊追不捨，這就是所謂的持之以恆。的確，真正的做好一件事情，離不開持之以恆的精神，不管你處於哪一個領域，如果已經定下了工作目標，就要持之以恆、堅持到底。半途而廢者，只能浪費自己的青春和金錢。

有這樣一幅漫畫：一個年輕人挖井找水，挖了四、五個深淺不一的坑也沒有出水，正要挖新的「井」。畫面下部的文字反映了他的心思：這下面沒有水，再換個地方挖。而事實並非如此，那些「井」再挖深一些，就找到豐富的水源了。

這幅畫讓我們深思：年輕人找不到水，是因為他不肯在一個地方持之以恆的挖下去，結果白費了氣力。它告訴我們一個哲理：要想找到成功之源，除了肯花力氣外，還要目標專一，持之以恆，堅持不懈，淺嘗輒止者是不會成功的。在職場中，也需要這種持之以恆的精神。在確定自己的目標後，就要緊追不放，直至成功。

了解人生，戰勝自我

(一) 人生的劃分

一個人的一生粗分為兩個過程，上半生為第一個過程，其實質是不要害怕，應該勇敢的去奮鬥、去闖蕩。下半生為第二個過程，其實質是不要懊悔，過去的已經徹底的過去了，不要為此痛苦和煩惱。如果一個人在年輕的時候，「自負太高，反對太多，商議太久，行動太遲，後悔太早」，那麼其人生肯定是很難成功的。如果一個人在年老的時候，「自責太盛，內疚太多，封閉太久，怨言太烈，後悔太濃」，那麼其人生肯定是很煩惱痛苦的。

一個人的一生如果細分，又可以分為少年時代、中年時代和老年時代三個過程。人在少年時代要肯吃苦去努力學習，在應該播種的季節，就應該去耕耘和播種。人到中年時代要學會科學忙碌，注意自己的健康，會工作也會休息。而人到老年時代則要有條件可以悠閒享福。當然，在年輕的時候就要打下扎實的基礎。

用喜歡和快樂之心去生活、學習或者工作，能夠鋪成自己幸福的人生之路。人生猶如行路一樣，自己可以選擇崎嶇的小道，也可以選擇平坦的大道。其箇中奧妙就存於自己處世的態度：如果一個人以愁眉苦臉、抱怨不休的態度去行路，那麼肯定會誤入人生的禁區，導致自己的一生十分疲憊、痛苦不堪；如果一個人以樂觀愉悅、積極向上的態度去行路，那麼肯定會走向人生的輝煌，使自己的一生快樂、幸福。

(二) 不要讓生命擔負太沉重

不要讓生活的程序太複雜，不要讓人生的過程太繁雜，不要讓生命的負擔太沉重。人生的累和煩，多是自己的心累所引起。要想使自己不累不煩，那麼就要很好的學習「人生幸福三訣」:「不要拿自己的錯誤懲罰自己；不要拿自己的錯誤懲罰別人；不要拿別人的錯誤懲罰自己。」第一句意思是不要自己與自己過不去；第二句意思是需要「胸藏萬江憑吞吐」的大器量；第三句意思是別糊塗做人，自己殘害自己。假如一個人能夠時時牢記這三訣，那麼人生的煩惱和痛苦就會頓時消失。能做到真心不動、邪念不入那是很不容易的！有了這「幸福三訣」，人生就會很從容、很平和且很快樂！學會堅強的、勇敢的忍耐各種煩惱，就能夠隨時獲得快樂。煩惱是人生永恆的主題，不管是學習的煩惱、工作的煩惱，還是生活的煩惱，都要去忍耐和解脫。世上不如意事十之八九，誰都有煩惱和痛苦的時候，只不過煩惱的程度大小不一而已。有些人善於變學習的煩惱為自己學習的動力；善於變工作的痛苦為自己工作的快樂；善於變生活的痛苦為自己生活的快樂，那麼就有幸福的人生。有些人則深陷學習或者工作煩惱的苦海之中，感覺學習是煩惱的，工作也是煩惱的，生活也是煩惱的，那麼只有悲傷和痛苦的人生。學習、工作和生活的煩惱總是客觀存在的，可變的是自己的心態，不變的只是事物的本相。煩惱這東西，你說有就有，你說沒有就沒有。

（三）失敗了再爬起來

即使一個人遭受了人生的重大打擊，也不會自暴自棄，會勇敢的重新站起來。挫折僅是對一個人意志的考驗，人生並未到世界的末日，何必要讓自己墜入痛苦的深淵。不能驚慌，不必痛苦，不要煩惱，學會樂觀的吞嚥痛苦和悲傷，永遠坦然的去面對困難和挫折。人生的任何打擊也許是一件幸運事，可以激發一個人更大的潛力，促使其獲得人生更輝煌的成就。

能夠正確理解「如果再活一次」，那麼就能夠更加珍惜人生。我們必須明白，珍惜人生就是珍惜自己的生命。少年時一定要完全懂得「少年不再來，一日難再晨」的道理。如果一個人在應該學習的時候不去努力學習，而是忘情娛樂和瀟灑，那麼肯定會遭到命運的無情報復。人生苦短，與歷史長河相比，僅是一個小小的浪花。人生幾十個春秋，轉眼就是百年。「小時候盼過年，成年後怕過年」，這種感覺只有在不惑之年才會有深深的痛感。《明日歌》十分發人深思，所以必須在少年時就明白珍惜人生、珍惜時間的道理，不要從小就去虛度人生。只有珍惜人生，才會熱愛自己的生命；只有珍惜人生、感覺生活的美好，才會使自己的生命放出燦爛的光彩。

越是早感悟「如果再活一次」的哲學道理，一個人越能夠珍惜寶貴的時間。時間就是生命；時間就是效益；時間就是金錢。富蘭克林說：「你珍惜生命嗎？別浪費時間，因為它是構成生命的材料。」節約時間，可以把生命延長；浪費時間，就會把生命縮短。學會合理安排時間，可以幫助自己更有效率的學習和更好的走上成功之路。一個人無知的浪費時間，是對自己生命極不負責任的一種愚蠢表現。

(四) 膽大才能得成功

作為一位做大事業、建大功的人，必要的時候，不僅要以所有的權利勢力做孤注的一擲，還要拿出自己的生命做孤注的一擲。在事業到了十分困難和十分危急的時期，也就是生死存亡的緊要關頭。如果不用盡全力做最後的一次拚搏，是難以挽回局面，衝出困境的。在這成敗、生死繫此一舉的一剎那，沒有機會去謹慎從事、詳細思考了，只有用孤注一擲來解決問題。這時必須準確的掂量一下自己，能有幾分把握可以獲得勝利。把握的成分越大，越有勝券可操，越可捕到「大鯊魚」。要想冒險，必須先求出冒險的代價，孤注必須求出孤注的成算，要弄清這兩條有幾分把握，判斷會出現什麼樣的局面，千萬不能盲目的做，不然，便是做無謂的犧牲。

然而「暴虎馮河，死而無悔」，盲從冒險，就是愚人匹夫也能做到。只有面對事情小驚慌，選好謀略有成竹在胸的人，才有確切的把握做孤注一擲，才有成功條件上的需求。

(五) 人生最大的敵人是自己

人生最大的敵人是自己，而不是別人。別人貶值我們，並不一定能夠真正貶值我們。如果自己貶值自己，那麼是真正的貶值。別人不能輕易打倒自己，能打倒自己的只有自己。一個人若能徹底戰勝自己，就會攻無不克、戰無不勝。超越別人易，超越自己難。克服自己的懦弱，就有自己的勇氣；克服自己的驕傲，就有自己的清醒；克服自己的猶豫，就有自己的堅韌；克服自己的卑怯，就有自己的信心。必須戰勝自己，自醒自檢。我們要明白，戰勝困難容易，但是戰勝自己卻很難。

世上沒有人可以打敗你，除非你自己自動倒下了。厄運只能證明你的勇敢，痛苦只能說明你的堅強。面對一連串的打擊，只要心中仍有生活的毅力和勇氣，你就還擁有東山再起的本錢。一個遇到困難即輕易放棄人生目標和理想的人，是可憎的懦夫，失敗僅是一種考驗。

西方有句諺語很有啟發：「弱者等待時機，強者創造時機。」不要因為一次求職失敗而傷心，努力一百次，成功了一次，也叫徹底的成功。放下「不好意思」的包袱，只有戰勝自己的人，才是真正的贏家。自己不叫賣，別人怎麼知道。倘若一個人能夠自己對自己負責，那麼就有無窮的快樂。倘若一個人不能自己對自己負責，那麼就有無盡的痛苦。世上沒有人會為自己負責到底，即使自己的父母也毫不例外。所以說，獨立的過程就是快樂的過程，依賴的過程就是痛苦的過程。

能徹底為自己負責的只有自己，不去依靠是自己的快樂之本。我們一定要從小明白，自己只能徹底為自己負責，否則就永遠難以在世上立足。對自己都不負責任的人。怎能會對別人負責任呢？沒有責任感何以行天下？從小就要培養自己的責任感。世上只有懦夫才無責任感，勇敢者均有完全的責任心。對己對人對事均要負責，並且要有能力來負責。

自強者是最快樂的，而且也很容易獲得快樂。在漫長的生命之旅中，誰都渴望得到幫助和關愛。假如幸運之神不來光臨，我們是否一輩子就不快樂呢？自己應該時刻清醒，除了自己，別無他物。倘若有人肯幫助，那是我們的幸運，而無人肯幫助也是很正常的事情。

（六）做自己的主人

在競爭激烈的社會中，平庸者成功和聰明人失敗可以說是一件令人驚奇的事。那些看似愚鈍的人有一種頑強的毅力，一種在任何情況下都堅如磐石的決心，一種從不受任何誘惑、不偏離自己既定目標的能力。相反，那些聰明卻不堅定的人，往往沒有一個明確目標，四處出擊，結果分散精力，浪費才華。

目標設定是夢想實現的第一步，勇敢的踏出，並且毫不懷疑，設定目標就是邁向成功。要想成為一個優秀的員工，必須像狼那樣，有一個明確的目標，才會為行動指出正確的方向，才會在實現目標的道路上少走彎路。一個人必須要做自己的主人。但丁早就說過：「走自己的路，讓別人去說吧！」諺語亦云：「莫聽狼叫就不養豬。」自己做是一回事，別人說又是一回事。若是時時在意別人，為流言蜚語、說三道四而煩憂，並且放棄自己喜歡的事業，人生則是又悲又累。自己行得正，就不怕影子歪。

勇敢的走自己的路，別讓心靈到處漂泊。要是對生活產生迷惘，就會感到苦惱和困惑，於是就會迷失自己，不僅找不到生活下去的路，而且會失去生存的信心。

我們不能讓別人沒有任何看法，但是我們完全可以把握自己的心境。我們無法阻攔別人的評頭論足，即使這種評價是善意的，或者是帶有惡意的，但是我們可以努力使自己心平氣和的生活。我們無法一一去解釋別人對自己的誤解，哪怕這種誤會是很深的，只有時間可以去適當的化解。每個人有每個人的好惡，每個人有每個人的看法，若以別人的看法來決定自己的生活，自己恐怕很難去生存。所以，擁有適當的自我是非常關鍵的。

勝者為王，適者生存

在狼的生存法則中，牠們會以成敗論高低，牠們有著強者為王的一種心態。因此，牠們可以在生存時來對付所有的強敵。

一位企業家曾經說:「大草原上的生物百態在揭示著一個市場競爭的準則:競爭和變化是常態，無人可以迴避競爭，只能置身其中。其實狼和羊都在為生存拚搏，在拚搏中進化，強者恆強，適者生存。永遠是『有序的非平衡結構』，如果你在競爭中被淘汰掉，不是競爭殘酷，而是你不適應競爭。」

競爭是一個十分殘酷的現實。不論是個人還是團隊，在這一點上都必須面對現實，面對你死我活的競爭。在競爭中，不是做「羊」就是做「狼」。做「羊」，就要面臨被吃掉的命運；所以人人都希望做「狼」，但做「狼」，需要練就鋒利的牙齒、快速的奔跑能力、十足的耐性、出眾的策略、頑強的毅力、不屈的精神，以及幾分勇敢和凶猛。的確，競爭是社會中最重要的遊戲方式，競爭是絕對的，誰都無法迴避。要成為競爭中的勝利者，要成為強者，就必須向狼學習，學習狼的精神，並且在必要時勇於付出代價，這就是勝者為王的道理。

要想成為勝者，就必須學習文化，就要接受文化。文化是一個整合的概念。在一個企業中，員工不可缺少「狼性」。狼性最明顯的特徵是什麼？那就是狼性的殘忍，置對方於死地而後快的殘忍。於是，在提倡狼性員工的時候，一些企業很可能偏重這一點而不及其餘。這樣，使得一些企業一味提倡「你死我活」的「殘酷競爭」「不給對方生存空間」等，在一定程度上扭曲了狼道的全部特徵。

狼的智慧和謀略永遠是員工學習的榜樣，特別是對我們銷售時如何從競爭對手獲得勝利，從狼的一系列行動中，我們看到的是強者和智者的完美組合。學習狼的一些謀略，能使我們在市場競爭中獲益匪淺。

(一) 穩、準、狠

也許有人不以為然，認為市場經營信譽至上，而狼過於狡猾、殘忍，與「信譽第一、顧客至上」的宗旨格格不入。其實這完全是一種誤解，慘烈的商戰與狼的生存競爭驚人的相似：在你死我活的生存競爭中，在「勝者為王、敗者為寇」的市場競爭角逐中，如果心存善良，對競爭對手一味的心慈手軟，那麼就會被對方毫不留情的吃掉，這已經被無數事實所證明，而且還將不斷被新的事實證明。所以，我們在銷售過程中一定要像狼一樣，做到快、狠、準。

(二) 用情動人

另一方面，狼也很講究責任、有親情的，狼對家族中的老弱病殘都一往情深，給予無微不至的照顧。剛烈、凶猛的品性與至善、至美的親情在狼的身上得到完美的統一。在狼群中，時常會有一匹地位十分低等的狼。而這通常是一匹公狼，且一般是一窩小狼中最弱小的那一隻。也許我們會很痛心看到狼群表面上對這個年輕成員的虐待，幾乎在所有的方面都把這隻弱小的狼置於最後的位置，尤其是在進食的時候。

然而，我們不可想像的是這種行為常常會產生一種匪夷所思的現象。這一匹地位最低等的狼，一旦生存下來往往能成為狼群中非常強壯的傢伙。可以說從某一時刻起，牠便開始在這種逆境中奮起，磨練自己，來證明自己的生存能力。而後獨自到別處冒險，從而在一段時間內成為眾所周知的「孤狼」。這匹「孤狼」最終會加入別的狼群，或者找到一個配偶並建立一個新狼群。並且這隻狼往往能成為這個新狼群的首領，而這個新狼群的成員們也就有了一個歷盡艱難險阻成功的存活下來的「領導者」。

我們該如何在這個現實中生存，那就要像狼的戰術打法一樣：

(1) 不打無準備之仗，踩點、埋伏、攻擊、打圍、堵截，組織嚴密，有章法。

(2) 最佳時機出擊，保存實力，麻痺對方，並在其最不易跑時，突然出擊，置對方於死地。

(3) 最值得稱道的是戰鬥中的團隊精神，協同作戰，甚至不惜為了勝利粉身碎骨，以身殉職。商戰中這種對手是最恐怖，也是最具殺傷力的。

(三) 狼有魂魄，人有精神

自強自立，開拓進取，就是狼之魂，就是人之神。

占山為王造成畸形發展。在這個商場行業中的團隊組織類似於綠林的草莽英雄，其所採用的區域性管理制度，本意在於遏制員工之間的不正當競爭，但由於各地區經濟發展的不平衡，這種「占山為王」的操作模式卻只讓這種競爭越演越烈，限制了員工能力的發揮，員工的積極性也就沒有了。

在一些企業中完全取消了地域方面的限制，任何人都可以在任何地區獲得自己想要的自由而充分的發展。企業不斷的進行新的市場開拓，這種開拓正是要透過每一位員工的創造性的多樣性的市場滲透來完成。對於每一位員工來說，企業的市場就是他能看到能想到的所有地方。獨門絕技，同門相輕。武俠小說中武林門派等級森嚴，弱肉強食，勝者為王，於是很多狼性員工高手在授藝時都會有兩手不傳之祕，那是保住自己的地位所必須的。員工在企業行業中與武林頗有幾分相似，為了自己在企業中的地位，以老欺新這已是事實了。

(四) 勝利第一，理由第二

這句話實際上說的是一種責任，是透過對行動結果的考核與獎懲。重要的是，不是去討論失敗的理由，而是針對結果，建立起責任與權利對稱的機制，就是要堅持勝利第一，理由第二。「莫斯科不相信眼淚」，或者說「市場不相信眼淚」，市場中的法則是永遠無情的，那就是勝者為王，敗者為寇。如果你要評選優秀的企業員工，成功的企業家，評選成功的經營者，評選優秀管理者的時候，你可能做得非常優秀，但是最後的結果是失敗的，把企業做破產了，那麼你永遠無法被評為偉大的企業家、優秀的管理者、優秀的員工。

作為一個狼性員工在這個企業中，就要具有強烈的責任意識，在工作上，要勇於負責，勇於決策，果斷解決問題。管理人員做出每項決策時不承擔責任是不可能的，但同時我們要樹立自信心，要相信自己，勝者為王，在深謀遠慮的基礎上，關鍵時刻能力排眾議，敢於負責任的「試錯」。在這一點上，作為一個狼性員工，只有做到這樣才能稱為一個勝者。

戰鬥的力量

讓我們來看看偉大的塞頓在《動物記》中對狼的「戰鬥」的描寫吧。

拜德藍德貝利是一匹狼，此刻牠已經沒有可以逃跑的路了，被十五隻獵狗糾纏著，牠們還有人做強大的後盾。牠已經不是在走，而是蹣跚著向上爬。獵狗排成一隊在牠後面緊緊追趕，現在也比剛才的情形好了些。牠們正在逐漸接近牠。

在這個最狹窄的地方，一步失誤就意味著死亡。那隻偉大的狼轉了過來，正對著牠們。牠的前腿奮力支撐了起來，而那閃著寒光的獠牙完全暴露著。我們沒有聽到牠發出一點點聲音，牠勇敢的面對著這群獵狗。牠的腿因為辛苦奔波而很虛弱，但是牠的脖子，牠的嘴巴，以及牠的內心都是強壯的，並且 —— 現在，十五比一。牠們上來了，第一個是最敏捷的灰獵狗，牠猛衝過去。但是，當一股血流撞向岩石的時候，灰獵狗倒下了，那隻大狼轉過身來面對著牠們，那一串獵狗也湧上來了那條路。在必然的打鬥戰役中，黑鬃毛在牠們來到的時候接待了牠們。一個無力的彈跳，一個反向的進攻，一個猛咬，「梵谷」倒下了（梵谷是一隻狗的名字），牠的腳沒有了。獵狗丹德和科利又逼近了，試圖扭住牠。一個閃衝，一個抬臀，牠們就跌倒在那條狹窄的小路上了。然後是藍點獵狗，緊接著是強壯的奧斯卡和英勇的泰戈 —— 但那隻狼在岩石的那邊，一眨眼的工夫，牠們之間的戰鬥就結束了，只剩下那隻狼在那裡，那些大獵狗都不見了。剩下的幾隻狗圍了上來，最後面的逼迫著最前面的狗 —— 倒下來死去了。撕、咬、抬臀，從最敏捷的獵狗到個頭最大的獵狗，直到最後一隻，倒下來 —— 倒下來 —— 狼讓牠們輪流著倒下，從懸在空中的突出部分到下面的峽谷。那裡的岩石和樹幹太鋒利了，隨時都會拿走牠們的生命。

短短的五十秒鐘後，一切都結束了。岩石把這一串獵狗拋向了世界的一邊 —— 狗群全部被消滅了。拜德藍德貝利再次獨自站在那裡，站在牠自己的大山上。牠站在那兒等了一陣子，看是不是還有其他的獵狗上來。再也沒有了，那群獵狗全部都死掉了。牠等了一下，平靜了自己的呼吸，然後，在這個決定命運的現場，第一次提高了牠的聲音，虛弱的發出了一聲長長的、勝利的吶喊，在另外一個較低的岸上漸漸變小，被什麼東西擋住了，看不見了。這就是我們在辛梯納山的一個高坡上見到的一切。

這是一篇讓人心情激動的文字，我們能從中讀到力量，那是孤膽英雄戰鬥的力量。

勇敢堅持下去

小趙和小李差不多同時受僱於一家超級市場，一開始時，大家都一樣，從最底層工作做起。可不久小趙受到總經理青睞，一再被升遷，從領班直到部門經理。小李卻像被人遺忘了一樣，還在公司最底層混。終於有一天，小李忍無可忍，向總經理提出辭呈，並痛斥總經理沒有眼光，埋沒人才，辛勤工作的人不提拔，倒提拔那些吹牛拍馬屁的人。

總經理耐心的聽著小李的斥責，他了解這個年輕人，工作肯吃苦，但似乎缺了點什麼，缺什麼呢？三言兩語說不清楚，說清楚了他也不服，看來……他忽然有了主意。「小李，」總經理說：「您馬上到市集上去，看看今天有什麼東西正賣著的。」

小李很快從市集上回來說，只有一個農民拉了車馬鈴薯在賣。「一車大約多少錢？共有多少斤？」總經理問。小李又跑去，回來後說有 40 袋。「價格是多少？」小李再次跑到市集上。總經理望著跑得氣喘吁吁的他說：「請休息一下，你來看看小趙是怎麼做的。」說完叫來小趙對他說：「小趙，您馬上到市集上去，看看今天有什麼正賣著的。」

小趙很快從市集上回來了，回報說：到現在為止只有一個農民在賣馬鈴薯，有 40 袋，價格適中，品質很好，他帶回幾個讓總經理看看。這個農民等等還將弄幾箱番茄到市場上來出售，據他看價格還算公道，可以進一些貨。想到這種價格的番茄，總經理大約也會要，所以他不僅帶回了幾個番茄樣品，而且還把那個農民帶來了，他現在正在外面等回話呢。

總經理看了一眼紅了臉的小李，說：「請他進來。」

人們習慣認為，要想獲得成功，就必須比別人付出足夠多的努力。其實很多時候，天才和普通人的區別就在於能比別人多想一步。同樣的小事情，如果有心，照樣可以做出大學問，不動腦子的人則只會來回跑腿而已。故事中小趙與小李的差別，就在那一念之差上，但就是這一念之差造成了兩人人生的天壤之別。

因此，對於生活中的小李這類人來說，不要抱怨自己被人忽視，或者總是感嘆自己韶華虛度，一事無成。要知道，氣憤和不平只會空耗自己的熱情，頹廢消極的情緒只會銷蝕自己的人生。他們應該仔細反思一下：在工作中，有沒有時時保持一種「不入虎穴，焉得虎子」的鬥志？是不是處處保持一種破釜沉舟、義無反顧的氣概？有沒有對自己所從事的事業投入生命的熱情？人們要學會的是自己重用自己，發掘自己。儘管成功的道路上不乏急流和漩渦，但仍然應該勇敢的去追求，不斷的去創造，最大限度的發揮自己的特長，做自己最該做、最能做、最有希望獲得成就的事情。

當你不被他人理解的時候，要學會寬慰自己，用樂觀的心態看待一切，其實想要使自己感到快樂並不是一件多麼難的事情。

有一支淘金隊伍在沙漠中行走，大家都步伐沉重，痛苦不堪。只有一人快樂的走著，別人問：「你為何如此愜意！」他笑著說：「因為我帶的東西最少。」—— 原來快樂很簡單，不要斤斤計較就可以了。

當你的事業遇到挫折，那麼不妨換個目標，重新上路，一切均可從頭再來，不要計較是否為時已晚，人生路上美景常在，失之東隅，收之桑榆。

有一個人想學醫，可是猶豫不決，就去問他的一個朋友：「再過 4 年，我就 44 歲了，能做嗎？」朋友對他說：「怎麼不行呢？你不學醫，再過 4 年也是 44 歲啊！」他想了想，瞬間領悟了，第二天就去學校報了名。

當你被突如其來的災難擊倒之後，重要的是趕快爬起來，要學會堅忍，相信時間會證明一切。當你失意的時候，如果一味沉溺於痛苦之中，你就永失東山再起的機會，這時重要的是，你應該以一種豁達、樂觀的心態去構築未來。一個人幾年前跟人合夥做生意，運貨的船突遇風浪，沉入海底，他們所有的財產和夢想也隨之墜入了大海。他經不起這個打擊，從此變得萎靡不振，神思恍惚。當他看到另一個跟他一起遭遇變故的人居然活得開開心心，有滋有味時，就去問他。那人對他說：「你咒罵、傷心，日子一天天的過去 —— 你快活、歡樂，日子一天天的過去，你選擇哪一種呢？」

人生就是如此，當你將思維困於憂傷的樊籠裡，未來就會變得暗淡無光。長此下去，你不僅會將最起碼的信念和拚搏的勇氣泯滅，還會將身邊那些最近最真的歡樂失去，而如果你堅強自信和樂觀，那麼你的眼前就會呈現一片光明。對每一個人來說，那些如空氣一樣充塞在身邊的歡樂才是最重要的，它組成我們生命之鏈上最真實可靠的一環，你一節一節的讓它鬆落了，歡笑怎麼能延續下去呢？

勇於承擔生活的重量

有承擔才能有享受，有付出才會有回報。人生必須承擔相應的責任。

著名企業家松下幸之助說：「做人跟做企業都是一樣的，第一要訣就是要勇於承擔責任，勇於承擔責任就像是樹木的根，如果沒有了根，那麼樹木也就沒有了生命。」

小余是一位公司交通車司機，在駕駛員這個平凡的職位上，他勤奮努力的工作了二十幾年。每天清晨天沒亮，他就要早早起來，開車去接上班的員工；晚上，又要把下晚班的員工安全送回家。這樣，一天來來回回，要跑近十幾趟車，有時，到很晚才收工。一年四季，除了重大節日外，很難有一天完整的休息時間。

為了讓員工有一個乾淨、整潔的乘車環境，小余不嫌辛苦，每天都將車輛清掃整理得乾乾淨淨。為了保證車輛行駛的安全，他總是對車子進行定期認真的檢查和維護。另外，為了節省油料費，他把人員安全送到廠區後，就將車停放在工廠，自己則掏錢搭車回家；晚上，再搭車到廠裡，按時開車送員工下班。

小余認為，公司的員工每天都忙於生產，很辛苦，自己能做的就是將他們準時、及時、平安的接送，盡可能將車開得平穩一些。有許多次，因原定的生產時間發生變化，當小余正在吃飯，就接到公司須提前用車的通知，小余二話不說，放下飯碗就往公司趕。

小余只是一位非常平凡的企業員工，但是，他卻在平凡的職位上盡職盡責，默默奉獻，用自己的行動推進企業的發展。

在一個企業裡，企業就像一臺大機器，每一個人都是機器上的一個齒輪，任何一個齒輪的鬆動都會影響其他齒輪的正常運轉，進而影響到整個機器的效率。總之，責任就是做好社會或組織賦予你的一切有意義的事情。只有那些勇於為社會、為組織負責的人才有可能做成一番大事業。

小津是旅行社的一名普通帶隊導遊。2005 年 8 月 28 日下午，小津在帶旅遊團去景點參觀的途中，不幸遭遇了大規模的車禍。

年僅22歲、身負重傷的她本可以最先得到救治，但她深知自己是導遊，有責任和義務為遊客提供最大的幫助，她不顧自己的安危，吃力的對前來救援的人員說：「我是導遊，後面是我的遊客，請先救遊客！」她毅然決然的把生命的機會讓給了別人。為此，最後被救出的她，因為耽擱了極其寶貴的最佳治療時機，不得不做了左腿截肢手術。

面對與輪椅為伴的殘酷現實，正值青春年華的她卻仍笑靨如花，平靜看待現實，對採訪的記者說：「我是一個普通的導遊，只是做了我應該做的事。」

為了照顧好自己的遊客，保護好他們的人身安全，在生死關頭，小津把遊客的安危作為自己最高的使命，把危險留給自己，以犧牲自己利益的行動實踐了自己崇高的責任諾言。

社會學家說：「放棄了自己對社會的責任，就意味著放棄了自身在這個社會中更好的生存機會。」簡單的說，責任是一種主人翁精神，它是對人生義務的勇敢擔當。一個勇於承擔責任的人，會因為這份承擔而讓生命變得更有分量。

在工作中，我們應樂意接受任務，並按時、保質、保量的完成。只要我們在這個團隊一天，就應當對這個團隊負一天的責任。一個對自己團隊負責的人，其實也是在對自己負責，因為他的利益是和團隊密切相關的。如果每一個人都有主人翁精神，都把單位的事情當作自己的事情來做的話，單位無形當中會形成很大的競爭力。

向樂觀積極的人學習

樂觀主義與悲觀主義，兩者正好是一對矛盾的兄弟。樂觀的人在行動上比較積極，但往往低估了實際上的困難，所以有時會在危險的路上碰到意外。相反的，悲觀的人過於慎重，容易錯失良機。總之，將兩者適度合理運用，就能達到理想境界。

實際上，樂觀主義與悲觀主義不僅對未來的看法截然不同，對自己與他人也採取不同的態度。

如前所述，悲觀的人對未來抱持否定的看法。他對任何事情總是做最壞的預測，在觀察人的時候，他總是看到本質惡劣的一面、滿肚子自私自利的動機。對悲觀的人而言，社會是由一群狡猾、頹廢而邪惡的人組成，他們總是想利用周圍的事物為自己牟利。這群人既無法信賴，也不值得對其有任何同情的援手。

對悲觀的人談起任何計畫，悲觀的人馬上就會提出一連串有關這個計畫的麻煩與障礙。而且他還會告訴你，即使圓滿達成目的，最後只會嘗到苦澀、幻滅與屈辱。經這麼一說，你大概會立刻魂飛魄散，對自己的奮鬥計畫全身無力了吧。

悲觀的人擁有近乎異常的傳染力。如果某天早晨，偶然在路上碰到他，他會立即將消極的態度與無力感傳染給你。我們每個人的內心都有一種期待被喚醒、引誘的「傾向」。悲觀的人能夠巧妙的擄獲這種「傾向」，藉此實現其目的。

我們內心的「傾向」包括：第一，對未來的不定與恐懼；第二，我們與生俱來的怠惰，希望躲在自己的殼裡不要動。事實上悲觀者的本質就是怠惰。他不願努力適應新的事物，也不願改變陳舊的習慣。無論起床、用餐，以及度週末的方式，都要依照固定的模式進行。

一般而言，悲觀者是吝嗇的。他認為既然每個人都那麼貪婪、墮落，而且千方百計想占便宜，耍小聰明，自己又為什麼必須寬以待人呢？他常常深懷嫉妒，只要聽他說的話就知道了。

相形之下，樂觀者單純、樸實多了。他容易信賴別人，也願意涉入險境。但他也能察覺別人的惡意或缺點，只是他不願將之視為障礙而猶豫不前。他相信每個人都有優點，並努力喚醒別人的優點。

悲觀者躲在自己的保護殼裡面，甚至不願聽取他人的意見，認為他人都具有危險性。相反的，樂觀者關心他人，讓他人暢所欲言，給他人時間，觀察對方的所作所為。如此便能夠了解每個人的長處、優點，因而得以團結、領導眾人，共同朝某個目標邁進。卓越的組織者、優秀的企業家，都必須具備這種特質。

此外，樂觀者也比較容易克服困難。因為他會積極尋找新的解決方法，在很短的時間內就把不利的條件轉變成有利的條件。悲觀者則會因為一下子看到困難就心生畏懼、退縮不前。其實在很多情況下，只需要一點想像力，情況就會完全改觀。

保持奉獻與回報的平衡

某圖書公司的王先生既沒有學歷，也沒有金錢，更沒有人事背景，但是他卻能成為一個成功的企業家，創下了資產數千萬的財富，他到底是如何成功的呢？他是一個很會體貼他人的人，他對周圍人的體貼，甚至超過了他人的需求。只要有相關行業的朋友、客戶說要上他那裡，他都會萬分的歡迎人們去，無論自己內心多麼的苦惱，他都好像隨時在等你的來臨，竭誠的來接待你，甚至在你回去的時候，還要帶些小禮物、地方名產之類的東西。

無論是多麼忙碌，王先生都不會表現出你的來訪所帶來的忙碌，對他會是一種麻煩和困擾。朋友問他何以如此，他說：「像我這樣一無所有的人，如果要與別人來往，就不能不令對方感到和我來往會得到某些方面的愉快與益處。」

事實上，以前的他，既沒有學歷，又沒有金錢，更沒有背景，是一個孤獨的人，別人都不想理他、與他往來。王先生在忍耐寂寞人生的同時也在努力奮鬥著；而他也就在其中學到了與人交際之道，又給別人某些方面的利益。

所謂「某些方面的利益」，有時是精神方面，有時是物質方面。

另外一個例子是出身名門的「富家子弟」俊偉，他也想成功的做出某些事情來。但是，當他與別人來往的時候，他首先考慮的是這個人對自己有何利用的價值。也許與這個人交往，以後向銀行貸款時，會比較容易；也許與這個人做朋友，他會教導致富之道；也許這個人會將土地廉價出售給我，也許會將辦公室借給我。他就是如此這般的對周圍的人懷著期待之心，認為與自己接觸的人，都會帶給自己某些利益。

王先生和俊偉與人交往時的態度實在是南轅北轍，完全不同：王先生是奉獻給別人某方面的利益；俊偉則是讓別人帶給自己某方面的利益。

我們與周圍朋友相處要像王先生一樣，以我們的所能來滿足他人的欲求。同時，別人對自己有所奉獻，也就滿足自己的欲求。

著名的社會心理學家霍曼斯提出，人際交往在本質上是一個社會交換的過程。長期以來，人們最忌諱將人際交往和交換連結起來，認為一談交換，就很庸俗，或者褻瀆了人與人之間真摯的感情。這種想法大可不必有。其實，我們在交往中總是在交換著某些東西，或者是物質，或者是情感，或者是其他。人們都希望交換到對於自己來說是值得的東西，希望在交換過程中得大於失或至少等於失。不值得的交換是沒有理由的，不值得的人際交往更沒有理由去維持，不然我們就無法保持自己心理的平衡。所以，人們的一切交往行動及一切人際關係的建立與維持，都是依據一定的價值尺度來衡量的。對自己值得的，或者得大於失的人際關係，人們就傾向於建立與保持；而對於認為自己不值得的，或者失大於得的人際關係，人們就傾向於逃避、疏遠或中止這種關係。

正是交往的這種社會交換本質，要求我們在人際交往中必須注意讓別人覺得與我們的交往值得。無論怎樣親密的關係，都應該注意從物質、感情等各方面「投資」，否則，原來親密的關係也會轉化為疏遠的關係，使我們面臨人際交往困難。

在我們積極「投資」的同時，還要注意不要急於獲得回報。現實生活中，只問付出、不問回報的人只占少數，大多數人在付出而沒有得到期望中的回報時，就會產生吃虧的感覺。

成就大事者都不會害怕吃虧。鄭板橋的「吃虧是福」的字幅為很多人所珍愛，然而真正領悟其中真意的，恐怕為數不多。實際上，許多人在交往中都是唯恐自己吃虧，甚至總期待占到一點便宜。然而，「吃虧是福」確實有它的心理學依據。「吃虧」是一種明智的、積極的交往方式，在這種交往方式中，由「吃虧」所帶來的「福」，其價值遠遠超過了所吃的虧。這有兩個原因：

一方面，人際交往中的吃虧會使自己覺得自己很大度、豪爽、有自我犧牲的精神、重感情、樂於助人等等，從而提高了自己的精神境界。同時，這種強化也有利於增加自信和自我接受。這些意外的收穫，不付出是得不到的。

另一方面，天下沒有白吃的虧。與我們交往的無非都是普通人，在人際交往中都遵循著相類似的原則。我們所給予對方的，會形成一種社會資本而不會消失，一切終將以某種我們常常意想不到的方式回報給我們，而且，這種吃虧還會贏得別人的尊重，反過來將增加我們的自尊與自信。顯然，吃虧將帶給我們的是一個美好的人際交往世界；而那些喜歡占便宜的人，每占得了別人一分便宜，就喪失了一分人格的尊嚴，就少了一分進取心，長此以往，必將在人際交往中找不到立足之地，在事業上難以做出成績。

不怕吃虧的同時，我們還應該注意，不要過多的付出。過多的付出，對於普通人來說是一筆無法償還的債，會為其帶來龐大的心理壓力，使人覺得很累，導致心理天平的失衡。這同樣會損害已經形成的人際關係。這種例子屢見不鮮，我們常常會聽人抱怨：「我對他那麼好，付出了那麼多，為什麼他反倒開始不喜歡我了？」殊不知，正是自己付出得太多，才損害了兩個人的關係。

第六章　狼王為先，統領全局

在每一個狼群中，頭狼絕對的權威，當然也責任重大。頭狼往往擔任著突擊、誘敵的任務，這支勇敢而精銳的特種部隊，在狼群獵殺和撤退的任務中產生至關重要的作用。狼王的指令是威嚴和高效的，一聲長嘯也許就是一支敢死隊衝鋒的指令，往往意味著屬下在戰場上拚命的搏殺，直到成功戰勝對手或者是戰死。

優秀經理人須創造一流績效

一個企業的經理人，是帶領這個企業前進的指揮官，是狼團隊中的狼王。

從績效管理能力來看，經理人領取薪資與享受福利，回報給企業的應當是績效。無法產生績效的專業經理人，就像不能統領群狼的狼王一般，期望很高，結果是績效很差，必然為新狼王所替代。所以專業經理人必須面對的現實是創造一流績效，否則只有被淘汰。企業的競爭極為現實，每一分沒有產出的投入都會降低競爭力，因此作為經理人如何協助企業提高績效，是最為核心的技能，其中制定標準、成果管制與績效考核是三種關鍵技能。

(一) 制定標準

無規矩不能成方圓，缺乏標準的企業運作起來特別費勁。企業中的事情，可以分為兩大類：一種是週期性、經常性、例行性的，例如員工招聘、生產計畫、品質檢驗等；另外一種是特殊性、非例行性的，例如新建廠房、電腦化等。專業經理人必須先把前一種任務，盡量標準化，以利於組織正常運作；之後集中精力處理特殊性的任務。許多企業未能將例行性任務進行規範化、標準化，變化占用管理人員大量的心力，不僅部署無所適從，大小事情都要報告，而且效率不佳。制定標準的具體技能是判別需求標準化的項目，工作分析，作業研究，評估與制定合理標準，形成書面材料，以及培訓等，用到的工具有流程圖、管制圖、檢查表、分類法、動作研究等。

(二) 成果管制

組織為了呈現有效的結果，不僅要有良好的決策，也需要執行的能力，在此期間，如何有效的管制品質、成本、進度與服務水準，有賴於專業經理人的高度技能。管制太多，團隊人員處處絆手絆腳，士氣低落，效率不高；管制不足，容易出現漏洞，提高成本，品質不保，管制能力的考驗主要有幾方面：分辨該管與不該管的事，將事後處置提前為事前管理與事中管理，促進部署自主管理的意願與能力，由外部控制逐漸演變為自我管理，工具方面需要運用 QC 七大手法、新 QC 七大手法、任務交叉法、看板管理等。

(三) 績效考核

員工期待自己的努力得到應有的鼓勵與報酬，組織中的士氣也受到考核公正與否極大的影響，要讓員工短期有好的表現，運用威脅與利誘都可以做得到，但如果要建立持續的績效，則需要有公正合理的考核辦法與激勵機制，才能促使人們願意為未來而努力。績效考核牽涉到企業文化 —— 要獎勵哪種類型的人？組織形態 —— 生產事業？服務事業？創新型？成本型？以及組織的能力 —— 管理成熟度、財務能力、股東支持度等，更要注意員工的需求滿足層次，例如加薪初期很有效，但最後會失去興奮度與激勵性。績效考核技能包含從策略的高度打出關鍵績效指標，將績效指標轉換成為員工行為標準，制定績效標準與評價成果的面談溝通技巧，績效檢討與指導修正的能力，以及不同類型性格員工的激勵策略，工具方面需要應用平衡考績法、加權指數法、傾聽技巧、觀察法、諮詢技巧等。

以上的三種技能是提高組織績效的重要技能，也是確保組織成員持續進步的動力來源，更是組織將過去經驗轉換成未來競爭力的基礎。

領導者須能忍耐

狼王面對的挑戰與危險無處不在：自然界天敵的、天氣的、人類的、狼群中的……除了勇猛與智慧外，狼王戰功的另一種優點就是能夠忍耐。

「忍人之所不能忍，方能為人所不能為」。這是古代聖哲對身為領袖的傑出人物提出的要求，目的是為了檢驗作為領導者的自我控制能力。受人胯下之辱而忍之，可稱為是這種自制能力的典型事例。

漢初名將韓信年輕時家境貧窮，他本人既不會溜鬚拍馬，做官從政，又不會投機取巧，買賣經商。整天只顧研讀兵書，最後連一天兩頓飯也沒有著落，他只好背上家傳寶劍，沿街討飯。

有個賺了點小錢的屠夫看不起韓信這副寒酸迂腐的書生相，故意當眾奚落他說：「你雖然長得人高馬大，又好佩刀帶劍，但不過是個膽小鬼罷了。你要是不怕死，就一劍捅了我；要是怕死，就從我褲襠底下鑽過去。」說罷雙腿架開，立了個馬步。眾人一哄圍上，都想看韓信會怎樣應對。

韓信認真的打量著屠夫，想了一想，竟然彎腰趴地，從屠夫褲襠下面鑽了過去。街上的人頓時哄然大笑，都說韓信是個怕死的膽小鬼。

韓信忍氣吞聲，閉門苦讀。幾年後，各地爆發反抗秦王朝統治的大起義，韓信聞風而起，仗劍從軍，爭奪天下，一時間威名四揚。

韓信忍胯下之辱而圖蓋世功業，成為千秋佳話。假如，他當初爭一時之氣，一劍刺死羞辱他的屠夫，按法律處置，則無異於用蓋世將才之命抵償無知狂徒之身。假如，他當初圖一時之快，與凌辱他的屠夫鬥毆拚搏，也無異於棄鴻鵠之志而與燕雀論爭。韓信深明此理，寧願忍辱負重，也不願爭一時之短長而毀棄自己長遠的前程。從這個角度來講，韓信是一個十分有自制能力的人。

從現代的角度來看，提高領導者的控制能力自然首先應在提高自身素養方面下功夫，但其基本方法有以下幾個問題應予認真把握。在實現決策目標的控制過程中，遇到各種障礙是經常發生的，從實踐看不外有以下幾種情況：

1. 來自目標不正確的障礙。這是交際中的最大障礙，需要透過追蹤調查，發現問題，當即提出調節措施，馬上糾正，並且要越快越好。
2. 來自確定標準不當的障礙。透過實踐檢驗，在質與量兩個方面可能會出現標準偏高或偏低，或者只重量而忽視質的，都要一經發現，立即糾正。
3. 來自領導者自身素養方面的障礙。如有的領導者缺乏魄力，不能隨機果斷的處理問題；有的領導者私心雜念，在認知的局限性方面造成偏見；有的領導者有官僚主義，不能經常深入群眾，聽取群眾意見。這是控制過程產生種種障礙的根源所在。因此，需要在提高領導者自身素養方面多下功夫。

有威信才能服人

作為一個企業的領導者，沒有什麼比威信更為重要的了。威信是人的重要約束力，也是團隊的精神連接紐帶。

古代軍事統帥帶兵打仗數十年，從來都以軍紀為約束軍隊、提高戰鬥力的關鍵。治軍以嚴明的紀律約束士兵，主張軍隊之中愛人之道，以嚴厲為主，如果過於寬厚，那麼下屬的心就會鬆弛而浮躁，所以絕不可因人才難得而遷就，捨軍令而遷就人才，喪失領導的威信，也會為日後的危亡埋下隱患。

過去有許多著名將領十分看重軍隊的人才，而討厭那些散漫的遊俠。清代時的曾國藩就是其中之一，他最不喜歡那些走江湖的劍俠，而更看重部隊的紀律。在祁門時，有一人前來投奔，自稱安徽名俠許蔭秋，武藝的確一流。但曾國藩考慮到軍中紀律嚴明，俠士則以散漫，遊走為習，故不收留。幕僚問他何故。他說這種劍俠大多無賴流氓，不受當地約束，邪多正少，不遵守國家法度，雖武功高超，但留之則壞軍紀且會影響軍中威信。名俠尚且不留，此後再無俠客一類的人來投奔了。曾國藩始終沒有一次破壞了自己的威信，即使對愛將也是如此。

曾國藩初帶兵時，李鴻章投到門下做幕僚，但自覺自己為進士身分，內心高傲又有文人散淡習氣，所以多次不參加早練，無視軍令申規，自己則總是日上三竿才大夢方覺。這樣，一連三天，曾國藩看在眼裡礙於情面暫時沒有作聲。第四天天未亮，曾國藩就派人告訴李鴻章：「曾大人說，每日早起早練是統一軍令，即使有病也得起來，大家等你去後再用餐。」

李鴻章這才感到心裡緊張，趕緊披衣下床，踉踉蹌蹌的直奔餐廳，心中忐忑不安。曾國藩瞪了李鴻章一眼，端起碗吃飯，幕僚們跟著端起碗來。一言不發。吃完飯後，他放下碗筷，面對所有同僚，一字一句的說：「少荃，既到我這裡來，就要遵守我的規矩。早練是統一的軍令，任何人也不得例外。」

說完，甩手走出餐廳，這一句好像當頭棒喝，李鴻章一時間得目瞪口呆，半天沒轉過彎來。

從那天起，李鴻章果然十分遵守軍令，一改過去驕橫清高的文人習氣。他虛心學習周圍的一切，而良好的威信和紀律也使得湘勇這一支軍隊成為能征善戰的勁旅，產生越來越大的影響力。

可見，建立威信對於管理工作者來說是多麼的重要。

勇於向困難挑戰

狼王是狼團隊中最勇敢的領導者，牠必須勇於向任何困難發出挑戰。

做領導者，就意味著，你願意在大多數時間遠離安逸、忍受不舒服的情況。事實證明，這種義無反顧、咬牙脫離安逸情境的意志力，就是領導者最重要的特質之一。

1980 年代初期，「克萊斯勒」汽車公司一蹶不振，艾科卡接下領導重任，艾科卡發現公司的財務狀況非常糟糕，完全看不出有復甦的希望，他的前途似乎一片黑暗。不過，艾科卡出人意料的承認自己迫不及待要接受挑戰，他簡直是張開雙臂歡迎這樣的機會：時局艱難，不怕，儘管放馬過來！看不出有讓人安心舒適的機會？沒關係，只要讓我來操控大局，我自會打出一條生路。四下缺乏支持者？這樣更好，我可以自己到公司裡去挑選一支團隊，我要的是一群不怕遠離安逸情境，願意隨我出生入死的鬥士。艾科卡堅信，他能讓奄奄一息的克萊斯勒東山再起，重新登上世界一流汽車公司的寶座。

後來，他真的做到了！艾科卡獲得聯邦政府慷慨的貸款，終於使克萊斯勒公司起死回生。他決定摒棄耗油量高的大型轎車，改而引起迷你廂型車，結果帶頭掀起一場交通工具革命。艾科卡奮力扭轉克萊斯勒表現的那些年裡，在克萊斯勒服務的員工都過著長期遠離安逸的日子，他們心理上都有揮之不去的陰霾感。可是，艾科卡並不因為這類心理痛楚而停下腳步，他仍然按照應該進行的計畫，步步為營，艾科卡這個不服輸的領導人，終於用雙手把他的組織硬生生的拖出心理上自陷的洞穴外。

毫無疑問，世界上有人懼怕改變，不惜與之抗爭或是全力迴避改變；但是，也有人是主動應付改變、歡迎改變，甚至張開雙臂擁抱改變的機會。出色的領導者掙脫黑暗、迎向光明，他們進行改革的方法很現實。他們是那些正面迎擊艱鉅任務，而且抱定下面這種態度的人：「眼前這件事的確很棘手，不過它總有結束的一天，屆時我（和我的組織）一定要比現在更上一層樓。」如果這樣的志願意味著你必須為工廠更新設備、轉移工廠、開發全新的產品或服務，以便配合新的經濟局勢，或是改頭換面一番，那麼，你最好預先準備一下，放手施展你的行動。

然而，工作中也有為管理而管理的人照章行事，只做上面交代下來的工作，希望一切事情都有最好的收場。這些人都是安逸情境導向，對於維持個人與工作的現狀不遺餘力。「你叫我去跟主管說我們的生產方面的問題？這可不是我的事。企劃方面或人事方面的管理有困難？最好按兵不動，等到有比較適合的解決人才出現再說吧。要我處理我的部門和其他部門之間棘手的狀況？我又不擅長談判，我只是一個管理人罷了。」當這樣的藉口一而再、再而三的出現時，那些工作主管，他們已經錯過多次在組織裡步步高升的機會；眼看那些資歷不及他們的人都已經升遷了，而每次組織須找人領導一項新計畫時，總是對他們視而不見，到頭來，這批主管仍然在職場上原地踏步，甚至被時代所淘汰了。

絕不向壓力低頭

一個人最堅硬的莫過於鋼鐵般的意志，而領導者在處理事情時，就需要有這樣的精神。借用影視語言來說，他們都是「由特殊材料製成的人」。回顧歷史，你會發現，堅持不懈，越挫越堅，不僅是領導者所應具有的美德，而且是許多成功者成功的奧祕。

英國前首相柴契爾夫人政治上的成功，靠的就是其不屈不撓的精神及認定目標就堅定的走下去的勇氣，因而被世界上公認為無與倫比的鐵女人。透過下面這件事可看出她的作風是多麼剛毅和堅韌：

1981 年，柴契爾夫人執政進入第三個年頭。這一年北愛爾蘭問題為英國的局勢帶來了不安。這年 3 月 1 日，曾因多次進行暴力活動而被捕入獄的北愛爾蘭共和軍成員桑茲宣布，他要以絕食為武器，要求政府給予被關押的 700 名共和軍以政治犯待遇。

柴契爾夫人立即堅決拒絕了這一要求，宣布桑茲等人殺人放火，無權享受政治犯待遇。但桑茲得到了北愛爾蘭天主教徒的熱情支持，竟當選為英國下院議員。桑茲對外說：「我將絕食到底，不成功便成仁。」這一事件立即引起了國際的關注，各界說客紛至沓來，但柴契爾夫人依然故我。5 月 5 日絕食 66 天的桑茲死去，消息傳開，英國各地暴力事件頻頻發生。國際上，愛爾蘭、美、法、希、葡、挪、澳等國也出現了很大規模的抗議活動，連許多政壇要人也紛紛指責柴契爾夫人。面對國內外的強大壓力，柴契爾夫人頑強的忍受著一切指責和非難。她堅持自己的立場，聲稱對共和軍囚犯讓步就是向他們頒發屠殺無辜的許可證。並表示那些追隨桑茲的絕食者是自願送死，當局並不干涉。

這樣一直延續到 1981 年 10 月 3 日，絕食者經過 7 個月堅持，在死了 10 名同伴之後，宣布停止了絕食行動。柴契爾夫人勝利了。

這場鬥爭姑且不論誰對誰錯，但其過程和結果卻給我們這樣的啟示：在某種情況下，堅持就是勝利。不屈服人的意志，勇於承受壓力和指責，是領導者成就事業最需要的特質。

領導者要學會掌控肢體語言

(一) 善用手勢

塑造一個標誌性的儀態只是拓展領導魅力的第一步。你還必須敏感的注意你的肢體語言所傳遞的資訊。如果你的肢體語言表現出缺乏自信，你的信譽和專業精神都將受到質疑。

緊張得坐立不安是很多經理人都存在的問題，這令他們看起來缺乏信心，而這個形象難題是很難克服的。

專家介紹研究顯示，當一個人不停的擺弄他的手腳，便意味著他想逃離這一交流現場，這是一種透露出膽怯、不安、害怕的信號。

當你帶著一種「我能掌控這裡」的態度走進一個房間，並對自己的表現感覺很放鬆，這種坐立不安的情況幾乎就完全消失了。隨後，你就會傳遞一個你能應付一切的資訊。同樣的，這種掌控原則也可應用於你在列席一次會議時，或是參加一次談話的情景。

(二) 用眼神建立特殊連結

眼神也許是幫助你與他人建立特殊連結的最重要因素。富有領導魅力的人都知道如何控制自己的眼神，使自己看起來就像是世界上最重要的人物一樣。

沒有什麼比跟一個人說話，對方卻拒絕直視你的眼睛更讓你覺得侮辱的了。將注意力集中在你的談話對象身上以示尊敬，並表示你對話題有興趣。避免盯著地板或天花板，不要掃視房間以期找到一位更重要的談話對象。

與人直視表現出一種自信，而大家都喜歡自信的人。同時，這也表現出你的正直與誠實。

(三) 展現平易近人的一面

當你面帶笑容時，你的心情不會差到哪裡去。當你面對一個笑容滿面的人時，你也很難不對他報以微笑。微笑使人覺得自己受到歡迎，心情舒暢。但對人微笑也要看場合，否則就會適得其反。有時候，微笑讓你看起來緊張、無助，特別是在笑得太誇張的情況下尤其如此。

使用幽默也能令你顯得平易近人。幽默可以用於表達看法，表現信心，舒緩氣氛。幽默能治萬難，在生意場上同樣如此。它迫使你退後一步，做一次深呼吸，並最終明白整件事情有多可笑。如果在某個生意場合上氣氛非常緊張，或者其局勢不是向著你所希望的那個方向發展，這個時候你就得機智一些，插入一些非正式的或是古怪的東西來緩和氣氛，也就是不能讓自己顯得太嚴肅。如果你擔心某個幽默會冒犯到某人，那就別提它。種族、宗教或是黃色笑話都不受歡迎。因此要始終保持尊敬他人和職業的精神。

把握言語時機和內容

在提及他人的負面情況時，仍盡量使自己顯得若無其事，這是經理人可能會做的最具破壞性的事之一。富有領導魅力的人從不降格去做這樣的事。在這種情況下，好心也沒好報。如果你說不出什麼好聽的話，那就一個字都不說好了。

你認識的每個人都會有自己的優點。把注意力集中在這些優秀的品質上，如果你一時想不起，那就別開口。你貶低他人，只會使自己顯得渺小、可憐。

此外，富有領導魅力的人似乎總是知道該說什麼和什麼時候該說。他們說話時從不吞吞吐吐或是拚命的找詞，他們用詞精確，發音清晰，顯得威嚴、有力。但是這種令人羨慕的表現並不是機會所賜，而是精心準備的結果。

要想表現一個專業及自信的形象，事先排練是關鍵。不管你是去參加一次重要的會議，進行一次陳述，還是到一個商界聚會上結交朋友，你都得花時間去思考你將說些什麼。下點功夫，了解誰會參加這次活動，你們的主題是什麼。事先做些記錄，把你要說的幾個要點先排練一下，試著預想別人對此的評價以及他們的提問，為對方的反應做好準備。為你的發言準備論據，這樣你的思緒就能有條不紊。如果你花了時間去排練和準備，那些話語就會自然而然的脫口而出，你絕對不會顧左右而言其他了。

不想當元帥也是好士兵

在狼團隊中，不想當狼王的狼是不存在的，當然也只有最優秀的狼才有成功的希望。

在傳統組織中，往往是學而優則仕，技而優則官。企業提供給員工的職業發展通道往往只有職位上的晉升。不管其個性、興趣、專長如何，員工都只能透過追求職位晉升，來獲得更高的薪酬和更大的發展。如果員工處在一個級別不高的職位上，無論他在自己的專業領域做得多麼出色，都不可能得到高薪酬。在這種體制下，員工們所受到的激勵就是，不遺餘力的往上爬，而無論這個職位是否真的適合他去做，正所謂千軍萬馬走官道。

同時，企業也相信，在某一專業領域上做得好的員工，在其他領域上必然也會做得很出色，於是，晉升就成了許多企業對優秀員工的一種最主要激勵方式。一旦員工在低一階的職位上做得很好，企業就將其升遷到較高的職位上，或平移到相對重要的職位上去。結果，本來在技術職務上非常優秀的員工，現在卻不得不待在一個自己所不能勝任、但是級別卻較高的行政職位上。這樣，企業和員工雙方都受到損害。一方面，員工不能勝任工作，找不到工作的樂趣，無法實現自身的價值。另一方面，企業多了一個平庸的新的管理者，同時又失去了一個優秀的技術人才。遺憾的是，傳統以晉升來獲得高薪和發展的激勵模式，在我們的管理實踐中卻屢見不鮮。

隨著組織扁平化和寬頻（broadband）薪酬制度的出現，這一傳統的模式逐漸被打破。在這扁平化組織和寬頻薪酬制度下，在同一個薪酬寬頻內，企業為員工所提供的薪酬變動範圍，也可能會比員工在原來的五個，甚至更多的薪酬等級中可能獲得的薪酬範圍還要大。員工不需要沿著傳統的等級層次往上走，相反，他們在自己職業生涯的大部分或者所有時間裡，可能都只是處於同一個薪酬寬頻之中，他們在企業中的流動是橫向的。隨著能力、績效的提升，他們就能夠獲得更高的薪酬，即使是被安排到低階的工作上，他們依然有機會因為自己出色的工作而獲得相對較高的薪酬。這樣，員工就不需要為了薪酬的成長而去斤斤計較職位晉升等方面的問題，而只要注意發展企業所需要的技術和能力，就可以獲得相應的報酬。員工獲得更多的職業發展方向的選擇權利，有利於企業根據員工的個性、優劣勢來設計不同的職業發展通道，從而更大大發揮員工的能力。

不想當元帥的士兵完全可以是好士兵，術業有專攻，企業應設置多種職業發展通道，以最大程度發揮員工的特長，有效提升企業的競爭優勢。

領導者的核心工作就是對話

真正的溝通是一種態度、一種情境，是極其互動的過程，需要長時間的交流互動，才能建立共識。根據統計，領導者在團隊中花費最多時間的工作是溝通，通常領導者會花 50%的時間在內部的溝通上。

所謂「溝通」，簡單來說就是：傳遞資訊給他人並得到回饋。看似簡單，但是在實際運作上卻是經常發生問題。其主要的原因在於雙方的訊息溝通沒有交集，無法產生意見交流與共同思考。

團隊中造成溝通不良的原因非常多，較為常見的就是認知的差異 —— 溝通的雙方因為背景、工作經歷或生活體驗的不同，造成對事物的見解差異，而影響溝通的有效性；接著是先入為主、自以為是的自我意識作祟，未做溝通心中已有成見;最後則是防衛的心態，為保護自己、害怕被誤解、被傷害，刻意迴避溝通或是應付了事；這些障礙造成雙方的訊息無法聚焦，而無法有效溝通。

福特汽車公司 LC 車款研發專案計畫的專案經理福萊德，授命建立一個新的產品研發過程，協助福特公司製造一部能與日本車及克萊斯勒競爭的產品。福萊德依照以往在開發 Taurus 車款的方式，組成了一個研發團隊。

團隊的成員來自各個部門，開始運作後陸續發現問題，主要的差異源自所屬的各個部門；財務部絕對反對任何新車專案計畫；工程師認為會計部對於製造一部新車所需的心血毫無了解，而財務部也將工程師視為揮霍無度的人；這些人都堅持他們的觀點是經驗的累積，絕對正確。

福萊德面對這個困境，心知一定要先破解每個人的成見以建立共識。於是先是帶領小組，利用系統思考工具找出專案執行過程中最大的問題——「零件拖延」。一部新車在設計的過程中，很多工程師都要負責該原型車零件的繪製設計工作，接著該原型才能接受測試與評估，然後工程師才會繼續製造第二部車。必須透過這樣的過程，才能發掘設計或零件組裝上的問題，使得新款車得以上市。

在這個過程中最嚴重的問題是零件的拖延，而且工程師都是在自己摸索後確實沒有辦法解決時，才會讓團隊中其他人知道。這樣的結果就是新車開發總是要延遲上市。福萊德運用溝通會談的方式，深度的與工程師溝通，將訊息對焦，發現問題的原因在於工程師對專案團隊缺乏信任，害怕被其他人批評，不願讓他人知道問題所在。因為在他們的認知中，告訴別人零件有問題，對方大都是接著問：「接下來你們打算怎麼處理？」然後他還是要自己解決問題。

經過數次的溝通與對焦後，福萊德重新建立團隊的信賴感，讓工程師願意說出他們所遭遇的問題，並且由團隊共同思考一起解決問題。在新的互動方式建立後，有效的將零件的準時率由50%，進步到98%以上，提升了新車研發的速度。

領導者唯有投注心力在團隊的互動上，時時的反思：我花多少心力在團隊的溝通上？我知道組織存在的溝通障礙是什麼嗎？找到答案，才能促進團隊共識的建立。

領導者要以善打動下屬

日本經營之神松下幸之助有一位很好的朋友名叫武久逸郎，武久早期開設米店生意不錯，所以想投資開創新事業，但一直找不到合適的行業。恰好松下計劃在公司增設一個電熱器部門，就邀武久投資，武久欣然答應了。

松下找來一位電熱專業的技術人才中尾哲二郎，與武久共同負責電熱部門。電熱部門第一個產品是中尾精心設計的「超級電熨斗」，這種產品除了輕巧靈活外，價格比同類商品便宜三成以上，推出後立即產生轟動，每個月生產一萬個仍供不應求。

超級電熨斗的產品雖然暢銷，可是年中結算卻發現經營虧損。松下覺得不可思議，下令徹底檢討，發現經營方針及產品並沒有問題，真正問題出在經營者的經營執行不當。中尾是一位專業技術人員，而武久對電器用品的經營又毫無經驗，因而造成經營的虧損。

松下了解原因後立即決定自己親自投入這個新興的事業，找來武久當面告訴他：「對於經營虧損，經我徹底了解原因後，原因在於不該把電熱部門交給完全外行的你。你是我的好朋友，也是合資者，但是我必須坦承告訴你，你的經營方式不適合於電器業。我想所有的投資虧損由我承擔，你還是回去開你的米店，不知你的意思如何？」

武久慚愧的說：「難得有機會加入松下電器公司。並負責電熱部卻經營虧損，實在感到很抱歉，我是應該退出，可是我不甘心離開松下電器。再說，現在離開也沒面子。」松下回答說：「你的心情我可以理解，可是如果讓你繼續負責，恐怕會越陷越深，以後更沒有面子，我建議你還是放手的好。」

經一番討論後，武久仍執意留下來。松下對他說：「因為你的經營方式不符合這個行業，若要留下來就必須從基層做起，你回去考慮看看。」武久考慮了一夜後，天未亮就趕到松下家，告知願意留下從基層做起。松下聽了興奮的抓住武久的手，說：「你真是了不起，我謹代表松下電器十二萬分的歡迎你，未來我們要共同努力。」

松下將武久調到營業本部，讓他從最基層的營業員開始做起，武久虛心努力學習，由於表現良好因而獲得了逐步晉升，最後成為松下最重要的左右手之一。

松下對於電熱部門的經營虧損，不但沒有責怪，反而自我反省自己委任不當，錯不在武久。抱持一片善意，告知武久要往自己成功的事業發展，以他的經歷不適合在電器行業發展。在武久執意要留下時，松下仍秉持良善要他從基層做起，才能在這個行業出人頭地。這樣完全站在對方立場設想，反而激發武久的鬥志，發願要從基層做起，終能成為電器行業的優秀經營者。

領導者要時時自我檢視，當自己在指正成員的錯誤時，是否抱持良善的心？是否用心導正成員的行為往善的方向發展？是否有以對方為中心的思考？

領導者對待成員能抱持回歸良善的心，就可以看到每個人善的一面，激勵成員往善的方向前進。

懂得愛護下屬

真心真意的把員工「當成孩子去愛」，這樣的主管才能籠絡人心，擁有一支具有超強凝聚力和戰鬥力的創業團隊。

剛出生的幼狼既看不見東西也聽不到聲音，因為牠們的耳朵是疊在前額上的。母狼生下幼狼後，要在洞中待上幾個星期，因為這段時間幼狼全靠狼媽媽餵食和取暖。在這段時期，母狼幾乎是寸步不離，雖然也會在幼狼熟睡的時候外出，但時間往往非常短。

在餵養孩子期間，母狼不允許公狼和其他狼接近。其他狼一旦接近，牠就會齜牙咧嘴的威脅牠們離開，以示對幼狼深沉的母愛。

就像母親經常為嬰兒換尿布和洗澡一樣，母狼也經常用舌頭舔舐幼狼的全身，為幼狼擦洗身上的髒物。直到幼狼生下來半個月後，這些幼狼才第一次搖著尾巴從洞穴內走出來，參與到狼群的活動中去，這時，成年狼會對幼狼發出輕微的叫聲以表示歡迎。

為了教幼狼捕獵，母狼經常冒險活抓羔羊；為了守護洞穴中的幼狼，不惜生命與獵人搏鬥；為了幼狼的安全，常常整夜的叼者幼狼轉移住處；為了餵飽幼狼，常常把自己吃得快要撐破肚皮，目的是把肚中的食物全部帶回吐給幼狼。

狼對牠們的天敵和弱小動物是殘酷無情的，對自己或同伴的孩子卻無比溫柔，始終以無私的母愛關懷牠們、愛護牠們。

無論人或獸，只要是母性的，都擁有偉大的母愛。母狼面對強敵時甚至比公狼還要凶狠，但在面對自己的孩子、姐妹們的孩子，甚至是人類的孩子時，牠們的母愛便淋漓盡致的展現和發揮出來了。為了狼群家族共同的利益，那些失去整窩幼狼的母狼，會用自己的奶水餵養牠姐妹或表姐妹的孩子，以自身性命保護牠們所奶養的「義子」的生命安全。

對此，母狼不奢求這些「義子」將來能為牠養老送終。牠的初衷只是為了拯救一個生命，盡自己的最大努力讓一個生命得以延續下去。因為牠們知道，一個生命能降臨到世上，來世上走一遭，是非常難得的，因此不能讓一個幼小的生命剛剛出生就在無知中死去，於是不論對象是誰，牠們都無私的獻出了最熱忱、最真摯的愛。

如果狼族也有企業，也需要經營管理，那麼母狼肯定是位優秀的團隊領導者。因為牠具備了成為卓越領導者的最基本要素 —— 愛護下屬。

作為領導者，你若把員工當成「奴隸」或「工具」來使用，那就大錯特錯了。隨著「人本思想」地位的提高，如今人力資源已越來越被社會所重視。為順應社會化大趨勢，身為領導者的企業家就像帶兵的將帥，應真心誠意的把員工「當成孩子去愛」，唯有愛護員工，「視卒如嬰」，才能受到員工的信任和愛戴，這樣你才能籠絡人心，才能激發起員工的工作積極性和創造性。美國 IBM 公司多年來一直強調以員工為重心，實施職業保障和人力資源管理政策，盡量使員工的才能得到有效的發揮。

學會管人、管心

價值觀是人們關於階段目標與終極目標的設計，也是支配人們行為的原動力。企業家要做的，就是將各種人的價值目標歸納起來，創造出共同認可的價值觀，讓所有的人同時實現自己和企業的價值。

了解部下的價值觀的企業家，往往自信的認為自己對下屬瞭若指掌，很少去考慮部下的價值取向。殊不知人會隨著環境與角色的變化而變化，即使是當年的夥伴、同學、親戚，隨著彼此關係由親朋好友向上下級的轉變，老闆與打工者的關係，彼此的感覺與想法也就不同了。

以薪酬體系為例，老闆總是強調「錢是大家的，幹嘛急著分掉」，很少做規範的股份確認。殊不知，沒有分配和沒有確認產權關係的財富都是由老闆所支配的，與員工沒有直接關係。於是一些部下開始尋求新的事業平臺，一些部下開始與你討價還價，一些部下的創業熱情也開始衰退。溝通管道的不暢和勞資關係的惡化，將直接導致人才的流失和合作的失敗。

要記住部下也是你的客戶，客戶的釋放、痛棄、權衡、協調等哪一條都可能發生在部下身上，你必須像對客戶用心一樣對部下用心，而核心是了解部下的價值觀。

引領部下的價值觀。企業家競爭什麼？小老闆競爭技巧，中老闆競爭遠見，大老闆競爭人格魅力。小老闆在完成原始積累時，看誰聰明過人，技巧領先，於是「沒有笑臉不開店」之類的古訓，和賣西瓜時把紅紙包在燈泡上等小聰明實在是制勝的法寶。中老闆需要管人需要決策，眼光如何和市場悟性好壞直接決定了決策的成敗。大老闆就不能光靠自己的市場感覺了，他們需要一大批市場悟性很好的人與自己一起參與決策，沒有人格魅力很難實現這一願望。人格魅力來自價值的提煉、輸出和創新。

善於包容人的缺點。企業家難免會奢想「心往一處想，勁往一處使」「人心齊，泰山移」的狀態，奢望部下與自己一樣品行優良，廢寢忘食，一心撲在事業上，而事實上這種境界的產生是建立在價值認同程度極高的基礎之上的，是很難真正做到的。

英國馬莎公司的董事長經常到各分店與員工談心。凡是遇到惡劣的天氣，如大雪阻塞交通時，他必定前往相關分店，向不顧天氣惡劣、仍來商店堅持工作的店員表示感謝。本來打個電話就足以表現出這種感謝之情，但他認為，要想有效的表達最高管理層的由衷讚賞，唯一的辦法就是當面致謝。這種做法，展現了公司對員工的愛護和關心，表達了公司對努力工作的員工的信任。後來英國馬莎公司因產品品質上乘，價格公平，服務優質，因而揚名英倫三島。

日本企業家，在愛護員工方面表現得更加出色。他們信奉這樣的格言：「留給人們美好印象，比進行口號式的號召有力得多。」每逢開會，公司的領導者總是先打好招呼，讓大家有所準備，以便到時能夠暢所欲言。下屬對上司提意見已司空見慣，上司的態度溫文有禮，虛懷若谷，下屬不用擔心會遭打擊報復。日本企業家多把本企業看為一個大家庭，把員工看作大家庭的中的一員；不少企業的經理能叫出全廠工的名字；公司經常為員工召開生日宴會，董事長親自贈送禮品；誰家結婚生孩子，總經理上門祝賀，對員工十分關心。

一位考察過日本企業的美國管理人員說：「他們用不引人注目的方法關照員工，經理有五張多餘的棒球比賽票，他不會給管理人員，而是送到廠房問一下，看誰願意去。」對員工的關心和愛護大大增加了企業的凝聚力，許多工人都在一個企業服務終生，與企業同命運、共榮辱，把企業視為個人事業與希望之所在。

凡是聰明的老闆都懂得「經營人心就是經營財富」的道理。的確，如果你能征服員工的心，員工一定會心甘情願、積極主動的為你效力，而且在長期合作過程中，始終對你忠心耿耿。

對於經營人心，只要能敏銳的捕捉到員工心理的微妙變化，並適時說出吻合當時情形的話語或採取有效的行動，就能達到這一目的。例如，當員工情緒進入下列低潮時，就是領導者最好的表現時機：

1. 員工生病時。不管平常多麼強健的人，當身體不適時，心靈總是特別脆弱的。如果此時能夠發自肺腑的對其進行關懷，必定會使其對關心者產生好感。
2. 員工為家人擔憂時。家中有人生病，或是為孩子的教育等事宜苦惱時，一個人的心靈也是很脆弱的。這時給予員工關心，他便會對你產生感激之情。
3. 員工工作不順心時。員工因工作失誤或無法按規定日期完成工作時，其情緒會變得十分低落。這時便是關心他的最佳時機。

此外，領導者應把員工當成「知心朋友」看待，盡力推動彼此間的關係朝著和諧融洽的方向發展；極力維護員工的合法權益，這是領導者的責任，同時也是重視員工的表現；記住員工的名字，這是對員工的尊重；對所有員工一視同仁；盡量避免使臉色、拋白眼；常對員工抱以微笑等等，都是尊重員工、愛護員工的表現。

領導者要有愛人之心，要把每一位員工看作跟隨自己「打江山」的忠誠的一分子，「視卒如嬰」，像衣食父母那樣真正關心與愛護他們。要知道，沒有愛心的老闆，是很難駕馭他人的。老闆如果沒能為員工留下好印象，那麼他將被員工所憎恨，甚至被他們在背後戳「脊梁骨」。

行動是無聲的教誨

身為領導者，尤其是高層領導者，不僅要在言辭、口才上折服眾人，更重要的是自己能以身作責，嚴於律己。因為自己的一言一行、一舉一動都在大眾的監視之下，而最大的動力，則在於自己的行動上。

中國古代的司馬穰苴，是由百夫長而一下直升為大將的，準備出師抵抗晉兵時，斬殺莊賈，以立威立信立法而行。他曾經說：「士兵的傷亡，飲食生活，問病醫藥，都要躬身過問，要熟悉軍隊的糧草、士兵的待遇以及各方面的情況，與士兵們平分食物，與他們較輸贏。」三日後才出師，生病的人都要求同行，爭著出戰，都願意為他赴戰場。晉軍聽說後，班師回朝；燕軍聽說了，渡水撤退。

可見，在戰爭時期要想得到人心，自然有方法，與士兵穿同樣的衣服，然後忘記邊塞的風霜；與士兵共同生活，然後忘記馬上的飢渴；與士兵同行，然後忘記關隘的險阻；與士兵同氣息、共命運，然後忘記征戰的勞苦；憂士兵的憂，將士兵的傷看成是自己的傷，然後忘記刀劍的傷痕。事事都同情而周到，所以戰鬥安然，死傷不怕，冒刀槍之險以爭先為本，也不知道自己所踏上的是危險。這幾樣都忘記了，處在險處如同平地，食毒也如同甘飴。這就是古代的好將領建立威信的方法。

因為，一大堆的同情話、親熱語，遠不及援一手、投一足的實際幫助。

人是最容易為一些小事情、小恩惠所折服的。所以，要求他人做到的，自己首先要做到，這樣說話就響亮，就能感服他人。

收服下屬的領導法則

領導者要做到「視卒如嬰」，必須放下架子，切忌自視高明，自以為高人一等。要認清自己也是群體中的一員，離開了員工群體，自己縱有三頭六臂，也是無能為力的。更何況，在每一個專業職位上，員工所知要比企業家多得多。只有帶頭消除因為分工和社會地位不同所形成的隔閡，才能使員工心服，為企業努力工作。行為科學研究顯示，領導行為對員工的生產活動有重大影響。員工如果對領導者懷有排斥心理，他怎能為企業忘我的工作呢？

因此，領導者只有努力縮短與員工的心理距離，加強與員工的資訊溝通與感情交流，才能激發員工的工作熱忱。要想做到這些，除了愛護和關心員工外，別無他途。有的企業家認為，只要多發獎金，增加福利，就能刺激員工拚命工作。這是一種片面的認知。金錢固然可以刺激人的積極性，但這種激勵作用是有限的，不可能持久。

馬斯洛的需求層次論告訴我們，人都有多層次的需求，除了低層次的生存需求、安全需求外，還有更高層次的像與人交往、自尊與自我實現的需求。金錢只能滿足人的低層次需求。一旦低層次的需求滿足後，人們就會追求更高層次需求的滿足，在那些更高層次的需求上，就沒有金錢的立足之處了。只有人與人之間的關心、同情、尊重、支持、鼓勵和理解，才是人們高層次需求得到滿足的土壤。企業家如果能做到「視卒如嬰」，以恰當的方式進行情感投資，就會使員工感到自己在領導者和同事面前的地位被承認，作用被重視，感到自己在人格上與別人是平等的，從而使自尊的需求得到滿足，就會激發出工作的主動性和創造性，而較少計較薪資、獎金和工作條件。由於感情是屬於人的深層心理，它對於人的心理、行為具有全面、持久的調節功能，因此，情感關係比物質關係要長久、穩定，而情感激勵的作用也就較物質刺激的作用長久、穩定。

職場中，領導者易犯的一個典型錯誤是，常以高高在上的姿態面對下屬，顯示權威，其實這是老闆與員工相處原則中的大忌。成功的領導者應該明白，對下屬要避免過於嚴厲，要學會真正關心下屬。

一方面，這意味著你要允許公司裡有價值的職員用公費去度假，或者允許他帶著妻子一起去出差、去度週末。

另一方面，不知道你是否注意過，那些最受人尊敬的老闆是怎樣贏得職員的尊敬的。他們會在公司做任何工作，從倉庫管理員到一般管理人員的隨從或助手，他們都做得來。他們這種不怕把手弄髒的行為贏得了大家的尊敬，因為他們不僅把風險分給大家，他們自己也在承擔風險。

小吳剛進入企業時，碰到的是位年輕的女上司。進入企業的第一天，小吳就聽到很多關於對女上司的讚譽之詞，女上司年紀雖輕，卻很有頭腦，而且長於公關，每個月都能創造出驚人的業績。作為這樣年輕有為的上司的下屬，小吳深感榮幸，決心踏踏實實的工作，虛心向上司學習。

上司超強的工作能力令人折服，小吳跟著看著，耳濡目染，也長了不少見識。平時，上司經常交代一些跑腿的差事，這些也是工作內容的組成部分，小吳便理所當然的接受了。但時間一長，他覺得上司似乎有點不近人情，甚至有些頤指氣使。也許和少年得志有關？她對她的副手——小吳的副主管，雖然很倚重，但也從不客氣。副主管幾年紀比她略大一兩歲，也是個能幹的人，據說部門裡的很多業績也應該歸功於他。不管副主管正在忙些什麼，她只要提出個什麼問題，便要副主管立即做出反應，若是稍有遲疑，便劈頭蓋臉的一頓數落：「你還在拖拉什麼？都跟你說多少遍了，你怎麼……」或「你怎麼不把工作放在心上！」

每每訓斥副主管的時候，一旁的下屬聽了都覺得心裡不是滋味，一種替他鳴不平的念頭便在腦海中萌生了。不過副主管的脾氣倒是很好，因此部門的一切工作都在和諧統一中運行著。有時候，女上司公然談論某些是是非非，很有一些肆無忌憚、唯我獨尊的架勢。有時她也直接將惡言惡語灌入下屬們的耳中。小吳不禁想到，她是不是過於淺薄傲慢了呢？為什麼不可以寬宏大量些呢？他有些失望了，因為她想像中的上司不是這個樣子。

後來，小吳也受到了上司的訓斥。那時候他正在接受總部的培訓，但因為人手吃緊的緣故，部門裡派了不少工作給他。培訓幾乎占據了所有的上班時間，因此他只有利用業餘時間去做那些分外工作。

小吳由於資歷較淺，不懂推辭也不敢推辭，同時也為了能夠讓上司留下好印象，便超負荷工作起來。工作量之大是一個人在有限時間內無法完成的，因此當一件事沒有按期完成時，女上司訓他道：「你的工作效率怎麼這麼低？這可達不到公司的要求！」當時小吳心裡特不是滋味，因為自己已經盡最大努力了。按理說培訓期間也不應該做什麼事，而且加班那樣辛苦，不說給予一些鼓勵和安慰，反而肆意數落受苦受累的員工，這哪是一個領導者應該做的。

時間一長，辦公室裡的所有人都受到了這位女上司的無情指責。於是，下屬的情緒日益低落起來，公司效益也明顯的發生了變化，呈現出直線下降的趨勢。女上司意識到位子不穩，便在「辭退令」下達之前慌忙跳槽了。新來的上司，在管理上很有一套，十分注重對新人的提拔，更值得令人稱讚的是，他十分關愛下屬。

很快的，人心又穩定並高漲起來，公司上下團結一心。共同努力，效益開始回升，再次創造出驚人的業績。

善待下屬，把下屬當成孩子去愛，下屬勢必會對上司抱以感激之情，進而把火熱的情懷和幹練的才智全部傾注在他所從事的事業上，盡最大努力為企業創造成績。相反，領導者若對下屬施以高壓政策，整天板起面孔、提高嗓門、擺起架子與員工來往，員工勢必會產生叛逆心理。

勇於承擔責任

一群由五六隻狼組成的團隊在大森林裡尋找棲身之所，奔波兩天兩夜後，終於在一個比較隱蔽的地方安頓下來，牠們開始挖土掏洞，並在裡面鋪一些枯草和樹葉，這樣住起來會很舒適。

一天夜裡，一隻狼到森林裡尋找獵物，牠幾乎找遍了整個森林，結果卻一無所獲。在回家的路上，牠意外地發現一隻獅子正在捕食山羊，便趁獅子不注意竄上去搶食。獅子被突然襲來的搶食者激怒了，一邊吼叫一邊還擊。狼敵不過凶猛的獅子，掉過頭去沒命的往前跑，最終跑回洞穴躲藏了起來。獅子在外面大吼，驚醒了其他正在熟睡的狼。群狼衝出洞外，與獅子廝殺起來，最終把牠趕跑。

但從此麻煩來了，那隻獅子經常帶著幾個同伴侵擾狼的棲息之地。幾隻狼不是牠們的對手，便在一個漆黑的夜裡悄悄離開了原本舒適的洞穴。在一片沙丘上安置下來後，頭狼仰天怒吼，那是在用同伴們都能聽懂的聲音問。「是誰惹惱了獅子，害得我們失去一個舒適的住所？」就在十多隻眼睛都在掃視其他同伴，試圖發現誰是罪魁禍首的時候，一隻狼默默的低下頭，喉嚨裡發出了低沉而哀怨的聲音。罪魁禍首坦誠的承認了自己的錯誤。

接下來，頭狼懲罰了牠，在牠耳朵上深深的印上了一排牙印；其他同伴也以憤怒的吼聲責罵了牠。那隻狼受到懲罰，心裡舒服多了。

實際上，那隻狼完全可以掩蓋事實，免受懲罰。但牠知道，如果不坦誠的承認錯誤，勇敢的承擔責任，其他同伴就都成了「嫌疑犯」，在互相猜疑之後，彼此就會傷了和氣，那樣在尚未找到住所，捕食獵物，抗擊對手之前，內部就首先土崩瓦解了。那種情形一旦出現，牠們這個團隊便失去了戰鬥力，生存狀況將更加艱難。想到這些，牠坦誠的承認了錯誤，並做好接受懲罰的心理準備。

狼的故事又一次讓我們深受感動。但在感動之餘，你是否從中受到了一些啟示？聰明人肯定意識到了這一點：承擔責任，獸猶如此，人何以堪？

對於職場來說，一名員工在工作上出現失誤後，一定要主動承擔責任，不可諉過於人，更不能把責任歸咎於老闆指揮失誤。在必要的時候，我們甚至應該替老闆背黑鍋，替老闆挽回面子。當你這樣做的時候，老闆也許表面上不動聲色，但一定會在心裡感激你、讚賞你。

作為一名下屬，不但要善於推功，還要善於攬過，兩者缺一不可。因為大多數老闆願做大事，不願做小事;願做「好人」，而不願充當得罪別人的「壞人」；願意領賞，不願受過。

在評功論賞時，許多老闆總喜歡衝在前面;而犯了錯誤或有了過失之後，他們都有迴避退縮的心理。此時，老闆極需下屬站出來保駕護航，勇於代老闆受過或承擔責任。

老闆需要做的事情很多，但並不是每一件事情他都願意做、願意出面、願意插手，這就需要一些下屬去做，替老闆擺平，甚至要出面護駕，替老闆分憂解難，這樣才能贏得老闆的信任和賞識，出頭之日也就不遠了。

危難之際顯身手

小文是某辦公室的職員，每天都要接待大量要求會見上級的來訪者。小文知道上級精力有限，如果事事驚擾上級，勢必影響上級的正常工作和休息，並且還會認為下屬沒有承擔起應該承擔的責任。每當這時，小文就會利用自己的特殊身分，勇敢的站出來，根據具體情況解決糾紛，進行協調，必要時以強制手段解決問題。

當然，遇到一些難以處理的重大問題時，他絕不擅自做主，但也盡力把問題處理到更易解決的程度，再向上級請示匯報。這樣一來，上級處理就節省了許多精力，並且可以輕鬆的把剩下的問題處理掉。小文出色的工作表現贏得了上級的賞識，後來職位連連獲得提升。

充當老闆的「擋箭牌」有時會使自己受到傷害，但同時這也是贏得老闆賞識的大好時機。充分恰當的善用這個時機，可以為你建立良好的人際關係奠定堅實的基礎。

1969 年，尼克森出任美國總統以後，迫於強大的遊說集團的壓力，要求日本自動限制紡織品製造業的生產與發展；而且，隨著形勢的發展，遊說集團還把「紡織品問題」與「歸還沖繩島的問題」連結在一起。時任日本首相的佐藤榮作為了收回沖繩主權，與尼克森做了一筆交易，保證「紡織品問題將會像總統所希望的那樣解決」。但此後不久，這樁「賣線買繩」的交易就被報紙披露，通產省也斷然拒絕美方的方案。這使佐藤榮作首相陷入十分尷尬的境地。接連換掉兩位通產大臣後，與美會談依舊陷於僵局；而且，美方的態度變得日益強硬。

1971 年，佐藤榮作首相起用田中角榮入主通產省。田中角榮在日美政府意見相左、日本政府深感焦慮不安的時候出任通產大臣，可謂「受命於危難之際」。

透過會談，田中角榮意識到，對於紡織品問題，日方必須首先從高處跳下來，做出讓步，否則日本的各個行業都會受到影響，經濟遭受損失。接著，對日本紡織業損失進行評估，隨後做出補救措施，又以全新的姿態與美方談判，最終達成協議。

正如田中角榮所料，他的所作所為受到了日本紡織業聯盟及在野黨的強烈反對。但事實證明，田中的讓步是正確的，有利於日本經濟整體的發展，日本在讓步的同時也有所收穫。更重要的是，透過實施一系列舉措，田中角榮以「忠心耿耿」「冒死護主」精神贏得了自民黨的廣泛讚譽；由於替佐藤榮作擺脫了困境，因而也大受賞識；而且，這對他後來競選成功產生到了非常重要的作用。

有勇氣替別人擔責

替別人承擔責任是一種高尚的行為。這種行為並不是任何人都能做得出來的，有些人甚至連自己應該承擔的責任都抱以迴避的態度。一個人應該勇於承擔自己的責任，對自己的一切行為後果負責，你將發現你的人格正在完善，成功之門正在漸漸向你敞開。

在中國古代史上，三國時期的蜀相諸葛亮可謂無人不知，無人不曉。他「上知天文，下知地理」，才華橫溢，足智多謀，常常「受任於敗軍之際，奉命於危難之間」，為蜀國的發展壯大立下了汗馬功勞，乃至「功高震主」，儘管如此，他卻像普通人一樣而又比普通人更加嚴格的遵守軍紀，對於自己犯下的錯誤，不論何種原因所致，都認真的進行自我檢討，堅決承擔責任。

對於劉備討伐東吳一事，諸葛亮因自己沒有勸阻而深深自責。關羽失荊州被殺，劉備深感痛惜，便在張飛的煽動下討伐東吳。結果，由於行動倉促，防範出現漏洞，致使在猇亭遭受慘敗。這次東征的參謀總部幾乎全軍覆沒，主任參謀的馬良戰死於五溪陣營；程畿在江邊自刎；諸葛亮原先最倚重的黃權，由於和劉備在意見上產生分歧，被調任江北督軍，後來被迫投降曹魏。

對於劉備的這次行動，諸葛亮完全持反對態度，但他了解劉備的個性，知道苦苦相勸也是白費，因此只是頭痛，並未做任何勸說。此外，他沒有阻止劉備，還在於他公務過於繁忙。自從占領益州和漢中後，一直在為內政、經濟及財政重建工作操心費力。荊州失守後，天下形勢發生劇變，在國防和外交方面的困難大大增加了。關羽和張飛去世後，劉備方寸已亂，經營蜀漢的重任便完全落在諸葛亮肩上，致使他沒有足夠的時間去思考劉備東征的事。因此，他在這段時間只是乾著急，實在提不出較為完整或帶有建設性的意見和建議。

還有，他認為劉備這次討伐東吳應該能夠獲得勝利。因為蜀國已具備相當的實力，劉備也有豐富的戰鬥經驗，尤其和曹操對陣漢中，能將曹操逼退，這說明他指揮軍隊的能力已經成熟了。

加上東吳方面，周瑜、魯肅、程普、呂蒙等超級將領已經去世，這對劉備而言，相當於掃除了前進道路上的最大障礙。

但是，他們都沒有想到，在東征的戰場上，竟然殺出了陸遜這樣的軍事天才，最終導致劉備軍團慘敗。

由此看來，這次失敗中包含著很大的偶然性。這樣，諸葛亮對於這次失敗的責任就更小了。但諸葛亮仍責備自己沒有做好「企劃」工作。認為這是他在決策上的失誤，說明他具有善於承擔責任的特質。

還有街亭失守一事，本來主要責任在馬謖，但諸葛亮認為：「我軍在祁山和箕谷時，聲勢及實力絲毫不亞於曹魏軍隊，但在緊要關頭遭受挫敗，問題不在於作戰的將士，是因為我這個做統帥的用人不當，在指揮上出現了錯誤。所以，應該檢討的人是我。從今以後，我決定精簡兵力，嚴明賞罰，努力改善決策上出現的失誤，重新擬定策略，否則兵力再多也是白費。從現在開始，凡忠於國家的人，都應對我進行監督，努力發現我的缺點和不足，然後大膽的指出來，並提出自己的觀點和看法。這樣，我們的軍隊才能增加凝聚力和戰鬥力，大家才能同心協力為蜀國發展壯大做貢獻。」

諸葛亮很清楚，他的一言一行時時刻刻都在發揮著示範作用，影響著整個蜀漢政局，甚至每一位普通的人民。

如果連他都逃避責任，那麼下屬就會積極的仿效，那樣的話，蜀國統治階層的人物一個個都將成為「敢做不敢當」的膽小鬼，「光復漢室」的重擔自然無人去挑，這個美好而遠大的夢想終將化為泡影。

然而，諸葛亮是大智大勇、果敢堅毅之人，「光復漢室」這副重擔即使人人都去挑，他也要挑；而無人敢挑時，他更要去挑。

對於那些因他而造成的損失，或是僅與他有微小關係而造成的損失，他都勇敢的承擔了責任。

正因為他勇於承擔責任，蜀國的眾臣也受其影響，都養成了「敢做敢當」的優良行事作風，致使在管理朝政的工作當中，恪盡職守，忠心報國。

人都有個不良習慣，就是對自己身上的某些弱點常常視而不見。

然而，當你在現實中為追求目標而不斷努力時，你會意識到它們已成為你成功的障礙，這時你就會想把它們擺脫掉，但由於平時對它們重視不夠，又常常覺得難以擺脫，因而不免怨天尤人。

一個成熟而對自己充滿信心的人，會對個人、對家庭、對朋友和社會負起義不容辭的責任。他在面臨抉擇之際，不是過分的強調選擇的自由，而是勇於承擔自己應擔負的責任。

作為社會中的一分子，我們必然要與周圍的人及環境發生關係，因此我們必須做好負起各種責任的準備。

如果我們每個人都不自我控制，不把各種責任承擔起來，那麼這個社會的一切自由、權利都將不復存在。

當然，這並不是說凡事都是我們的錯，或者要求我們應該花太多時間和精力反省我們的過錯和缺點。這麼做的話又是另一種不良習慣了。不過，重要的是，我們必須誠實的面對自己的責任，不要學鴕鳥把頭埋在沙子裡。

如果我們真的想要超越自己的人生，我們必須每天照鏡子，謙虛而坦白的反省我們對目前人生現狀的責任。這樣一來，我們才能對症下藥，進而完善自身，改善現狀。

你若犯了錯誤，就該坦然承認，就該勇敢的挑起責任的擔子，「一人做事一人當」才是真君子的做法，才是光明磊落者的行事作風，同時也是道義上追求的永遠不變的崇高品德。

犯了錯誤，千萬不要裝出一副若無其事的樣子，那是不負責任的表現。

更不能逃避責任，逃避責任者常常以各種藉口推卸責任，他們是老鼠一樣的膽小鬼，是「敢做不敢當」的懦弱之輩。

在心理學上，這種為自己開脫責任的「藉口」被稱作合理化作用——一種潛意識的保護作用，可使人避開不愉快經歷的傷害。

一個人出現破壞行為之後，想逃避某種責任時，合理化作用就能使他免於直接面對內心深處真正的理由或動機。

但是大家都知道，藉口和怨天尤人並不能解決問題，反而會干擾自己的視線，致使無法看清事物本來的面貌。所以，他們永遠也找不到成功的入口。

負起責任，我們才能光明正大、自由自在的做人；負起責任，我們才有力量主宰自己的事業方向。

人的一生，經常要在權利與責任、誠實和欺詐之間做出一種選擇。至於如何決定，還要看我們自己。一切都由自己決定，人際關係、情緒狀態、獲得的成績等等，都在你的掌握之中。

所以，你不應把失敗歸咎於自己的身體狀況、父母、老闆，甚至政府。正如人們常說的一樣：命苦不能怨政府，運氣不好不能怪社會。

上天對每個人都是公平的，前路遇不到知己是因為你付出的努力還不夠，要想讓天下人都知道你是個「真君子」，除非你對自己、對他人、對群體與社會真正負責，萬一犯了錯誤就要勇於認錯並承擔責任，堂堂正正做人，光明磊落做事。

如果我們每個人都能承擔起自己的責任，積極改善自己與周圍環境的關係，那麼我們的美好願望就一定能夠實現。

第七章　謹慎觀察，搶操勝券

狼群作戰，從來不打無準備之戰，無必勝信心之戰。狼群的警惕性、謹慎性、多疑性、狡猾性是其他動物只能望其項背。面對嘴邊的肥肉，如無必勝把握，狼群寧可放棄。在哺育幼狼期間，母狼往往要築好幾個洞，或是把旱獺的洞強占過來，加以修改利用占為己有。當母狼發現有人覬覦幼狼時，往往會使出疑兵之計，出入假洞，令捕狼人陷入迷陣之中。

為了穩操勝券，狼群特別善於利用天氣、地理等自然條件，經過長時間等待，抓住戰機，一戰而勝。在草原狼與人類的博弈中，往往在月黑風高之夜，人們警惕性放鬆時，正是草原狼大顯身手的時候。

狼並不想做什麼獸中之王，狼沒有太大的野心，因為牠們知道自身的實力和局限，牠們對自己有充分的了解，牠們從不打無準備之仗。因此牠們沒有不切實際的想法，牠們是最腳踏實地的動物，牠們所做的一切僅僅是為了生存。

同樣，企業的員工在做任何事之前，都要有一定的準備，只有準備才能贏得一切。

不打無準備之仗

如今，在一些企業中工作的人，都可能會有一個這樣的問題，企業需要什麼樣的人？其實，每一個企業都有各自不同的文化理念和用人理念，在用人方面的考慮也不盡相同，沒有最好的人選，只有最合適的人選。不過，這對於一個企業員工來講，多聽一聽企業招聘負責人的觀點，這對你們還是有好處的。總之，不打無準備之仗。

企業需要什麼樣的員工？團隊合作、溝通能力、學習能力顯然有點老生常談，但也是所有用人部門所看重的，在不能輕視這些因素的同時，也要注重一些企業用人的「獨家祕笈」，因為每一個企業對於一個員工的要求都會有所不同。有些公司在選拔員工時特別看重品德、態度和能力這三個方面，缺一不可。特別強調員工的品德優劣最為重要，有句話說：「若把人才比做冰山，品德則是冰山的基礎，包括價值觀、工作的動力、品行等。即使其能力再強，與公司所宣導的價值觀不一致，公司也是不會接受的。另外積極的態度同樣重要，一個優秀員工所具備的才能不僅表現在他有多少書本知識、考試成績有多高，企業看重的是其能否把所學的知識主動積極的運用在工作中，並保持熱情、有活力的精神面貌，勤奮負責的工作態度，創新的思維，不斷的學習和接受新的知識，以此可以更好地迎接工作中的挑戰。」

有些企業，則是一再強調員工一定要揚長。熱情是最大的優勢，有工作經驗的人不是沒有熱情，但是新員工是張白紙，他們的人生更需要熱情，甚至可以說需要一些銳氣來創造。因此，當有些新員工老成持重、老氣橫秋的出現在考官面前時，他們是不可能有太多的機會的。

適度的自信對員工來講也是非常重要的。自信雖然不能讓企業對新員工完全認同，人的能力確實是有高有低，但是適度的自信是將來提升自己能力的一個重要的基本素養，說明員工有可以挖掘的潛力。

作為一個員工在工作中，要具有充滿活力，對工作熱情洋溢，而且學習欲望強，願意挑戰任何困難，但又確實存在工作經驗不足、實際操作能力不強等弱點，這就要求他們首先要具有明確的認知。

在一個公司裡，要有對公司和對自己的認知，對公司和對自己既不要高估也不能低估。要有明確的人生或工作目標。

認清自己，要客觀全面了解自己的興趣、優勢和能力特點。根據自己的情況，對於自己心儀的工作，要透過不同的資訊管道，了解企業相關的資訊，評估現實與理想的差距，進行適當的自我調整。同時，也要處理好短期和長期目標的關係。漫無目的、盲目的工作，不會有好的結果。總之，知己知彼，才能做到百戰百勝。這也就是你準備得越充分、越仔細，你的結果就會越好。千萬不要忽視這一環節。請記住這句話:好的準備就是成功的開始！

諸葛亮巧妙觀察取勝曹軍

曹操、諸葛亮都是三國時代的用計高手，但在諸葛亮面前，曹操往往處於下風。有人說曹操「知兵法而不知詭計」，確實如此。尤其是曹操多疑，諸葛亮就常常利用這一點，以疑兵勝之。

話說東漢末年，劉備、曹操兩大集團相互競爭，正在打得火熱。有一次，曹操的定軍山被奪，曹操忙令夏侯淵統帥大軍前來報仇。兩軍隔漢水相抗。

劉備與諸葛亮親自來到前線觀察形勢。諸葛亮看到漢水的上游有幾座土山，森林茂密，地形隱蔽，非常適宜伏兵，於是趕緊回到營帳中吩咐趙雲道:「你可以帶領五百人，全部攜帶鼓角，埋伏於漢水上游的土山下。或者在半夜，或者在黃昏的時候，一旦聽到我方陣營中一聲炮響，就立刻擂鼓。只要炮響一次，便擂鼓一次。——但切記，不要真的出戰。」趙雲領命而去。諸葛亮安排完畢，便回到高山上繼續觀察。

第二天正午，曹操派兵前來挑戰，可蜀營中已經嚴格下令：無論在什麼情況下都不要出戰，不許放箭。曹兵見蜀兵不出，只好回去了。

當夜夜深之時，諸葛亮又上高處觀察，見曹營燈火方息，軍士歇定，立即在營中吹號放炮。躲在上游的趙雲聽到炮聲，趕緊令手下五百兵士鼓角齊鳴。曹兵聽到有鼓聲，驚慌失措，懷疑有人劫寨。等大家紛紛跑出營帳，卻發現一個蜀兵也沒有。

一番折騰之後，曹軍才陸陸續續回營欲歇。豈料，諸葛亮見敵軍已經歇息，又命人吹號。趙雲聽到，繼續擊鼓，鼓炮齊鳴，吶喊聲驚天動地，山谷回應。如此三番，曹軍徹夜不安。

如此反覆擾敵三夜之後，曹軍疲憊不堪。曹操和夏侯淵等人知道如此下去對自己不利，忙下令全軍拔寨後退三十里，在另外一處空闊的地方紮下營來。

諸葛亮知道曹軍後退，笑著說：「曹操雖知兵法，不知詭計。」於是建議劉備親自率兵渡過漢水，背水安營紮寨。劉備不知道諸葛亮有什麼計謀，疑惑的來問他。諸葛亮笑著把自己的想法說了一番，劉備連聲叫好。

再說曹操方面，見到劉備背水安營紮寨，犯了兵家大忌，心中十分疑惑，於是使人前來下戰書。

諸葛亮接受挑戰，決定來日決戰。

第二天，曹劉兩軍相會於五界山前，列成戰陣。曹操大軍首先吶喊著衝殺過來，蜀軍不敵，沿著漢水而逃，將營寨全部放棄，馬匹軍器，丟滿了道上。眾人忙著撿拾東西，擁擠不堪。曹操見蜀兵背漢水安營，覺得非常懷疑，如今又見到處丟棄的馬匹軍器，更加疑惑，於是向全軍下令：「膽敢擅自拿地上丟棄物品者，一律斬！」曹操越想越不對勁，忙下令火速退兵。

不料，等到曹兵剛剛掉轉過頭來，諸葛亮立刻叫人把戰旗舉起：劉備見到時機成熟，立刻叫人領兵殺出，黃忠率一支勁旅從左邊殺來，趙雲率兵從右邊殺來。倉促之間，曹兵以為受到了包圍。無心戀戰，大潰而逃。諸葛亮下令蜀軍連夜追趕。

曹操傳令，命眾將士前往南鄭。不料，諸葛亮早有安排，只見五路火起——原來魏延、張飛早已經先攻下了南鄭。曹操心驚，只好往陽平關撤退。劉備率領大軍緊追不捨，一直把曹軍追到南鄭褒州才作罷。

敏銳的市場嗅覺不可少

沒有競爭就不會有動力，沒有競爭也不會有發展。現代社會面臨的最主要問題就是競爭。企業員工要有自己的競爭之道，不然，等待自己的肯定是淘汰。而一個真正的狼性員工通常可以做到勇於迎接挑戰，不等待、不規避、不退縮。成功者也一定具備了狼的敏銳目光，才能用獨到眼光去審視市場，發現危機與機會。在市場的運行中，隨時會出現新情況，哪怕是最微小的動態也都會影響整個策略的進行。狼族兄弟知道：運用好敏銳的目光才能很快找到獵物，並向著有利於自己的目標不斷前進，進而占領「主戰場」，才能創造出一流的業績。

從人力資源角度看，每個人也都是人才，有強項和弱項。也有某種特定的才能，這是個人職業發展的基本點。沿著這個基本點，找到相關職位，才能不斷發展。

如今，每個公司都面臨變革和提高，對員工的期望值也在提高。無論業務、技術開發，還是企業文化管理方面的發展，員工應積極參與，發揮自己的作用。如果員工付出比別人更多的時間、精力和思考，把自己的想法付諸實施，就會成為個人的經驗。這對員工來說非常寶貴。其實，更多公司都希望員工有這樣的積極性。

「兢兢業業」在這個年代絕對不夠，一定要有超前意識，有超出老闆的期望值的追求。這需要員工挖空心思，創造一些額外的東西，這必然要額外的付出。這就是一般人與優秀人才的不同之處。有了想法，只停留在嘴上，不付諸實施，企業就不會特別關注你。因此，從個人角度來說，經常學習一些新東西，才能擴展其技能的範圍，使自己成為公司核心競爭力的一部分。具備多種技能的人才有競爭優勢，否則，他不能創造更多貢獻，必然在業績上落後於人。

現在我們就以銷售為例：

在一家商店裡，業務員：「怎麼樣，我們的產品不錯吧，使用我們的產品一定可以幫您解決很多問題。」

經銷商：「你們的產品品質的確不錯，款式也可以，但我現在已經決定使用某某品牌的產品了，對於同類型的產品我們一直使用那一家的，不好意思。」

如果你是這個業務員，面對客戶這種溫柔的拒絕，你又該如何突破呢？客戶拒絕與我們合作是因為對我們產品的投資報酬信心不足，還是沒有更多的資金來購買我們的產品？客戶更需要其他的產品類型，還是旁邊就有一位那個品牌的業務員而使經銷商不便於與我們洽談呢？這時候，一個銷售人員的洞察力就成了能否找到突破口的關鍵所在。

假如你是一位銷售人員，就必須要具備像狼一樣敏銳的市場洞察能力，在瞬息萬變的市場中去捕捉所需資訊。機會對於大家來說都是平等的，關鍵就在於你如何去發現、挖掘和把握。成功者往往善於發現機會，並在機會來臨時會毫不猶豫的去把握。只有具備了敏銳的洞察能力，你才能做到知己知彼，你才能把握客戶的需求，你才能了解市場的需求點，你才能……也只有這些「才能」，你才能找到客戶，你才能找到市場，你才能找到成功！

銷售人員要更快更好的找到洽談的突破口，從而達成自己的銷售目標，首先要做的就是能夠洞察到客戶這樣說的真實原因。所以，靈敏的洞察能力是市場行銷人員必須具備的能力之一。

銷售人員，努力的拜訪新客戶，努力的與客戶溝通只是成功的一個基礎，更關鍵的環節在於讓客戶對自己的產品動心，只要銷售人員能找到讓客戶動心的關鍵所在，客戶的心理防線也就不攻自破了。這就和把馬兒拉到水邊強迫牠喝水，還不如讓馬兒覺得渴自己主動去喝水的道理一樣，銷售人員要做的就是讓客戶覺得「渴」，讓客戶強烈的感覺到他存在著某種需求。只有在客戶覺得你的產品能真正的滿足他的那種需求以後，他的心才能跟著你的闡述「動」起來。而要觸到客戶的心動按鈕，關鍵就在於你能否洞悉到客戶內心深處的那個願望。

具有靈敏的洞察能力，正確預測出客戶的行為反應，就可以順其所好，生意不用說就已經成功了一半。一個具有靈敏洞察力的銷售人員，他在銷售活動中可以創造性的調整計畫以滿足客戶的需求，從而達成行銷的目的。

洞察能力的重要性，表現在整個銷售流程中的每一個環節。

（一）新客戶開拓：留意毫末，發現機會

同事兩人一起走在下班的路上，突然發現地上有一張名片。A 視而不見，一腳踏過，B 卻將它撿起來擦乾淨，並拿起電話打給了名片的主人：「你好，我在路上撿到了一張你的名片，你看今天下午還是明天早晨有時間可以讓我把它還給你？」B 因此獲得了一個重要客戶。

很多時候，就是這些容易被忽略的「毫末資訊」（指不容易被發現，容易被人忽略的小地方、小環節）會讓我們遺失很多重要的機會。機會之神不會偏袒任何一個人，他給我們每個人的機會都是均等的。關鍵不在機會本身，而在我們是否能洞察到機會已經來到我們身邊。

（二）準客戶的確認：甄別細節，明辨真偽

在執行銷售的過程中，銷售人員每天要拜訪十幾個甚至數十個「客戶」，收集到很多的所謂「意向」資訊，以此來確認對方是不是「準客戶」。然而，在這其中，大多數的資訊其實是虛假資訊，只有透過卓越的洞察能力去識別它們的真偽，才可以更好的安排自己的時間，有效的提高工作效率。比如，身分方面：他（她）到底是採購經理、銷售經理、賣場經理、財務主管，還是一般的採購員、銷售員、營業員、促銷員。

(三) 跟單與促成：準確判斷，有力出擊

銷售人員在拜訪客戶時，常常會碰到這樣一種情況：對方不耐煩、不熱情的說：「我現在沒空，正忙著呢！你下次再來吧。」對方說這些話時，銷售人員應該細心洞察，進行合理判斷，像剛才提到的這種抗拒，原因一般有幾種情形：一是他確實正在忙其他工作或接待其他顧客，他們談判的內容、返利的比例、出售的價格可能不便於讓你知曉；二是他正在與其他的同事或客戶進行娛樂活動，如打撲克牌、玩麻將、看足球或是聊某一熱門話題；三是他當時什麼事也沒有，只是因為心情不好而已。

洞察能力在與客戶溝通時發揮著極其重要的作用，它指引著我們行動的走向和進程。比如，客戶態度的瞬間轉變，就意味著他的興趣點被我們觸到或轉移；客戶不再接聽一些電話或不見一些人，就意味著我們的溝通正在良性的進行；客戶用手在我們的肩上拍打，就意味著信任的建立；客戶介紹我們認識他的朋友，就意味著他對我們的完全認可。

(四) 銷售拓展：洞察人心，真誠奉獻

人心隔肚皮！出於種種原因，客戶嘴上說的並不一定就是心裡真正想的，只是想透過這種方式來表示一種抗議或是傳達某種資訊，目的是希望你在知曉這個資訊以後能採取行動去補救另一個事項，所謂「隔山打牛」「敲山震虎」也就是這個道理。在實際工作中銷售人員經常會遇到類似這種「隔山打牛」式的問題，如果不能洞察到客戶的真實意圖，本來可以長期互惠互利的合作也只能以最後的分道揚鑣而宣告結束了。做銷售就是做人心，要清楚的知曉客戶的真實意圖與願望是怎樣的，那就得拿出你的洞察力。良好的市場洞察力，有助於你的成功，有助於提高你的業績。

當他人指責你時

有句俗話：「寧在人前罵人，不在人後說人。」

這個意思就是說，別人有缺點有不足之處，你可以當面指出，令他改正，但是千萬別當面不說，背後亂說，這樣的人，不僅會令被說者討厭，同樣也會令聽說者討厭。

俗話說：「誰人背後無人說，誰人背後不說人。」這話雖然說得有些絕對，卻也說明了一個道理，那就是，大多數人都多多少少的在背後說過別人，只是所說的是好話還是壞話無從考證了。

不過有一點，經常在背後說別人壞話的人，肯定不會是受歡迎的人。因為凡是有點頭腦的人，都會自然的這麼想：「這次你在我面前說別人的壞話，下次你就有可能在別人面前說我的壞話。」這樣一來，你在別人的印象中就不可能好到哪裡去。

在日常生活中，常常會遇到別人在你面前說另一個人的壞話，對此，你就得端正態度，用辯證的思維去考慮這種情況，把握好應對的分寸。以下幾點建議可供借鑑。

(一) 慎重的判斷詢問者的意圖

被上級問及對同事的意見時，答不出來實在令人傷腦筋。若是針對人格評價的問題，必須得慎重處理。

首先的要訣是掌握對方的意圖，觀察上級的心意是屬於哪一種類型，下面是常見的幾種類型：

第一種類型：只是靈機一動的發問。

第二種類型：為了確認自己的見解。

第三種類型：對自己的看法不確定，想參考屬下的意見。

第四種類型：為得到一個公正的評價，而詢問其他部屬的意見。

第五種類型：故意在同事、後進之間造成對立，使彼此心生暗鬼，再由此操縱他們。

判斷妥當之後，再考慮如何應答。

如果是屬於第一種類型，說法、口氣都會比較輕鬆，不難立刻判斷出來，自己只要順水推舟，把話題轉向就可以。有問題的是其餘四種類型。

（二）先做不解狀，觀察對方的反應

不論任何一種情況，都先做不解狀的側頭沉思，迅速觀察對方的反應。

「嗯，他是個好人吧……」

對方若是這樣反應的時候，是屬於第三種類型，不必太在意。

稍微沉默一下子之後，不妨反問主管：「不知您的看法如何？」試探他的反應。

如果是第二、三種情況，上級應該會說：「我個人的看法是……」把自己的意見說出來。如果和你所想的一樣，就表示同感。否則，就把自己認為不同的地方陳述出來。

談論別人的缺點，也應僅止於大家都認同的地方，如果有上級未曾注意的，點到為止就可。

（三）注意「危險信號」

如果上級說：「我只跟你說。」

則屬於第五種類型的機率相當大。

假若你對該同事也不具好感，按捺不住的也對上級說：「這些話只跟您提而已……」隨意的就大發議論的話，正中上級下懷。你所說的話會立刻傳入該同事的耳中。

對於第五種類型的應答法，只要假裝一概不知，願聞其詳的表情就可。

學會暫時的退讓

在一望無際的大草原上，一頭獅子吃飽了，安逸的躺在草地上睡覺，另一頭獅子氣喘吁吁的從牠身邊經過，焦急的說：「你怎麼還躺著，難道你沒聽說，老虎要搬到我們這裡來了，還不趕快去看看有沒有別的地方適合我們居住。」

「都是朋友，有什麼可怕的，再說這裡的動物這麼多，老虎根本吃不完，別白費力氣了。」躺著的獅子若無其事的說。那頭獅子看自己的勸說沒有效果，只好搖搖頭走了。

後來，老虎真的來了，只來了一隻，但由於老虎的到來，整個草原上野獸的奔跑速度變快了，這頭獅子再也不像從前那樣輕而易舉就能獲得食物了。當牠再想搬到別處去時，卻發現食物充足的地方早已經被其他動物捷足先登了。

故事告訴我們在什麼地方都會有危險，當危險到來時，你要懂得暫時退讓，不與強敵做正面對決。要不然，當你醒悟過來的時候，危險可能早就已經降臨到你身上了。

段某是某市建設局的人事主管，經常處於矛盾的包圍之中，上級的話他不得不聽，違心的事也要辦，下邊的事不敢應，一應就是一大串，他的官當得苦不堪言。

在他極其苦惱時，一位智者提醒他，面對矛盾，你何不採取迴避鋒芒的辦法，這能使你得到解脫。這使段某茅塞頓開，連嘆自己以前太笨，以致得罪了一些上級。

掌握了這一處理矛盾的祕訣，段某坦然多了。

一次，局長讓他想辦法將其畢業的侄子安插到某建築公司去，這不符合規定，讓段某很為難，因為一旦出現問題，承擔責任的是他，而非局長。這時他想起了迴避鋒芒，不直接對抗的退讓之法，便小試牛刀。

段某對局長說：「好，我會盡心為您辦這件事的，您讓您的侄子把他的畢業證書、履歷資料送過來給我。」

局長的侄子來了，但只有履歷資料，沒有畢業證書，因為他雖讀完了學制，但學業不精，考試才通過了部分，哪來的畢業證書，段某讓他先回去等候通知。

過了幾天，局長又過問這件事情，段某先說了說他侄子的情況，隨後說道：「局長，您說話算數，您跟那家公司的經理談談，只要他們接收，我這就把人給介紹過去。」

局長從段某的話裡顯然已聽出了弦外之音，只好說：「那就先放著再說吧。」

段某對局長沒有採取直接對抗的方法，而是欲擒先縱、迴避鋒芒，達到了保護自身的目的。

官場上的矛盾、衝突、痛苦，使大部分人都會處於戰爭狀態。用適當屈身，迴避鋒芒，不直接對抗，能讓你的心靈自在、祥和，矛盾也會在迂迴曲折中得到妥善解決。一旦迴避了鋒芒，你就會發現事情原本可以很簡單。識時務者為俊傑，當你處於矛盾的漩渦中時，當你處於矛盾的焦點時，你不妨暫退讓一步，再伺機推託。

到什麼山上唱什麼歌

處世，要講究看人說話。古語云：「夏蟲不可以語冰。」為人處世要靈活一點，針對不同的人，要懂得調整自己的應對之策，不能一條道路走到底。同樣道理，跟講道理的人才可以講理，碰到不講理的人講理是對牛彈琴。

《世說新語》有這麼一則故事。

許允擔任吏部侍郎時，大多任用他的同鄉，魏明帝曹睿聽說後，就派虎賁武士去拘捕他。他妻子跟隨出來告誡他說：「明主可以理奪，難以情求。」

讓他向皇帝申明道理，而不要寄希望於哀情求饒。帶到後，明帝核查審問他，許允回答說：「孔子說『舉爾所知』，我的同鄉，就是我所了解的人。陛下可以考察他們是稱職還是不稱職，如果不稱職，我願意接受應有的罪名。」考察以後，結果各個職位都安排了當用的人，於是才釋放了他。許允身上衣服破爛了，明帝下令賞賜新衣服。

許允提拔同鄉，是根據魏國的薦舉制度。不管此舉妥不妥當，它都合乎皇帝認可的「理」。許允的妻子深知跟皇帝打交道，難於求情，卻可以理爭，於是叮囑許允以「舉爾所知」和用人稱職之「理」，來抵消提拔同鄉、結黨營私之嫌。這可以說是善於根據說話對象的身分來選擇說話的絕好例子。

南齊的徐文遠也是這樣一個人。

徐文遠是名門之後，他幼年跟隨父親被抓到了長安，那時候生活十分困難，難以自給。他勤奮好學，通讀經書，後來官居隋朝的國子博士，越王楊侗還請他擔任祭酒一職。隋朝末年，洛陽一帶發生了饑荒，徐文遠只好外出打柴維持生計，湊巧碰上李密，於是被李密請進了自己的軍隊。李密曾是徐文遠的學生，他請徐文遠坐在朝南的上座，自己則率領手下兵士向他參拜行禮，請求他為自己效力。徐文遠對李密說：「如果將軍你決心效仿伊尹、霍光，在危險之際輔佐皇室，那我雖然年邁，仍然希望能為你盡心盡力。但如果你要學王莽、董卓，在皇室遭遇危難的時刻，趁機篡位奪權，那我這個年邁體衰之人就不能幫你什麼了。」李密答謝說：「我敬聽您的教誨。」

後來李密戰敗，徐文遠歸屬了王世充。王世充也曾是徐文遠的學生，他見到徐文遠十分高興，賜給他錦衣玉食。徐文遠每次見到王世充，總要十分謙恭的對他行禮。有人問他：「聽說您對李密十分倨傲，但卻對王世充恭敬萬分，這是為什麼呢？」徐文遠回答說：「李密是個謙謙君子，所以像酈生對待劉邦那樣用狂傲的方式對待他，他也能夠接受；王世充卻是個陰險小人，即使是老朋友也可能會被他殺死，所以我必須小心謹慎的與他相處。我察看時機而採取相應的對策，難道不應該如此嗎？」等到王世充也歸順唐朝後，徐文遠又被任命為國子博士，很受唐太宗李世民的重用。 徐文遠之所以能在五代隋唐之際的亂世保全自己，屢被重用，就是因為他針對不同的人有不同的應對之法，懂得靈活處世。

孔子門下弟子眾多，他教育這些弟子從來不用一刀切的辦法。有一次，子路問孔子：「做事要三思而後行，對嗎？」孔子說：「對。」過了兩天，冉有又問孔子：「做事要三思而後行，對嗎？」孔子說：「考慮兩遍就行了，不用三思。」別人聽了孔子對弟子的兩種解釋，就問：「您怎麼對弟子的教育不一樣呢？」孔子說：「子路為人魯莽，所以我讓他做事三思。冉有平時做事本來就優柔寡斷，所以我鼓勵他果斷一點。」

孔子的話給我們啟示：道理不是絕對的，針對不同的情況可以靈活一點。做人做事，無不如此。

對人才的能質，不僅要考察反映人才業務素養的智力和技能等因素，而且要考察非智力因素，比如某些個性心態、氣質類型和性格特點。之所以要這樣，是因為任何一個人能力的實際發揮，都不僅僅取決於人才所具有的具體知識和技能，還與人才的許多非智力因素有密切的關係。同樣，每一個工作職位對人才的能力要求也不僅僅是智力方面的，還包括非智力方面的。

第一，分配工作時要考慮人的興趣。大家常說，興趣和愛好是最好的老師和「監工」。因為當興趣引向活動時可變為動機；當人產生了某種興趣後，他的注意力將高度集中，工作熱情將大大高漲；人一旦產生了廣泛的興趣，他就會眼界開闊、想像豐富、創造性增強；總之，興趣將使人明確追求、堅定毅力、鼓足勇氣、走向成功。因此，企業在使用人時，除要求專業對口外，也要適當考慮一個人的興趣。因為任何人的興趣都是可以變化的，只是程度和速度不一樣罷了。比如魯迅、郭沫若由學醫改為當作家。

第二，分配工作要注意氣質類型。心理學將人的氣質分為膽汁質、多血質、黏液質和憂鬱質四種，不同氣質的人對工作的適應性不同。比如精力旺盛、動作敏捷、性情急躁的膽汁質人，在開拓性工作和技術性工作職位上較為合適；性格活潑、善於交際、動作靈敏的多血質人，在行政科室或多變、多樣化的工作職位上更為適宜；深沉穩重、克制性強、動作遲緩的黏液質人，適合安置在對條理性和持久性要求較高的工作職位；性情孤僻、心細敏感、優柔寡斷的憂鬱質人，適合安排在連續性不強或細膩、謹慎性的工作職位上。現實生活中的人大多是四種氣質的混合體，這裡講的只是有所側重而已。

第八章　尊重對手，出其不意

狼尊重每一個對手，在每次攻擊前狼都會去了解對手，而不會輕視對手。

狼就像一個智慧的軍事家，每次在攻擊對手之前，牠們絕不會掉以輕心，即使對手只是幾隻瘦弱的羊。

狼一般很少攻擊比自己強壯的動物，因為在和這樣的對手戰鬥時，牠們即使能夠獲勝，也會付出極大的代價。狼群絕對不希望這樣的場景出現，牠們總是以最小的損失換取最大的利益為行動準則的。但狼群也時常襲擊馬群、牛群等這些在形體上比自己強大的動物。雖然對手比自己強壯，但狼群卻很少會受傷，這正是源於牠們的小心謹慎、知己知彼的作戰風格。

狼群的小心謹慎，是其他動物永遠都學不會的，牠們為了保證自身的安全和狩獵的成功，每次捕食都要經過漫長的等待。在襲擊那些比自己強大的動物時，狼群一般都要跟蹤觀察目標好幾天。在這漫長的等待中，牠們要忍受飢餓的折磨。但狼群卻從不莽撞出擊，牠們一定要等到完全掌握了對手的實力，在對手最意想不到的時刻:等到這些食草動物們吃了足夠多的食物時，牠們才開始襲擊，因為這時候這些動物根本跑不快，抵抗能力也就下降了許多。群狼一般採取驅趕的策略，一旦狼群出現，這些動物立刻四散奔逃，這時狼群就會追趕已經盯上的目標，這些目標都是牠們在觀察時確定的。目標都是對手當中的老弱傷病或者有某種比較明顯的缺陷的，這樣狼群就可以避免捕殺那些強大的對手帶來危險。而且狼群一般都採取幾隻狼圍追一個對手的策略，這就更確保了成功和自身的安全。

狼群最害怕的就是人類，尤其是草原上的牧民，所以只有牠們能從自然界得到足夠的食物，牠們一般不會在白天去襲擊牧民的羊群。因為，牧民手上有牠們最害怕的槍，經過許多血的教訓之後，狼群已經知道了槍的厲害。狼群對牧民的羊群發動襲擊，一般都選在晚上，因為到了晚上，牧民手上的槍就基本上失去了作用。

狼群在襲擊羊群時，還要顧忌到牧民羊圈裡牧羊犬的數量。牧羊犬相當凶猛，如果狼與之進行一對一的較量，雖然能夠獲勝，自己也會受傷，所以牠們一般都會避免與牧羊犬進行正面交鋒。在行動之前，狼群一般透過嚎叫來試探牧羊犬的數量，如果回應的狗吠聲音龐大，就證明了牧羊犬數量眾多。這時，狼群一般都會放棄襲擊計畫，或者想方設法將牧羊犬引出去，然後才開始攻擊羊群。

感謝競爭對手

無論是在草原上，還是在高山中，狼都是山羊、斑馬、小鹿等動物的殺手。狼是陸地生物中最高的食物鏈終結者之一。由於狼群的存在，其他動物族群中的老、弱、病、殘個體才得以被淘汰；也由於受到牠們的威脅，其他動物族群才被迫進化得更加完善，更加優秀。

當然狼還算不上「萬獸之王」，避免不了的要受老虎、獅子、獵豹，尤其是人類等強大動物的威脅。但是，這種不利的形勢對牠們也能產生積極的影響。就像牠們能使其他族群可以得到進化一樣，人類等強大動物的威脅也能使牠們得到進化，使牠們族群中的每個個體都成為體質健壯的勇士。

對於競爭對手的攻擊行為，狼出於防衛心理自然會抱以敵視和仇恨的態度，但同時又對競爭對手心存感激。因為牠們知道，正因為強大對手的存在，才使得牠們始終保持著危機意識，不敢得意忘形的在「養尊處優」的位子上唱著安樂的歌。

狼知道，如果沒有強大的競爭對手，牠們就將生活在安逸、自由、和平的環境中，那樣牠們族群的體質必然下降，抵抗自然環境的能力也會減弱；團體的戰鬥力也將大大削弱，甚至可能會敗在弱小的競爭者手裡。

因此，狼感謝競爭對手，感謝對手使牠們變得更強大。

狼之所以要感謝競爭對手，是因為競爭對手使牠們在成長過程中變得更加頑強了。迫於競爭對手的強大壓力，狼不得不努力克服自身的各種弱點，同時與艱苦的環境做對抗。這使牠們的意志變得堅強，頭腦變得更機智，速度變得更快，個性得以完美了。

狼與競爭對手之間的關係，就是人與競爭對手之間關係的翻版。可以肯定的說，絕大多數人都對競爭對手抱以仇視的態度，認為競爭對手阻礙了自己前進的腳步。這的確是個不可否認的事實。但狼以其血的故事告訴我們：競爭對手也會為我們帶來許多好處。

正因為競爭對手的存在，我們的腦子裡才產生了「危機意識」，進而積極的去拚搏進取，不斷的超越自己，超越競爭對手，最終才獲得了一次又一次的勝利。否則，我們可能早已癱瘓在自滿自足、故步自封的「安樂椅」上了。

重視對手，絕不掉以輕心

只要有利可圖，任何行業都存在對手，競爭也就在所難免。沒有對手會讓我們孤單、寂寞。

欣賞對手，每時每刻都要重視對手才是強者的風格。在競爭中不重視對手是件愚蠢的事情，在關鍵時刻輕視對手，你就有可能被對方吃掉。而重視對手，你就會隨時提醒自己不要掉以輕心，應該全力以赴。

百事可樂公司於 1919 年誕生在美國紐約，專門從事百事可樂的生產和銷售。第二次世界大戰以後，百事可樂公司一直與舉世聞名的可口可樂公司進行著激烈而曠日持久的競爭，其經營範圍已延伸到海外，全球有 36 億人品嘗過百事可樂，百事可樂的知名度和市場占有度都很高。

雖然百事可樂在一段時間內獲得好的成績，但他們始終不敢掉以輕心，生怕有一個閃失，就被可口可樂淘汰掉。因此，每一分每一秒，百事可樂都在關注著可口可樂的一舉一動，同時，積極尋找發展壯大的途徑。

唐納德·肯特二戰後進入百事可樂公司當了一名推銷員。熟悉業務之後，肯特發現儘管可口可樂已在市場上稱霸多時，但仍然有許多國家和地區還是「真空地帶」，尤其是在前蘇聯，應該有百事可樂施展的廣大空間。因此，肯特一直在動腦筋，著手開發前蘇聯市場。

機會終於來了。1959 年美國博覽會在莫斯科召開。當時任美國副總統的尼克森與肯特的私人關係甚篤，肯特利用這種特殊的關係，請求尼克森在博覽會上想辦法讓蘇聯總理赫魯雪夫喝一杯百事可樂。也許尼克森事先與赫魯雪夫打過招呼，因此，在各國記者的鎂光燈面前，赫魯雪夫手拿百事可樂瓶，做出一副非常滿意的表情，任記者自由拍照。此舉對於百事可樂公司來說，無疑是一個影響最大的廣告，對於擴大百事可樂在前蘇聯市場的銷售產生了很大的推動作用，百事可樂終於在這個廣闊市場站住了腳。事業上的成功使肯特脫穎而出，不久肯特就任百事可樂公司海外副經理，5 年以後，他又升為經理。

1964 年，尼克森在大選中敗給甘迺迪。肯特便邀請尼克森做百事可樂的產品代言人，以年薪 10 萬美元聘請尼克森，周遊列國積極銷售百事可樂。借助於尼克森的名人效應，百事可樂在國際市場上的銷售量直線上升，成了可口可樂最大的競爭對手。肯特因此以卓越的成就升為百事可樂公司的總經理。

在尼克森就任美國總統之後，為回報當初肯特的照顧和友誼，任命肯特為自己的經濟政策顧問。這不僅使肯特身價倍增，而且使他獲得了在國際市場上與可口可樂競爭更為有利的條件。

百事可樂之所以能從無名小卒到與可口可樂平分天下，就因為在競爭中從不輕視對手，也不自卑，始終壯大自己的力量。時時刻刻都重視對手，是百事可樂成功的重要因素。

視強者為敵手

有一次，一隻鼬鼠向獅子挑戰，要與牠決鬥。獅子果斷的拒絕了。「怎麼，」鼬鼠說，「你害怕嗎？」「非常害怕，」獅子說，「如果答應你，你就可以得到曾與獅子比武的殊榮；而我呢，以後所有的動物都會恥笑我竟和鼬鼠打架。」

「老鼠比賽的麻煩在於，即使贏了，你仍然是一隻老鼠。」對於與低層次的交往和較量，大人物是不屑一顧的。

在競爭中尤其如此。你如果與一個不是同一重量級的人爭執不休，就會浪費自己的很多優勢和資源，降低人們對你的期望，並無意中提升了對方的層面。

同樣的，一個人對瑣事的興趣越大，對大事的興趣就會越小。而非做不可的事越少，越少遭遇到真正問題，人們就越關心瑣事。

這就如同下棋一樣，和不如自己的人下棋會很輕鬆，你也很容易獲勝，但永遠長不了棋藝。而且這樣的棋下多了，好手的棋藝會越來越差，所以好棋手寧可少下棋，也盡量不和不如自己的對手較量。

要提高自己的能力，最佳途徑是找個能力強的人做對手。

一位著名數學家曾說過：「下棋找高手，弄斧到班門。」他認為，應勇於和高手「試比高」。當他在鄉下自學時，就勇於對大數學家的理論提出質疑。正是「班門弄斧」的可貴精神，使他提早闖進數學王國的神祕宮殿。

物理學家伽利略年輕的時候，就向先師亞里斯多德發出挑戰。他提出的「如果毫無摩擦，運動著的物體便會永遠運動下去」這一大膽的設想，後經牛頓實驗證明，發展成為力學第一定律。

愛因斯坦在牛頓力學獲得輝煌成就、成為物理學界的絕對權威時，卻提出相對論的設想，認為牛頓力學只是大千世界中物體處於宏觀低速運動中才適用的規律。愛因斯坦的這個見解，推動了自然科學的發展。

伽利略、愛因斯坦是數學界和科學界的巨擘，他們的成功，就在於敢尋找高手做對手，敢為天下先，敢與高手過招。

那麼，我們在競爭中要找一個什麼樣的對手呢？

如果你是拳擊手，你就去找路易斯或泰森做對手；如果你是 NBA 球員，你就去找科比或歐尼爾做對手，如果你是公司的新員工，就要以老員工為對手。

只有和高手過招，你才能理解競爭的真正意義，才能體驗到競爭的激烈，才能觀察到對手的優秀之處。也只有在與高手過招的過程中，你才能發現自身的不足，發現自己的缺陷。這樣，在平時，你就會注意從哪些方面努力，以彌補自己的不足和缺陷。

和高手過招，是一件有百利而無一弊的事情。無論在何種情況下，你都應該找能力強的人做對手。

與優秀人士搭檔和競爭

在現代社會，為利益上的競爭無處不在，或明爭或暗鬥，或公平競賽。在戀愛上，你可能有情敵;在事業上，你的敵人可能會更多。在各種情況下，首先你應當看清他是否是真正的敵人。

如果不是，你就不應當對他懷有敵意；如果是，你就應當正大光明的和他決鬥並設法戰勝他。

當然，這裡的「決鬥」絕不是指用暴力，而是用你的智慧和知識與對手「競爭」，爭取在公平和坦誠的氛圍中，一較高下，看誰能奪得最後的勝利。

競爭是生物界和人類社會的一個普遍規律。積極的、良性的競爭是人類發展的動力值得肯定的。

《論持久戰》中說：「（競爭中）由於主觀指導的正確或錯誤，可以化劣勢為優勢，化被動為主動；也可以化優勢為劣勢，化主動為被動。」

競爭本身是智慧、才能的比賽，同時也是品德、人格的比賽。在競爭中，競爭者一方面要不怕強者，不怕嫉妒，敢於爭強，力求爭先;另一方面，又需要善於與他人合作、互助，增加群體情感和合作精神。

事實上，競爭本身就要互助、資訊交流、友誼鼓勵和支持，情緒安慰及緊張後的娛樂，在交際和合作中得到知識，累積經驗，提高獲得成功的勝算。

海灣戰爭之後，美國軍方提出了戰爭狀態下士兵的「生存能力」比「作戰能力」更為重要的全新理念。於是一種被稱為「艾布蘭」的 M1A2 型坦克開始陸續裝備美軍，這種坦克的防護裝甲目前是世界上堅固的裝甲之一，它可以抵抗時速超過 4500 公里、單位破壞力量超過 13500 公斤的打擊力量。

那麼，M1A2 型坦克這種品質優異的防護裝甲是如何研製出來的呢？其實，它的誕生就是對手合作的產物，兩個對手分別是喬治・巴頓和麥克・馬茲。

喬治・巴頓中校是美國陸軍最優秀的坦克防護裝甲專家之一，他接受研製 M1A2 坦克裝甲的任務後，立即找來了一位優秀的對手做合作夥伴，就是畢業於麻省理工學院的著名破壞專家麥克・馬茲工程師。

兩個人各帶一個研究小組開始工作，所不同的是，巴頓帶的是研製小組，負責研製防護裝甲；馬茲帶的則是破壞小組，專門負責摧毀巴頓已研製出來的防護裝甲。

剛開始的時候，馬茲總是能不費吹灰之力就將巴頓開進試驗場地的坦克炸飛。但隨著時間的推移，巴頓一次次的更換新材料，修改設計方案，終於有一天，馬茲無論想什麼法子也沒有達到擊破對手的目的。

於是世界上最堅固的坦克之一在「破壞」與「反破壞」試驗後誕生了，巴頓與馬茲這兩個技術上的對手也因此同時獲得了紫心勳章。

巴頓事後說：「盡可能的找出問題，是為了更好的解決問題。事實上，問題並不是最可怕的，最可怕的是不知道問題出在哪裡。於是我找了馬茲做搭檔，因為馬茲是最棒的『找問題專家』，也是我最欣賞的對手。」

巴頓與馬茲這對冤家對頭的合作稱得上是珠聯璧合，這種搭配是放之四海皆適用 —— 不管你是做大事業也好，做小買賣也罷，找個優秀的對手做搭檔，你一定會獲得意想不到的效果。

在人生過程中，正確的對待競爭，必須注意與對手的聯合合作，人生的積極競爭，是在共同幸福、進步前提下的友好競爭。

這種競爭本質上是一種競賽，既要有求勝、成功的強烈願望，又要做好合作、協調，以正當的手段和方式進行競爭，以利於共同進步和共同事業的發展。

光明正大的戰勝對手

小軍是某隊的桌球運動員，在團隊裡他以「凶狠型」打法戰勝了所有對手，贏得了「龍頭老大」稱號，因此始終懷有一種「高高在上，無人能及」的心理，意識不到有會有別的選手可以戰勝他。不久，隊裡調來一位「技巧型」運動員，每次與這位「技巧型」運動員交手時，小軍總以失敗告終。在連遭挫敗後，小軍並沒有對這位動搖自己「龍頭老大」地位的對手產生嫉妒或仇恨心理，而是仔細認真的從失敗中尋找原因，吸取教訓，總結經驗，並在擊球技巧上狠下工夫。

最終，他的球技較對手更勝一籌，加之又帶有原來的「凶狠型」打法，而對手雖有技巧，卻打得過於保守，於是小軍重又奪回「龍頭老大」的位子。當記者採訪小軍重新登上「老大」的位子做何感想時，他說：「我要感謝我的競爭對手，是他激起我奮進的力量！」

小鳳與小玲同是某公司銷售部的負責人，職位一正一副，對公司所做的貢獻均不可估量。小玲作為副手，工作非常賣力，業績漸漸超越了上級小鳳。按照公司「能者上，平者讓，庸者下」的選拔人才制度，小鳳意識到再這樣繼續下去，自己的位子將被小玲所動搖，於是暗中對付小玲，造她的謠言，想把她置於被「炒」的境地。然而，小鳳害人終害己。不久，她的行為被人事部主任發現，最終落個被開除的下場。而小玲則被提升為銷售部一把手。

在以上兩個例子中，小軍重視競爭對手，得以再創佳績。獲得成績後，他對競爭對手抱以「感謝」的態度。與之相反，小鳳受到競爭對手的挑戰時，以不正當的心態和手段處理問題，最終嘗到了自己種下的苦果。

因此，對於競爭對手，我們不該抱以仇恨和敵視的態度。我們仇恨競爭對手，就等於給了他奮進的力量，最終將促使他獲得成功。這樣效果適得其反。而且，抱以仇恨和敵視的態度，會使我們的身心受到傷害。它將使我們的情緒變得低落，影響睡眠和胃口，這使我們失去了「進步的本錢」，如此一來，何談戰勝競爭對手？而當對手知道你的情況後，不但會消除來自於你的威脅，還可能會因你倒下而大肆慶祝一番。如果是這樣，你的損失就太慘重了！正如密爾瓦基警察局發出通告中的一段話所言：「要是自私的人想占你的便宜，就不要去理會他們，更不要進行報復。你如果實施了與他一決高下的行動，最終傷害自己的地方比傷到那傢伙的更多。」

當耶穌說「愛你的仇人」時，他是在告訴我們要時刻注意自己的所作所為。有一些女人，她們的臉蛋原本白皙而柔嫩，卻因怨恨而變得皮膚枯黃、皺紋叢生；原本如花的笑容也因為怨恨而變得扭曲，表情僵硬。她們不管怎樣美容，心理上的缺陷卻是無法彌補的。

感謝競爭對手，你的心情將豁然開朗，食欲大增，《聖經》上說：「懷著愛心吃蔬菜，比懷著怨恨吃牛肉的滋味還要好。」

你即使無法去愛自己的仇人，至少也不要折磨自己。我們要使仇人不能控制我們的快樂、健康和外表。就如莎士比亞所說的：「不要因為你的敵人而燃起一把怒火，熱得燒傷你自己。」

我們也許不能像聖人般去愛我們的仇人，可是為了我們自己的健康和快樂，我們至少要原諒他們、忘記他們。

學會「愛」你的敵人

現代社會，宣導競爭機制，競爭無所不在，商場中充滿競爭，官場中充滿競爭，情場上也充滿了競爭。這就使得許多人成為你的競爭對手。而這些「競爭對手」，就是你的「敵人」。敵人時刻對你存有威脅，使你處於不安之中，一旦你稍不留心，他們就會乘虛而入，損害你的利益，甚至使你陷入人生的絕境之中。但是，我們要學會「愛」他們，和他們友好相處，達到人際溝通的最高境界。

我們與競爭對手之間，由於彼此利益的衝突而存在著難以逾越的鴻溝，但是，這並不意味著你們就必定或只能以不共戴天的姿態和爾虞我詐的狀態來往。

因為，你與競爭對手往往有著相近的素養和共同的追求，而且在競爭中彼此有了較為深入的了解。這些異中之「同」，使得你們更會產生惺惺相惜的感情，像古代俠客一樣，「英雄惜英雄」；像現代國家關係一樣，產生「策略夥伴關係」。所以，如果你與競爭對手能夠做到求同存異，強調共識，並以此為出發點肯定對方、欣賞對方，你們就可以在競爭中化敵為友，友好相處。

但是，一般而言，對於自己的「敵人」，人們總是以「恨」字當頭。若沒有他，我就是下任部門經理了；若不是他，女孩就會對我一心一意；若不是他，我就是科長了……這些想法令我們咬牙切齒，不恨都不行。

這些都是錯誤的想法，是「愛」敵人的最大障礙，我們一定要棄之如敝帚，而代之以正確的競爭意識。

什麼是「競爭意識」，是爾虞我詐，弱肉強食，詭計多端嗎？非也，競爭，是一種光明磊落的公開，需要努力超越對方，也須尊重對方，坦誠以待。

首先，競爭的終極目的不是打敗對方，而是最大限度的表現自己。根據心理學的觀點，競爭是自我實現、獲取他人和社會承認的內在心理需求。人人都想最大限度的發揮自己的潛能，人人都想比別人做得更出色，人人都想獲得比別人更多的鮮花和掌聲，所以產生了競爭，卻不像武俠小說中一樣，互相有殺父之仇，就是為了和他拚個你死我活，取了他的性命。

既然如此，競爭的精髓就在於盡力發掘自己的潛能，令自己的表現最優秀、最突出，而不是想方設法令別人表現失常，敗筆不斷。

如果把競爭比做兩個人賽馬，正確的競爭就是訓練好自己的馬，並保持人與馬相配合良好的狀態，爭取在比賽中奔馳如飛；而錯誤的想法是想使別人的馬跑得慢，用陷阱，甚至投毒，傷害別人的馬，影響別人馬的奔跑速率。

認清了競爭的本質所在，就能保持良好的競爭心態，正道直行，運用智慧和策略而不是陰謀，贏得勝利。要記住，競爭不是和別人比，而是在和自己比，是對自己的考驗，任何不正當的競爭，都是對自我的否定和侮辱。

奧運會的各項比賽，都是源於人類對自我的挑戰和磨練，是人類對自己的體能極限的挑戰和磨練。但是現在，許多運動員借助各類興奮性藥品，甚至運用男性變身為女性等惡劣手段，欺騙對手和觀眾，也欺騙自己，令人為之可恥、可悲，最終落得個身敗名裂、自毀前程的無奈下場。對不良競爭意識的最佳詮釋和揭露，大家應引以為戒。

競爭不僅是自我能力的表現，也是一個人人格尊嚴的體現。

競爭意識是包含於強烈的自我尊重心理中的，是一個人不願意落於人後的最佳表現。

自尊可以引導人們去表現自己的才華和能力，展示自我風采。任何損人利己、虛偽卑劣的行為都是對自尊的褻瀆；而在這種行為指導下的競爭也是對正確的競爭意識的扭曲，即使獲得了勝利，也會被人所鄙視。

為了做到使競爭對手成為知己，除了應當正確理解競爭意識外，還應該培養良好的競爭態度。良好的競爭態度，包括以下幾個方面：

(一) 坦誠對待競爭對手

體育比賽中最驚心動魄的，莫過於拳擊比賽，拳擊比賽彷彿就是你死我活、血與肉的搏鬥。

拳王阿里一度稱霸拳壇多年，在他的回憶文章裡，記載了許多感人至深的行為：

幾位曾經是阿里手下敗將的年輕選手，賽後找到阿里，請教如何出好勾拳。阿里退掉了已經訂好的機票，手把手的教他的對手，並把如何才能打敗自己的拳法也悉數教給對方。

這種做法，許多人都感到大為不解，記者們也蜂擁而至，為此事對阿里進行求證和採訪。阿里坦然的解釋說：「誰若能戰勝我，那就說明拳擊事業已經發展了，這是我終身不變的追求 —— 發展拳擊事業。」

阿里無疑獲得了人們的稱譽和讚美，而在這些讚美之中，最難能可貴的是他的對手們給予他的。

現代人的競爭意識是很強，在競爭面前，現代人不僅不嫉妒和報復自己的競爭對手，而且還要開誠布公的對對手說：「我很想趕上和超越你，和你一樣有成就，請你告訴我成功的祕訣。」

競爭不是什麼壞事，而是啟動社會肌體的活躍細胞，它可以帶來進步的活力，使勝利者繼續前進，失敗者奮起直追；使強者得到鼓勵，弱者得到鞭策。最終使我們獲得共同的發展和進步，所以，保持一個真誠的態度，友好面對你的競爭對手。

(二) 與人競爭時不可抱有敵視的態度

在競爭中對他人懷有敵意、憤怒、煩躁以及挑釁性，會使你失去心理平衡，導致人體的整個免疫功能下降，甚至使人精神上產生病變。

你的敵視會引發相應的反感情緒，從而使雙方的競爭關係變得更加具有對立性和仇視性，陷入不良競爭的惡性循環。

相反的，對人友善，和競爭對手保持友好的關係，寬以待人，誠懇處世，則會使人健康、完美，保持人體的肌體愉快和安適。

(三) 學會善意的競爭

首先，是要不虛偽做作，而是誠懇的看待自己的長處與短處，既不矯情造作，也不文過飾非。另外，還要誠懇的對待別人的優點和成績。不必嫉妒和眼紅別人，也不必降低人格去阿諛逢迎別人，更不必為他人設置障礙和陷阱，阻止別人獲得成功。

其次，要善意的對待別人在事業上出現的失誤和行為上的不足之處，而不能惡意的嘲諷譏笑別人。在失敗的對手面前擺出一副趾高氣揚、不可一世的姿態，只能說明自己的無知、才能淺陋及德行卑劣。

最後，應當具有執著追求的品質，不輕易放棄和鬆懈。

應當把自己的眼光緊緊的盯在事業的價值上，不斷超越自我，完成對自我的實現，而非僅僅透過戰勝對手，獲得別人的認可和讚美。

在自我實現的過程中，具體的競爭對手只是階段性的存在而已，絕不能因為勝於這些具體的人而滿足，滯步不前。競爭，不是一時的譁眾取寵，不是為了某些眼前的蠅頭小利，而是為了實現自我價值的最大化，顯示自我的能力和風采。

保持良好的競爭態度，才能學會「愛」自己的敵人，而要真正化解敵意，還需要防止競爭中的一大忌 —— 嫉妒。

《三國演義》裡的周瑜才智過人，多謀善斷，有不少優點。但是，他有一個最要命的缺點，那就是嫉妒心太重。當他發現世上有一個比他更聰明的諸葛亮時，便心生妒火，欲除之而後快。不料，諸葛亮神機妙算，使周瑜屢屢失策，二人鬥法的結果是，周瑜「賠了夫人又折兵」，終於憂鬱成疾，引發「金瘡迸裂」，終於仰天長嘆：「既生瑜，何生亮！」氣結而亡。

因為競爭不過別人，竟嫉妒至死，真令人可嘆可惜，想來你不會像他那樣吧。

以誠摯打動別人為自己效力

社會生存和發展的動力有以下兩個方面：

一是合作，這是前提，是基礎，是生存最必要的條件之一。在漫長的歷史長河之中，還有哪一個種類比人類團結在一起形成一個強有力的社會生存得更長久呢？

二是競爭，這是動力，是人類在生存下來之後發展的根本動力。達爾文的《物種起源》、《生物進化論》中有關「弱肉強食，適者生存」的論述不就是這一理論的反映嗎？

人類確實很自私，如果出自他內心的需求，他會心甘情願去做，但如果是外界強加給他，那便很困難了。

你自己的奇特發現，是不是比別人想到之後再告訴你，更能激發你的行動欲呢？

反過來想，如果你硬要把你自己不吃的東西強硬的塞到他人喉嚨裡，請問他人會願意接受嗎？

合作，必須以別人心甘情願為前提條件。

一名卡內基的學員有一次抱怨他的汽車銷售人員最近不那麼努力了。本月許多該完成的任務都沒有完成。這樣下去，會對公司造成一筆不小的損失，如何才能及時挽回這種狀況呢？

卡內基聽了這位學員的抱怨之後，悄悄在他耳邊說了幾句，這位先生的眉頭一下子就舒展開了。

這位學員——實際上是那家汽車經銷公司的董事。他馬上將分布在美國各地的經銷人員召集到自己的大本營。這些經銷員正因最近汽車銷量不好而氣惱呢，突然聽說要他們立即回總部，心中立刻產生了不安的情緒。許多人以為這次他們死定了，一定是老闆不滿意他們的成績，要將他們辭退呢。

這些經銷人員一個個垂頭喪氣的回到總部 —— 底特律。但是，令他們感到驚奇的是，他們看到的是老闆和藹的臉。老闆並未對他們發脾氣，他說道:「我知道這個月的銷售成績不太理想，這不怪你們，我只想知道具體原因是什麼。我們這次開的會是解決問題的大會，不是辭退的大會，因此請諸位務必不要客氣。」

大家聽了，一開始還相當猶豫，以為老闆在耍什麼花招。但是，在老闆真誠目光的注視之下，終於有人打開了話匣。其他人見有人開了先例，也紛紛說出了心中憋了許久的話。

原來，這個月整個汽車銷售市場都十分的不景氣，再加上最近市場的飽和和通貨膨脹的加劇，汽車更難推銷出去了。

大家你一言我一語，道出了真正原因，並且就在會上，針對一個又一個的問題，提出了意見和解決辦法。會議開得十分熱烈，老闆始終未發一句言，他一直傾聽推銷員的話語。最後，他沒有懲罰大家，相反，還替他們的薪水提高了 20%。這下大家幹勁更足了。不出兩個月，他們的銷售業績就在同行業中占據了主動。

作為領導者，在與自己的下屬，或者是行銷人員在對待自己的客戶方面，並沒將自己的意見強加給對方，而是按照一定的原則將對方心裡所想的叫他自己說出來。這樣一來，別人當然心甘情願的將自己的想法說給你聽。如果你強迫別人講出來，或是將自己的壞脾氣、牢騷一股腦的發在別人身上，看別人是否會替你效勞？即便會，也是暫時性的，不過是你還可以利用罷了。

所以，與別人保持適當的默契，不是表面上，而是打心底裡想與人合作，你就一定會獲得成功。

對人少些仇視，多些讚賞

俗話說：「男兒出門一步，就有七個敵人。」對現代人而言，敵人真是不勝枚舉，如商敵、情敵、棋敵、牌敵、考敵等。其實，既然同樣是普通的人，為什麼要為自己設下那麼多的敵人？為什麼要那麼怨恨別人？

這種時刻與人為敵的人，終有一天，會變成沒有朋友，冷酷無情的人。

有的人一旦對立場相左的人產生恨意時（即使是假想敵），就會千方百計的攻擊對方，直到徹底打倒對方為止。還有一些人，抱著「以牙還牙，以眼還眼」的心理，如果挨了一拳，一定要還以三拳才肯罷休。如此一來，彼此間的矛盾誤解不但永遠無法和解，還會增加彼此之間的憎恨，落得兩敗俱傷，最後同歸於盡。

為了避免產生這種現象，我們應該盡量以欣賞的心態、寬容的心態來面對對方的成就，體諒對方，而不是播下仇恨的種子。

美國的議會祕書任期也和議員一樣是一年一選。這年，經營印刷業的富蘭克林獲得了議會祕書的提名。富蘭克林非常想當選，不但這項工作很適合他，還能拿到一份報酬，更重要的是，這項工作能使富蘭克林與議員們建立良好的關係，獲得為政府印刷選票、法律文本、紙幣等業務，能獲得更多的客戶和利益。

但是，富蘭克林的提名遭到一位新任議員的強烈反對。那位議員發表了一個演說，將富蘭克林抨擊得一文不值，他認為富蘭克林資歷太淺，根本不是議會祕書的最佳人選。

面對這樣一位出乎意料的對手，富蘭克林一開始很是頭痛了一陣子，不過他還是想出了辦法來化解兩個人之間的矛盾。

富蘭克林了解到這位新議員家產殷實，受過高等教育，是個有名的紳士，他的才能和影響，會使他在一定時間內對議員們產生不少的影響作用，後來證實的確如此。他又打聽到新議員收藏有一本罕見的珍本書，於是，他就寫了一張便條，表達了熱切想看到這本書的願望，請求他能借給自己看上幾日，新議員慷慨的把書借給了他。

一週後，富蘭克林把書送還，又附上一張便條，誠摯的表示了自己熱情的謝意。在他們下次見面時，新議員十分客氣的與富蘭克林說，以後隨時都願為他提供服務。不久，富蘭克林如願以償當選為議會祕書，同時他們成了好朋友，這種友誼一直保持到他去世。

這件事告訴我們什麼呢？它說明在現實生活中，對自己的對手、敵手、對立面，與其怨恨報復、對抗或無味的攪局，倒不如謹慎的、不卑不亢的先求助於對方，以此博取對方的好感而消弭以往的情緒和芥蒂更為有利。

狼可以與獅子雙贏

有一個寓言故事：野狼和獅子同時發現了羚羊，牠們商量好一起追捕那隻羚羊。牠們合作良好，當野狼把羚羊撲倒，獅子便上前一口把羚羊咬死了。但這時獅子起了貪心，不想和野狼平分這份獵物，於是想把野狼也咬死。可是野狼拚命抵抗，後來牠雖然被獅子咬死，但獅子也身受重傷，無法再享受美味了。

試想一下，如果獅子不如此貪心，而是與野狼共同分享那隻羚羊，豈不皆大歡喜？這個故事講的就是與人分享還是與人競爭的人生選擇。

我們常說，人生如戰場，但人生到底還不是戰場。戰場上敵對雙方不消滅敵人，就會被敵人消滅。而人生賽場不一定如此，競爭中為什麼非得爭個魚死網破、兩敗俱傷呢？

大自然中弱肉強食的現象較為普遍，這是出於牠們生存的需求。但人類社會不是動物界，個人和個人之間，團體和個體之間的依存關係相當緊密，除了競賽之外，任何「你死我活」或「你活我死」的遊戲，對人對己都是不利的。

唐代大將郭子儀、李光弼二人原本在節度使史思順手下任職，但二人長期不和，甚至到了水火不容的地步。

史思順外調後，郭子儀很快因才華出眾而被任命為節度使，李光弼擔心郭子儀公報私仇，有了帶兵逃走的打算，但又有點猶豫不決。當安祿山、史思明發動叛亂時，唐玄宗命郭子儀領兵討伐。身為大將，此時正是報效祖國的時刻，李光弼決心孤注一擲，他找到郭子儀說：「我們雖共事一君，但形同仇敵，如今你大權在握，我是死是活，你看著辦吧！但懇請你放過我的妻兒。」

營帳裡的氣氛頓時凝固起來，眾多將領不知所措。在這種情形下，如果郭子儀感情用事，後果不堪設想。但郭子儀畢竟具有大將風度，他握住李光弼的手，眼含熱淚的說：「國難當頭，皇上不理朝政，作為臣子，我們怎能以私人恩怨為重，而置國家安危存亡於不顧呢？」說完倒地便拜。

李光弼被郭子儀的誠心所感動，決心輔助郭子儀共同殺敵。他在戰鬥中積極出謀劃策，打敗了叛軍。郭子儀推薦李光弼也當上了節度使。後來，李光弼的權力也日益增大，與郭子儀同居將相之職，二人之間沒有半點猜忌之心。

這是一個皆大歡喜的結局，它不僅因為郭子儀虛懷能容，寬廣能恕，更因為誠心感動人而獲得雙贏。就像廉頗與藺相如的關係一樣，郭子儀與李光弼的友誼也成為了千古佳話。

當你在社會上為人處世時，建議你也像郭子儀那樣採用「雙贏」的策略。這倒不是看輕你的實力，認為你無力扳倒你的對手，而是為了現實的需求。那種「你死我活」的爭鬥在實質利益、長遠利益上來看都十分不利，所以你應該和對手相依相存謀求雙贏互利。

真誠的讚賞你的對手

平凡的生活並不平凡，因為處處都有精彩。這些精彩，有我們自己的，也有他人的；有朋友的，也有對手的。當我們看到自己和朋友獲得成功時，我們總是興奮不已，努力為自己和朋友獲得的成績而鼓掌喝彩。但對於對手的成功我們該怎樣去面對呢？是嫉妒還是欣賞？是大聲叫好還是不屑一顧？

具有狼道思想的人，就是能為對手叫好的人。事實也是如此。

人都有一種強烈的願望 —— 被人讚美，讚美就是發現價值或提高價值，我們每個人總是在尋找那些能發現和提高我們價值的人。

一家成功的保險公司經理在談到成功的祕訣時說，很重要的一條是：我們讚美我們的代理人，也讚美我們的競爭對手。

讚美別人是一種美德，讚美對手卻是一種高素養的表現。英格麗．褒曼在獲得了兩屆奧斯卡最佳女主角金獎後，又因在《東方快車謀殺案》中的精湛演技獲得最佳女配角獎。然而，她領獎時，一再稱讚與她角逐最佳女配角獎的對手瓦倫蒂娜．歌蒂斯，認為真正獲獎的應該是這位落選者，並由衷的說：「原諒我，瓦倫蒂娜，我事先並沒有打算獲獎。」

褒曼作為獲獎者，沒有喋喋不休的敘述自己的成就與輝煌，而是對自己的對手推崇備至，極力維護了落選對手的面子。無論誰是這位對手，都會感激褒曼，會認定她是傾心的朋友。一個人能在獲得榮譽的時刻，如此善待競爭對手，如此與夥伴貼心，實在是一種文明典雅的風度。

2008 年 11 月 4 日夜，美國大選揭曉。當選總統歐巴馬在競選總部樓前對他的支持者們的聚會上發表即席演說，先是言辭懇切的感謝昨天還在互相唇槍舌劍、猛烈攻擊的主要政敵麥凱恩，感謝前任總統小布希任職總統期間為美國做出的傑出的服務，並呼籲麥凱恩及其支持者與他團結合作，在他未來 4 年重造美國，在全面振興美國的大變革中繼續忠誠的服務於國家。

而麥凱恩也表達了對歐巴馬的祝賀。

競選的成功與失敗，對於歐巴馬和麥凱恩這兩個對手來說，歡樂與悲哀都是不言而喻的。但在現實面前，兩個對手保持了高度的理智，為雙方的成績表現了超然的風度。

古希臘的阿希安也講過一個故事：

為了維護良好的人際關係，你的一言一行都要為對方不論是朋友還是對手的感受著想，學會安撫對方的心靈，不可以使對方產生相形見絀的感覺。與此同時，自己的心靈也會因此安然自慰，而有一個極好的心情。

亞歷山大和大流士在伊薩斯展開激烈大戰，大流士戰敗後逃走了。一個僕人想辦法逃到大流士那裡，大流士詢問他自己的母親、妻子和孩子們是否活著，僕人回答：「他們都還活著，而且人們對她們的殷勤禮遇跟您在位時一模一樣。」

大流士聽完之後又問他的妻子是否仍忠貞於他，僕人回答仍是肯定的。於是他又問亞歷山大是否曾對她強施無禮，僕人先發誓，隨後說：「大王陛下，您的王后跟您離開時一樣。亞歷山大是最高尚的、最能控制自己的人。」

大流士聽完僕人這句話，雙手合十，對著蒼天祈禱說：「啊！宙斯大王！您掌握著人世間帝王的興衰大事。既然您把波斯和米地亞的主權交給了我，我祈求您，如果可能，就保佑這個主權天長地久。但是如果我不能繼續在亞洲稱王了，我祈求您千萬別把這個主權交給別人，只交給亞歷山大，因為他的行為高尚無比，對敵人也不例外。」

為自己叫好容易，為別人叫好困難，為對手叫好更困難。生活中有許多人只知為自己獲得的進步和成功歡呼，對別人尤其是對對手獲得的進步和成功無動於衷，他們很少真誠的為別人和對手叫好。

可是你知道嗎？為別人和對手叫好並不代表你就是弱者、你就是失敗者。因為你為別人和對手叫好是一種美德，你付出了讚美，這非但不會損傷你的自尊，相反還會收穫內心的崇高與尊重，甚至包括友誼與合作；為別人和對手叫好是一種智慧，因為你在欣賞他們的同時，也在不斷提升和完善自我；為別人和對手叫好是一種修養，對別人和對手讚賞的過程，也是自己矯正自私與妒忌心理，從而培養大家風範的過程。美德、智慧、修養是我們做人的資本。以下是欣賞對手的一些經驗之談：

（一）獲得成績時不要驕傲狂妄。

（二）肯定別人尤其是對手獲得的成績。

（三）培養自己大度、寬容的胸懷。

（四）尊重每一個人，尤其是對手。

排斥對手對事情沒有一點幫助，弄得不好還會兩敗俱傷。相反，如果抱著欣賞對手的心態，則可能贏得人心。人與人之間肯用真心交流，就會增進了解，消除隔閡。使他人變成你的朋友，拿對手當成動力，不是更有利於你的成功嗎？

欣賞對手，多為他鼓掌

不肯欣賞對手的人，實在是很不幸的。在正常條件下，欣賞對手能發揮極大效果，它會為你帶來幸福、友誼，乃至成功。

在一次盛大的宴會上，有一個平日和卡內基在生意上就存在競爭的鋼鐵商人大肆抨擊卡內基，說了他許多的壞話。

當卡內基到達而且站在人群中聽他的高談闊論的時候，那個人還未察覺，仍舊滔滔不絕的數落著卡內基。這下，害得宴會主人非常尷尬，他生怕卡內基會忍耐不住，當面加以指責，使這個歡聚的場面變成了舌戰的陣地！

可是卡內基表情平靜，等到抨擊他的那人發現卡內基站在那裡，感到非常難堪，面紅耳赤的閉上了嘴。他正想從人群中鑽出去，卡內基卻真誠的走上前去，親熱的跟昔日的對手握手，好像完全沒有聽到他在說自己壞話似的。

他的競爭對手臉上頓時一陣紅一陣白，進退不得。卡內基向他遞上一杯酒，使他有機會掩飾一時的窘態。

第二天，那抨擊卡內基的人親自來到卡內基的家裡，再三向卡內基致歉。從此他變成了卡內基的好朋友，二人在生意上也互相支持。自此後，這個人常常稱讚卡內基，認為他是個了不起的大人物，使得更多卡內基的朋友都知道他是多麼和藹、多麼慈祥，從而更加親近他、尊敬他。

卡內基就是卡內基，受到對手的侮辱也不在乎，相反示以友好，拿出誠意，從而使雙方獲得了交流，贏得了友誼。卡內基和他的競爭對手的交情是一種「不打不相識」的交情，其中有寬恕，有懺悔，有慷慨的義氣，有豪爽的俠情。

當你樹立了一個敵人的時候。你所得的將不只是個敵人，你在精神上所受到的威脅將十倍百倍於他實際上給你的威脅。而你用高尚的人格感動了一個敵人，使他成為你的朋友的時候，你所得到的也將不只是一個朋友。你在精神上所感受的歡樂和輕鬆，也將十倍百倍於他實際上所給你的。

多給對手些寬容和豁達

不知是誰說過:真正促使自己成功，使自己變得機智勇敢、豁達大度的，不是優裕和順境，而是那些常常置自己於死地的打擊、挫折和競爭對手。這句話相對而言說出了一定的道理。

挪威著名的劇作家亨利·易卜生把自己的對手瑞典劇作家斯特林堡的畫像放在桌子上，一邊寫作，一邊看著畫像，從而激勵自己努力工作。易卜生說:「他是我的死對頭，但我不去傷害他，把他放在桌子上，讓他看著我寫作。」據說，易卜生在對手斯特林堡目光的關注下，完成了《社會支柱》、《玩偶之家》等世界戲劇文化中的經典之作。

因為人有了欣賞對手的心情，人與人、人與自然、人與社會也會變得更加和諧，更加親切。我們自身也會因為這種心理的存在而變得愉快和健康起來。

人生沒有永遠的朋友，也沒有永遠的敵人，無論競爭多麼激烈的對手，競爭過後都會有合作共度難關的可能。因此，在競爭中，不要做得太絕，要給人留條活路。這就是俗話說的「為人不可太絕」的道理。

清代紅頂商人胡雪巖有一套高超的為人技巧，尤其在對待對手這個問題上，處理的方式令人讚佩，他雖然完全有能力打垮對手，而且也有足夠的理由這麼做，但他絕不把事情做絕。

胡雪巖到蘇州辦事，臨時到「永興盛」錢莊兌換 20 個元寶急用，誰知這家錢莊不僅不讓他及時兌換，還平白無故的誣陷胡雪巖手持的浙江阜康錢莊的銀票沒有信用，使他很受了一肚子氣。

胡雪巖在這家錢莊無端受氣，自然想狠狠整它一把。由於浙江與江蘇有公款往來，胡雪巖可以憑自己的影響，將海運局分攤的公款、湖州聯防的軍需款項、浙江解繳江蘇的協餉等幾筆款子合起來，換成「永興盛」的銀票，直接交江蘇藩司和糧臺，由官府找「永興盛」兌現，這樣一來，「永興盛」無錢支付這麼大的現銀開銷，不倒也得倒了，而且這一招借刀殺人一點痕跡都不留。

不過，胡雪巖最終還是放了「永興盛」一馬，沒有去實施他的報復計畫。他之所以放棄報復，主要有兩個考慮：一個考慮是這一手實在太辣太狠，一招既出，「永興盛」絕對沒有一點生路；另一考慮則是這很可能只是徒然搞垮「永興盛」，自己卻勞而無功。這種損人不利己的事情，胡雪巖也不願意做。

從這件事情中，我們可以看到胡雪巖作為紅頂商人人性裡寬仁的一面。

怨恨就像一團麻，要想解開，必須有足夠的耐心和善心。心胸狹窄、「英雄氣短」的人，只會用極端的辦法加劇與對手的矛盾。胡雪巖在此所表現的做人境界是值得稱道的。

尊重每一個人

尊重每一個人，是信奉狼道者在日常交際中一項十分重要的做人原則。沒有尊重的交往是不可能持續下去的。只有相互尊重，才能相互認可，體驗對方的心情，讓對方樂於接受。

自尊心是每一個人都擁有的，無論他是高高在上的國王還是沿街乞討的流浪漢。然而，在與人交往時，我們往往是過分強調自己的自尊心，而忽略了別人的自尊心。

沒有人願意被別人傷及自尊，人們總是希望得到肯定和讚美。許多人自己看著不順眼就想指責別人，別人一有失誤就抓住「把柄」加以「發揮」。孰不知這樣往往傷害了別人的自尊心。

要做到尊重每一個人，最關鍵的就在於要尊重差異。要重視不同個體的不同心理、情緒與智慧。

教育家李維斯所著的寓言故事《動物學校》就對不同個體的差異性做了很好的闡述：

有一天，動物們決定設立學校，教育下一代應付未來的挑戰。校方設定的課程包括飛行、跑步、游泳及爬樹等本領，為方便管理，所有的動物一律要修完全部課程。

鴨子游泳技術一流，飛行課成績也不錯，可是跑步就太差了。為了彌補這一缺陷，牠只好在課餘加強練習，甚至放棄游泳課來練跑。到最後磨壞了腳掌，游泳成績也變得平庸。校方可以接受平庸的成績，只是鴨子自己深感不值。

兔子在跑步課上名列前茅，可是對游泳一籌莫展，甚至精神崩潰。

松鼠爬樹最拿手，可是飛行課的老師一定要牠從地面起飛，不准牠從樹頂上降落。弄得牠神經緊張，肌肉抽搐。最後爬樹得了丙，跑步更只有丁等。

老鷹是個問題兒童，必須嚴加管教。在爬樹課上，牠第一個到達樹頂，可是牠堅持用最拿手的方式，不理會老師的要求。

結果，到學期結束時，一條怪異的鰻魚以高超的泳技，加上勉強能飛能跑能爬的成績，反而獲得了平均最高分，並代表了畢業班致詞。

看了這個故事，你也許會覺得很好笑。然而，我們每個人也在無意識的這樣做，都希望淡化差異，最好能變得和自己一樣。

正如世界上不可能存在兩片完全相同的樹葉一樣，世界上也不可能存在完全相同的兩個人。在狼的眼睛中，羚羊、斑馬、狐狸等都有自身的優點，都值得自己尊重對手。既然我們能尊重某些人，為什麼我們不能尊重每一個人呢？每一個人都有其自身的優點，值得我們去發掘、去學習，更值得我們去尊重。

第九章　執行命令，沒有藉口

狼只有狗一樣大小的體型，其力量在動物界也並不出眾，但狼卻是動物界公認的強者，這一切都源於狼的超體能和嚴格的執行力！狼雖然凶悍，但狼卻有著很強的責任心和紀律意識，狼群按照規則組成了嚴密的執行組織，科學分工，角色分明，內部有效的溝通、協調和協同作戰的力量。狼在接到頭狼的指令後，牠會沒有任何藉口的去執行。每匹狼在捕獵時都是果斷出擊，勇往直前，絕不退縮，不怕犧牲但又十分講究策略，絕不做無謂的犧牲，這樣，群狼就產生出最大的捕食能力和威懾力，於是才有了諺語：「猛虎也怕群狼！」

有效執行的核心

奉行狼道的員工在某種程度上可以稱之為企業中最有執行力的員工，執行是員工最根本的工作法則。要想和企業共同發展，無條件的執行是企業對員工最基本的要求，也是每一個員工必須要完善自己的地方。

當你在為自己的執行力感到力不從心，疲於奔命時，動物界的強者——狼，用最簡單、最通俗的方式告訴了我們一切關於有效執行的核心法則。

有效執行的狼道法則，狼的自下而上的行動之道，就是有效執行的真諦。每匹狼在捕獵時都是果斷出擊，勇往直前，絕不退縮。

人們透過對狼群自下而上法則和捕食策略的研究，提出了人類組織和企業中的執行者應該學習和借鑑的地方。這絕不限於法則、技巧、策略的學習，更要注重思維方式和企業執行文化的建設。每一個執行者的執行力提高了，那麼，整個團隊的執行力才會產生出最大的效力，才可以得到最大程度的提升。

作為企業中的每一位員工，就要有狼的這種執行精神。

職業是人的使命所在，是人類共同擁有和崇尚的一種精神。從現實的角度來說，敬業就是敬重自己的工作，將工作當成自己的事，其具體表現為忠於職守、盡職盡責、認真負責、一絲不苟、善始善終等職業道德，其中糅合一種使命感和道德責任感。這種道德責任感在當今社會得以發揚光大，使敬業精神成為一種最基本的做人之道，也是成就事業的重要條件。

任何一家想在市場中獲勝的公司，必須設法善用公司的人才，使每個員工敬業。沒有敬業的員工就無法向顧客提供高品質的服務，就難以生產出高品質的產品。推而廣之，一個國家如果想立於世界之林，也必須使其人民敬業。警察應該盡職盡責為民眾服務；行政官員應該勤奮思考並制定和執行政策；議員代表應該勤於政事；只有每個人做一行愛一行，才能被稱為敬業的社會。

然而，無論我們從事什麼行業，無論到什麼地方，我們總是能發現許多投機取巧、逃避責任尋找藉口之人，他們不僅缺乏使命感，而且缺乏對敬業精神和對自己負責的態度。

敬業表面上看起來是有益於公司，有益於老闆，但最終的受益者卻是自己。當我們將敬業變成一種習慣時，就能從中學到更多的知識，累積更多的經驗，就能從全身心投入工作的過程中找到快樂。這種習慣或許不會有立竿見影的效果，但可以肯定的是，當「不敬業」成為一種習慣時，其結果必然是會被時代所淘汰而知。工作上投機取巧也許只對你的老闆帶來一點點的經濟損失，但是卻可以毀掉你的一生。

成敗往往取決於個人人格。一個勤奮敬業的人也許並不能獲得上司的賞識，但至少可以獲得他人的尊重。那些投機取巧之人即使利用某種手段爬到一個高位，但往往被人視為人格低下，無形中替自己的成功之路設置了障礙。不勞而獲也許非常有誘惑力，但很快就會付出代價，他們會失去最寶貴的資產——名譽。誠實及敬業的名聲是人生最大的財富。

同樣，敬業和樂業都是對待職業、對待工作應有的態度，不過兩者又不完全相同。或者說，敬業和樂業屬於兩個層次，兩個境界。敬業是指一種嚴肅認真、兢兢業業、一絲不苟、努力做到最好的工作態度；樂業則是指一種從心裡對工作熱愛的，也是當今社會值得大力提倡、弘揚的高尚品格。

俗話說：「做一行，愛一行。」在我們的身邊就有這麼一大批人，在自己平凡的工作職位上兢兢業業，埋頭苦幹，做出了不平凡的業績。這裡就有個有關敬業的故事。

每天清晨，天還沒亮，早起的人們總會發現在大街小巷忙碌的身影，他們揮灑掃帚，「唰唰」的掃出一片乾淨的天地。其中一位叫小黃的清潔員，從 1987 年工作以來，就在這又髒又累的工作職位上做了 15 個年頭。

15 年來，小黃總是一人多用，負責倒馬桶，又做公廁清掃工作，還負責清通排汙管道等工作。無論工作量多大，他都默默的埋頭苦幹，直到完成任務。

一次，在一個寒冷的冬日裡，北風呼嘯，一家百貨大樓前公廁化糞池下管道阻塞，接到任務後，他二話沒說，就脫掉衣褲跳進齊腰深的糞水中，用工具清理行不通，就用雙手掏，一直忙了足足半天的時間，硬是把管道疏通了。

像這樣的例子，對小黃來說已習以為常，更可貴的是他還有一副助人為樂的好心腸。一次他聽說一位旅客在車站方便時不小心把 6000 元現金掉進廁所，被沖進化糞池，就二話沒說跳進化糞池，把錢一張張掏出來，洗乾淨後一分不少的交給旅客。

在現實中，任何一家想在競爭中獲勝的公司必須設法使每個員工敬業。敬業精神在今天受到重視的程度超過任何一個歷史時期。

敬業，就是尊敬、尊崇自己的職業。如果一個人以一種尊敬、虔誠的心靈對待職業，甚至對職業有一種敬畏的態度，他就已經具有敬業精神。但是，他的敬畏心態如果沒有上升到視自己職業為天職的高度，那麼他的敬業理念就還不徹底。

只有將自己的職業視為自己的生命信仰，那才是真正掌握了敬業的本質。只有那些像信仰上帝那樣信仰職業，像熱愛生命一樣熱愛工作，把工作作為自己的使命，正當的獲取財富，實現自我職業發展的人，才可以稱得上掌握了敬業理念的人。

今天，任何一個要想讓公司保持競爭優勢的企業，都會對員工提出敬業的要求，作為員工就應順應這種趨勢，不斷深化自身的敬業理念。

任何一項事業背後，必須存在著無形的精神力量。敬業精神本質上是一種信仰，它需要不斷的充實，也需要人們不斷的付諸行動。敬業是執行的基礎，相應的，正確的職業理念，也就是執行的基石。

敬業，展現著一個人的能力、才幹，展現著一個人對社會、對群體、對家庭的責任感和奉獻精神，還展現著一個人對人生的熱愛、追求、積極的態度。因此，敬業既是社會檢驗一個人價值的重要標準，又是一個人實現自己人生價值的重要途徑。古往今來，在家裡、在公司中、在社會上，哪一個敬業的人不受尊敬？而一個對工作不負責的人，他用什麼來對家庭、對社會負責呢？他得到的只是輕視和鄙視。這正如俗話所說的：種瓜得瓜，種豆得豆。選擇了怎樣的人生道路，就會達到怎樣的結果。

優秀人士必須具備敬業精神

狼是動物界中具有敬業精神的族群，為了捕食獵物這一工作，牠們可以千里追蹤，數日觀察，用盡心思。

執行力是競爭力的基石。無論各行各業，要使執行力有效的實施，最基本、最有力的保證必須要每個團隊敬業樂業。敬業是一種責任，一種不斷創新樂於奉獻的主人翁意識，敬業是執行力的有效保證。無論是哪一個層次的執行者，都要明確自己的職位、責任和權力，知道自己該做的事，做好自己該做的事，這樣任何事情執行起來才會有序，每一個環節才會到位。領導者是決策的制定者，同時也是決策的執行者，領導者的身體力行和操守嚴謹，是決定決策能否有效執行的關鍵。同時，員工們還要具有主人翁的意識，把企業看成是自己的家，能夠顧全大局，不計較個人的得失。主人翁是一種使命、一種責任，具有主人翁意識的人在逆境中亦能爆發潛力，充分的展示出完成使命而具備的執行力。

作為一名員工要時時處處考慮企業的利益，時刻關注企業的發展，把自己的工作做好，積極參與企業管理。在領導者的心目中，好員工應該具有強烈的主人翁意識，關心群體，關心企業的發展；在工作中及時發現並回饋生產、技術、管理等各方面存在的問題，能提出合理化建議。另外要做一個像《把信送給加西亞》的故事裡像羅文一樣認真的人。羅文接到了「把信送給加西亞」的任務後，並沒有問「他去什麼地方了」「怎麼去找」，而是充分發揮主觀能動性，最終不折不扣的完成了送信的任務，而且還帶回了加西亞的信。作為一名優秀的員工就要具備這種高度的敬業精神。 再次，就是要不斷的進行學習。學習會伴隨一個人一生的歷程，不斷學習，珍惜每一次實踐和學習的機會，提高工作技能，業務精益求精，才能適應不斷變化的市場行情，適應新形勢、新要求。經受挑戰，不斷發展的企業要成功把握時代的變革，掌握瞬息萬變的市場，就必須擁有一大批高素養的員工。每個員工都要具有危機意識，不能懈怠，要在企業內部形成一種學習機制，讓每個員工都能主動學習，要迫使自己終身學習，時刻準備應對各種挑戰和執行的能力。

「天道酬勤」。任何行業，如果沒有一批人以奉獻乃至犧牲作為自身的本能，就無法超越自我，就不可能成為競爭中的強者，只有在執行中對工作心懷敬意的人，才會贏得事業的豐厚回報。

可是，總有人為自己不敬業辯解，說他不努力工作，是因為這份工作，這種職業不符合他的理想。人確實有權選擇自己所喜歡的職業。當今市場經濟體制，為人們選擇職業提供了充分自由的環境。但是，生活的路不是平坦的，人生並不是「心想事成」那樣簡單。當一個人在求職、就業上暫時沒有如願，或者他還不具備那種職業所需要的條件，或者他實際上缺乏從事那種職業的才能時，他可以加倍努力，創造條件，提高素養，尋找機會實現他的理想。但是他卻不應該以不理想為理由，不好好工作，甚至躲開工作，怨天尤人。如果那樣做，可以斷定，他一輩子也不會找到理想的職業，更不會有他夢想的輝煌的事業成就。

敬業是成功的基石。敬業不能只停留在口頭上，而要付諸到具體的實踐中去。敬業，就能夠樹立遠大的奮鬥目標，追求自己最高的人生價值。敬業，就能處處嚴格要求自己，從小事做起，做到一絲不苟。敬業，就能夠坦然面對自己的得失，「吃虧」是福。敬業，就能夠充分展現自己的人格魅力，積極行為，從做好本職工作開始。唯有敬業的職業理念，才會事業興旺。

正確的職業理念，對員工的職業生涯具有良好的指引作用，使員工自覺的改變自己，跨上新的職業臺階。

一個大學生，也許他進大學之前，家裡很窮，但是當他艱難的完成學業走上工作職位時，他完全有機會憑藉他在大學期間所學的知識和個人的無窮潛力，改變自己的人生軌跡，但在這其中，正確的職業理念發揮著十分重要的作用。知識可以改變人的命運，同樣，職業理念可以改變人的職業生涯。

正確的職業理念可以提高員工的職業修養。一家百貨公司長期堅持對員工實行職業理念的培訓，實踐中因此結出了豐富的職業成果，企業不斷壯大，聲譽不斷上升。

有一次，這家百貨的一個服務人員在公車上讓座給一個同樣年輕的女乘客，旁人不明白她為什麼要讓座，她回答說，她是我們公司的顧客，因為她拎著百貨公司的購物袋。這家百貨的管理者應該為有這樣的員工而自豪，但他們深知，這是他們幾年來矢志不渝的進行員工職業理念教育的成果。

有一些印染企業，他們的設備並不先進，他們的員工教育程度也不高，但卻讓人們看到了井然有序的生產流程，看到了高品質的產品。在印染業中，要保持高品質的印染，員工的作用變得十分突出，當人們問起一些員工，在深夜生產時你們打瞌睡怎麼辦？他們說哪能打瞌睡，打瞌睡，品質要出問題，所以白天要休息好。可見，高品質的產品背後是員工正確的職業理念在產生作用，員工心裡有了職業理念，才能很好的去執行。

因此，在企業當中，只有員工的職業理念先進了，企業才能形成共識，管理才能有效。

在我們這個奉行「不勞動者不得食」原則的社會，不敬業的人是沒有前途的，不樂業的人是難有事業的。有了敬業的觀念做指導，就會使你走上致富之路。

堅定的理念是有效執行的基石

在狼的生存法則中，狼道的理念：沒有雄心做不成大事，不敢冒險做不成大事，意志不堅做不成大事，投機取巧做不成大事。狼群有十分高超的捕獵手段，在每次與敵對峙時，都會進行謀劃，運用策略，去攻占或掠奪獵物，最終獲得勝利。在狼捕捉獵物的過程中，我們就應該學習狼的精神，把狼的理念融合於企業的建設當中。

每一個有著理想和信念的人，只要你執著的去做，能夠享受成功的喜悅。

理念是理論和觀念。它來自於人的實踐，又能指導實踐。一個在社會中生存和發展的人，需要學習前人經驗的總結，需要重視學習和接收理論和觀念，而且這種理論和觀念又必須是科學的。理論一經群眾所掌握，就會變成龐大的物質力量。在企業中，諸如企業全面品質管制，市場導向等生產和銷售的科學化理論如果為大多數員工所掌握，就會變成企業的一種共識，就會變成企業極大的創造力量。理論和觀念是不會自發產生的，在企業中先進的理論和觀念是需要灌輸的，作為企業的員工，應該樂於接受這樣的灌輸，自覺的接受企業的培訓或教育。

理念是道理和概念。企業管理中有很多管理制度和辦法，它的存在是有其內在的道理，這裡面折射出企業管理的基本道理和概念。一個企業要想做強、做大，一定要提高管理水準。但單純的制度化管理往往會給員工很多束縛，在企業發展和個人自由之間，作為企業的員工應該服從企業發展的大局，理解企業，支持企業，與企業一起成長。

由此可見，理念是人們主導行為的主觀意志，它是個人行為的指南，樹立正確的理念對個人的成長與發展極為重要。

那麼，什麼是職業理念呢？

理念是指導人們行動的指導思想，職業理念是人們從事職業過程中所形成的職業的意識，職業的指導觀念，它包含了為什麼而工作？怎樣工作？怎樣追求卓越？怎樣與企業共命運等豐富的內容。

職業理念也可以理解為職業價值觀，在企業工作，有什麼樣的職業價值觀，就會有相應的職業行為。每一個企業員工和企業雙方共處於一個複雜的社會環境中，他們之間的互動在很大程度上會受到各種外部因素的影響。今天，作為企業的員工實際上已不是單純的「經濟人」，企業員工從事職業不僅僅是為了金錢，人們在從事職業的過程中必須同時考慮自我發展，職業發展，家庭發展和企業發展等因素。工作的意義是多方面的，在很大程度上，人們的職業價值觀是受到社會價值觀的影響的。今天，我們從事職業，不僅是為了個人的生存與發展，還要考慮對家庭承擔的責任，以及對企業乃至社會應承擔的責任。

工作是人們生活中最重要的組成部分，它不僅為人提供經濟來源，而且是人們在現代社會中保持身心健康的重要因素。

有職業是對人們來說是良好的，從事職業的過程應該是快樂的。但是要使工作變得有意義，一定要樹立正確的職業理念。

理念是隨著時代的變化而變化的，1950年代、1960年代，社會倡導「螺絲釘」精神，「做一行，愛一行」，今天這種理念被賦予新的詮釋，人們用「敬業」來替代其豐富的內涵。什麼樣的職業理念才是正確的呢？

(一) 職業理念必須是適宜的

一定的職業理念要和一定的社會經濟發展水準相適宜，要適合企業所在區域的社會文化。脫離了企業所在區域的社會文化價值觀，生搬硬套所謂某種「先進」的理念，一定會碰個頭破血流。一定的職業理念一定要和一定的社會實際相結合。在企業中，我們更主張個人主義應該融入到企業團隊中，立足本職職位，發揚敬業精神，為企業做貢獻，為個人謀發展。脫離國情的職業價值觀是不能得到企業認同的。

(二) 職業理念必須是適時的

任何超越或滯後的職業理念都會影響員工的職業發展。任何人的職業理念都應該是與時俱進的。企業處在什麼樣的發展階段上，員工就應該奉行什麼樣的適合企業發展階段的職業理念。當企業管理提升時，如果員工的職業理念仍停留在原來的階段上，不學習也不改變，這樣的員工不是被企業所淘汰，就是被自己所淘汰，因為他會感到與企業格格不入，他會厭倦工作。當然，員工的職業理念也不能太另類，脫離了企業發展的現實，而對企業提出許多苛求，其結果也是一樣的，要麼是不得志，要麼被企業所謝絕。

(三) 職業理念必須符合企業管理目標

企業的成長過程，實際上是企業管理目標的實現過程。作為企業的一員，必須充分了解企業管理目標，建構與適應企業管理目標一致的職業理念。企業在管理過程中，會強調紀律，也會強調品質，強調技術，作為企業的員工，因此應該不斷的接受企業的教育與培訓，加強學習，適應企業管理的要求。

以上我們給出了正確的職業理念的判斷標準，符合了這三條，這樣的職業理念才是正確的。

社會在不斷前進，企業所面臨的環境也在不斷變化，企業只有適應這種環境的變化才能生存和發展。對員工而言，也要適應企業的變化，適時選擇和調整職業理念，這個過程應該是動態的。其中敬業的理念，也是職業理念的一種。

我們宣導樹立正確的職業理念，作為員工職業生涯中的重要一環來對待，這是因為現代企業管理不同於傳統的企業管理，它更需要企業員工的高度認知，才能形成有競爭力的企業能力。

樹立職業理念之前，要先調整好心態。

首先，要端正自己的職業理念。活著，就要愉快的工作，愉快的生活。要愉快的工作和生活，就必須樹立正確的職業理念，工作是為了創造，工作是為了個人的發展，工作是為社會做貢獻，工作著是幸福的。

其次，要克服自卑感。自卑是一種不健康的想像，是一種認為自己不可能成功的心理狀態，有自卑感的人常常覺得自己事事不如人，因此，在面臨新工作和新人時，顯得手足無措，深刻的恐懼把他鎮住了，他心中的創造力全被抑制了，留下的只有無所作為的思想，這樣他就不可能去樹立正確的職業理念。

再次，要用明確的職業理念去實現自己的目標。我們每一個人不由自主的來到這個世界上，先天上我們沒有選擇的權力，我們不能選擇我們的出身背景和家庭，可是，當我們對這個世界有了一定的認識，我們成長了以後，我們在這個社會上要扮演一個怎樣的角色，我們應該有一個選擇。有的人來到這個世界上庸庸碌碌的過一輩子，不知道自己的目標是什麼？有的人做一天和尚撞一天鐘，上班無精打采，下班睡覺打牌，不學習，不進取，這實際上是沒有明確的職業理念，也沒有明確的人生目標。所以，明確的職業理念可以幫助你樹立遠大的目標，並且長期堅持這樣的目標，在日常的工作中加以具體化，每天改善一點，每天提高一點，時間一久，你就會獲得令人欣喜的成績。職業或工作使人遠離三大不幸：厭倦，惡習和貧困。

錯了，就虛心接受批評

我們每個人都喜歡聽到讚美和肯定，而不願聽到批評和否定。一聽到批評的話，我們的眉頭就會打結，臉上也出現了不愉快的表情。然而，當我們靜下心來想一想時，就會知道批評有多麼難能可貴了。

我們每個人都不是完美的人，我們都有諸多的缺點。批評正是揭發這種缺點的一種好方法，我們應當歡迎批評虛心接受。

對待別人的批評我們要認真的加以看待。批評我們的人或許存心不良，但是其批評的事實卻可能是真的。這時如果他們的批評能使我們改進，這樣對我們來說反而是一件好事。而如果他們的批評是毫無根據的，純粹是一種誣衊，我們大可不必去和他們爭辯，僅僅需要一笑置之。

我們都希望別人重視我們，只要做了什麼事，就希望獲得別人的稱讚。如果別人說我們的錯處，便覺得受了委屈，或是怒氣沖天。於是，朋友們往往不敢說我們的弱點，他們或者是稱讚，或者是默默無語。而在這時，來自反面的批評就顯得很重要了，因為來自敵人的意見，要比我們自己的意見更接近於實情。

有一次，史坦頓稱林肯是「一個笨蛋」。史坦頓之所以生氣是因為林肯干涉了史坦頓的工作。由於為了要取悅一個很自私的政客，林肯簽發了一項命令，調動了某些軍隊。史坦頓不僅拒絕執行林肯的命令，而且大罵林肯簽發這種命令是笨蛋的行為。當林肯聽到史坦頓說的話之後，他很平靜的說：「如果史坦頓說我是個笨蛋，那我一定就是個笨蛋，因為他幾乎從來沒有出過錯。我得親自過去看一看。」

林肯果然去見了史坦頓，也知道自己簽發了錯誤的命令，於是收回了這項命令。只要是誠意的批評，是以知識為根據而有建設性的批評，林肯都是非常歡迎的。

我們都應該歡迎這一類的批評，因為我們甚至不能希望我們做的事有五分之四的正確機會。愛因斯坦是世界上最有名的科學家，也承認他的結論有百分之九十九都是錯的。

我們大部分人都知道接受批評的重要性，然而，每當有人開始批評我們的時候，只要我們不注意，就會馬上很本能的開始為自己辯護，有時甚至可能還根本不知道批評者會說些什麼。但是每次在事後，我們又會覺得非常懊惱。我們不是一種講邏輯的動物，而是一種感情動物。我們的邏輯就像一艘小小的獨木舟，在又深又黑、風浪又大的情感海洋裡漂蕩。

如果我們聽到有人說我們的壞話，明智的人不會先替自己辯護。我們要謙虛，要明理，要進行仔細的分析，看看我們是否應該受到這樣的批評。如果確實是值得批評，我們就應該表示感謝，並想辦法從中獲得益處。

盧克曼是培素登公司的總裁，每年花一百萬美元資助鮑伯霍伯的節目。他從來不看那些稱讚這個節目的信件，卻堅持要看那些批評的信件。他知道自己可以從那些信裡學到很多東西。

福特公司為了找出他們在管理和業務方面有什麼樣的缺點，經常對全體員工做意見調查，請他們來批評公司。

由此可見，批評對於改進自身是極其有用的，別人的批評可以顯示出我們目前的狀態、情景，並督促我們向前奮進。

讓我們以平靜的心態去接受別人的批評，正視別人的批評，在生活中不斷的完善自己。

克服拖延的毛病

要做好自己的工作，獲得事業的成功，就要養成今天的事情今天做的好習慣，辦事拖延是最大的毛病，必須克服。

1. 承認自己有愛拖延的習性並願意克服它。這是一切的前提。只有正視問題，才能解決問題。
2. 是不是因恐懼和擔心而不敢動手？害怕失敗而遲遲不敢動手，這是愛拖延的一大原因。如果是這一原因，克服的方法是強迫自己做，假想這件事非做不可，這樣你終會驚訝事情竟然做好了。
3. 是不是因為健康不佳。這種常愛拖延的問題，或許與你的身體健康有關。
4. 嚴格要求自己，磨練你的意志力。意志薄弱的人常愛拖延。磨練意志力不妨從簡單的事情做起，每天堅持做一種簡單的事情，堅持今日事今日畢。

5. 在整潔的環境裡工作。這樣不易分心，也不易拖延。另外，備齊必需的工具也可加快工作進度。
6. 做好計畫。要求自己嚴格按計畫行事，直到完成為止。
7. 公開你的計畫，讓家人或朋友監督。為了你的面子，你不得不按時做完。
8. 嚴防掉進藉口的陷阱。例如「時間還很充足」、「現在動手為時尚早」「現在做已經太遲了」、「準備工作還沒做好」、「這件事太早做完了，又會給我別的事」等等，不一而足。
9. 只做十分鐘拖延的打算。十分鐘以後，很可能使你興奮起來而不想罷手了。
10. 不給自己分心的機會。把雜誌收起來，關掉電視、電話，關上門，拉上窗簾等等。
11. 留在現場。強迫自己留在事情的現場，不走開，直到處理完為止。
12. 避免做了一半就停下來。這樣很容易使人對事情產生棘手感、厭煩感；應該做到告一段落再停下來，會給你帶來一定的成就感，促使你對事情感興趣。
13. 先動手再說。三思而後行，往往成了拖延的藉口。
14. 想想事情做完後將得到的回報，那是多麼愉快啊！

吸取教訓，走向成熟

一件事辦錯了，人們往往會在「做錯決定」後悔恨交加，痛苦萬分，因此你必須克服這種「一朝被蛇咬，十年怕草繩」的恐懼心理。人生不可能平平坦坦、順順暢暢，許多風風雨雨、挫折困難時時都有可能朝你撲來。人無完人，金無足赤，挫折和失敗是不可避免的。因此，你不必因為自己做出了錯誤的行為而耿耿於懷，痛不欲生。而應當坦然堅強的面對失敗，總結經驗教訓，摒除一切導致再次你做出錯誤選擇的不利因素。俗話說：「失敗乃成功之母。」經歷了失敗，你才會變得更加堅強和勇敢，成功也才會更加珍貴。因此，不必因為做出錯誤決定而內疚、恐懼，不重蹈覆轍才是你應重視的方面。

一個人的精力是有限的，他的經驗、閱歷也是有限的。如果一個人只是頑固的相信自己，而不學習和借鑑他人的有益經驗，必然會走很多的冤枉路，吃很多的冤枉苦，成功抑或失敗，其代價都未免太高昂了。你必須善於學習，將別人的成功經驗為我所用，這正是成功的捷徑之一。

不過，你必須拋棄一切都借鑑他人、倚賴他人的想法。因為你畢竟是一個與別人迥然相異的獨立個體，有很多事情都需要你自己去做出決定，慎重選擇。這時，借鑑已不可，你必須保持冷靜清醒的頭腦，善於分析，把握契機，使問題迎刃而解。這有利於你平時的努力學習和經驗的充分累積。

每一個人都應該對自己有正確全面的看法。自我的確認，其形成過程是否受重大環境的左右？答案是肯定的。一個人往往是不願意輕易犧牲自己來拯救別人的，特別是當他認為自己是「為自己活著的人」時。但是如果他的信念轉變了，他就會樂於助人，幫助他人是天經地義的，也是一種快樂。那麼，當他在內心深處確認「自己是個樂善好施者」時，再求他在無損於己的情況下捐贈骨髓，他會欣然答應的。原因就在於他的「自我確認」改變了，世界上最能給人影響的東西就在於此。

一個人要想獲得成功，出人頭地，成為社會競爭的優勝者，應該首先在心目中確立自己是個優勝者的意識，同時，他還必須時時刻刻像一個成功的企業家那樣思考，那樣行動，並培養身居高位者的廣大胸襟。這樣，總有一天，他會心想事成，夢想成真。

成功的經驗就在於勇於做出決定，勇於去努力嘗試，不管這種決定是否正確，這種嘗試是否成功。一個成功人士風趣的說：「我的成功祕訣就是曾經做過太多太多的錯誤決定。」這時有人說：「那得看你在這上面花費多長的時間。」俗話說，冰凍三尺，非一日之寒。只要肯花功夫肯努力，自錯誤中學習，就一定可以從錯誤中成長。

第十章　智勝強敵，暗用詭計

狼的世界充滿了智慧的較量。千萬年來，能夠在草原上生存下來的動物，都是經過嚴酷考驗的，都有自身的獨特之處。在狼的戰鬥中，充滿了智慧與詭計。羚羊的奔跑速度，是狼無法超越的。那麼狼如何獲勝呢？牠們會選擇一個坡下有雪窩的地方，採取三面環圍的方式，暗中埋伏，當羚羊吃飽後，奔跑能力下降時，突然現身。狼把羊群逼入死角　幾乎不費力的　戰而勝。

狼不僅利用這個雪窩幾乎全殲了羚羊群，而且還利用雪窩來儲存食物，真可謂是一舉兩得。因此，狼的智慧與詭計的運用可見一斑。

多用頭腦看問題、辦事情

在世界上，有很多人活了一輩子也沒有看見我們四周的光明和力量。我們不見得每次都能把眼睛帶來的資訊，透過心靈過程適當的予以過濾。我們常常只是「看了」，卻沒有真正的「看見」。也就是說，我們雖然看到了實體，但卻沒有思考，也沒有用心去感受。

肉眼最常見的毛病是兩種相反的極端 —— 近視和遠視。它們也是心靈視覺兩個主要的扭曲現象。心理上近視的人很容易忽略遠處的物體和發展，他只留意手邊的問題，卻不善於計劃未來，因此看不見可以屬於自己的機會。假設你不為將來制訂計畫、立下目標、打好基礎，你就是近視。從另一方面來說，心理上遠視的人則容易忽視自己面前的機會，他看不見自己身邊的良機。他只見到與目前無關的遠景。他不肯按部就班的走，他想從頂點開始，而不明白「萬丈高樓平地起」的道理。

因此，我們在觀察這個世界時，要多運用頭腦，同時培養能遠能近的眼光。

許多年以前，蒙大拿有一個小鎮叫達比。那裡的人習慣觀望他們稱為「水晶山」的山。這座山叫這個名字，是因為常年風雨侵蝕的結果露出一條條微微發亮的水晶礦脈，看起來像岩鹽似的。早在 1937 年就有一條水路直接穿過露出礦脈的地方。但是直到 1951 年，才有兩個人不嫌麻煩的撿起一塊發亮的東西仔細看一看。

這兩個人便是達比鎮的康利和湯普森。有一天，他們倆去參觀鎮上的礦物收藏展覽，看了後他們很興奮。因為那個展覽會上陳列著綠寶石標本，而這種礦物正是他們在「水晶山」看到過的。於是康利和湯普森立刻申請開採「水晶山」的礦脈。湯普森把一塊礦脈標本送往礦業局，並且要求派人前來查看一下。那一年的下半年，礦業局派了一輛開路機到山上鏟起許多露天的礦石，最後終於確定這裡是世界上極其珍貴的綠寶石的最大礦藏之一。

今天，笨重的運土卡車辛苦的爬上去，然後又開下來，裝著沉重的礦石。而在山腳下抱著鈔票等待的，是美國鋼鐵公司和美國政府的代表，雙方都急著搶購這些寶貴的礦石。這一切都是因為有一天，有兩個年輕人不僅用眼來觀看，而且更不厭其煩的用智慧來探索。今天這兩個人正在朝著千萬富翁之途邁進。

要能夠真正培養出這種「看見」的能力，我們必須以清新靈活的眼光來觀察世界。

辦難事時，學會先找到突破口

狼在每次獵殺行動前，總會找到突破口，發現獵物的薄弱環節所在，然後一擊必中。

一座大廈雖然有數十層，但在結構上的要害部位不過幾處；一個單位雖然有十餘人，但主事的不過只有兩位而已。因此，作為辦事人員，要想辦成事或盡快辦成事，就要針對關鍵人物下功夫，突破關鍵人物這道關卡，謀求關鍵人物的贊同和協助，問題往往就迎刃而解，勢如破竹了。

說到「關鍵人物」，人們往往首先會想到這是指主管人員或上級領導者。主管或領導者的意圖對解決問題有著十分重要的作用。俗話說：「上面動動嘴，下面跑斷腿。」這句話形象的道出這種影響的威力。與其唇乾舌燥的和具體辦事人員交涉，再心急火燎的等待具體辦事人員向上級主管請示匯報，「研究研究」，不如想方設法徑直向有關上級主管申請洽商。這樣或許爭取到當場解決問題的可能性，至少也可以減少輾轉獲悉上級主管審批意圖的時間。

但是，關鍵人物不一定就是檯面上看得見的人物。正如光緒當皇帝，慈禧掌印璽，幕後人物往往才是真正的「權威人士」。

因此，想要在解決問題的過程中穩操勝券，除了著眼於主管、領導者一類正式組織身分的負責人外，還應該爭取足以影響主要領導者的非正式的「權威人物」的同情、支持和幫助。透過當事人或上級主管的親友故舊，來說服當事人成功的可能性大得多。

有時候，即使是上級主管和具體辦事人員同意解決的問題，也會由於下屬某一環節作梗而擱置下來。負責這一環節的人不論職位大小，也就變成了解決問題所必須解決的「關鍵人物」。

這時候你切不可因他無權無職，就以為可以隨便應付，否則你的好事就可能壞在他的手中。因此，切不可掉以輕心的對待你身邊老態龍鍾的老太太、玩彈珠打水槍的「小皇帝」，或風韻猶存的半老徐娘……這些人不顯山、不露水，但他們都有可能是你走向求人辦事成功的墊腳石，一定要時刻保持高度的警惕，抓住每一個可能發揮作用的人物。

發現問題後要想辦法解決

人有失手，狼有失算。

每一個人在工作當中都有可能把事情辦砸了，出現問題這時不能逃避，要以積極的心態想辦法解決問題：

(一) 把你的補救措施想出來，避免再觸及問題

如果你把你的補救措施說出來，看似你能亡羊補牢，知錯就改，對方可能怒氣全消，不再去碰那個讓人難堪的問題。記住，你最關心的是如何解決問題。

(二) 解釋一下正確措施的原因

錯誤發生之後，你採取了補救措施，把你這樣做的原因告訴對方。說明原因很重要，你修理汽車時，如果修理工人不能說明你的車哪裡出了問題，你肯定不相信他能修好你的車。解釋才能讓你贏得一些原諒的可能。

（三）最好不要千方百計尋藉口為自己開脫

如果這個錯誤確實是由於你的馬虎大意、掉以輕心造成的，不要解釋和另找藉口為自己開脫，那樣只會引來更多的指責，使事情更加難以收拾。最好的辦法是承認錯誤，然後道歉。

（四）為無心之過道歉

許多錯誤是因為沒有及時溝通情況造成的，屬於無心之過。但受害人並不能因為你的無心而不再生氣。你最好對此表示歉意但不要追究責任，你可以說：「為了避免與其他公司撞期，我臨時換了家餐廳，這使你們沒能參加宴會，我忘了留一個紙條，對此我深表歉意……」

（五）態度要誠懇

有的人的道歉讓人實在接受不了，聽起來像在質問你，又像在要求你把錯誤一筆勾銷。他會說：「你看，我已經說過對不起了，你還要我怎麼樣？」實際上，道歉是為了表達你的遺憾之情，你一定要用你的話或你的動作體態表達出你的誠懇，並讓對方感受到你的誠懇。

（六）重新建立友好關係

有時候，辦事的失敗是良好關係破裂的開始，你必須採取措施重建你與他人的良好關係。你知道，戀人以接吻表示良好關係重新開始，而朋友和合夥人也要有一個表示可以繼續合作的方式。所以，在談話結束以前，你們可以討論兩個中性問題，這表示已經「關係正常化」，下次見面時就不會感到難堪。

（七）要從內心真正重視道歉

道歉有助於建立良好的人際關係。研究顯示，女性道歉比男性多，當關係趨於破裂時，女性通常比較在乎。她們善於從人際關係中提高自尊。相反，男性願採取道歉的方式，他們以為道歉會讓他們丟面子。其實，這毫無根據，如果能用道歉彌補破裂的人際關係，那才是技高一籌。

用智慧解決問題

人類的幸福只能建立在積極的思想和行動之上。當然，健康的身體與創造性的正確思考是互相補充與互為條件的。當你掌握了它們，可以肯定的說，成功與幸福就在前方了。令人感到遺憾的是，有這樣一種人，他們不去反省自身，也不去忘我的奮鬥，這種人是沒有前途的。他們註定不能獲得成功的快感與幸福的體驗。

停滯的思維是你進步的最大障礙。

你會說：「我也渴望成功，但我沒有機會創造發明。」

沒有機會，一派胡言！在每天的每分鐘裡，創造的機會都在向你招手。那些最偉大的發明，來自於能夠對平常現象以一種不平常的方式來解釋與解決的思維中。

那些對思維能力進行挑戰而制定的計畫，和你思維能力的自我發展都必須由你自己親自來完成。沒有人一出生就是一個天才。天才是種能勤奮工作的無限能力。

挑戰自己還在於你能不能對每一件應該了解的事物都相當透徹？它是什麼？怎麼會這樣？它還會怎樣？這都需要你自己做出決定，然後下定決心把這件事弄懂，而且要做得比其他任何人都好。在做這件事時，你必須進行思考，沒有人會獲得對世界深層的了解。這樣做需要時間，更要付出辛勤的勞動。但你會發現深刻的了解一件事物的意義 —— 對世界，對我們，對你。

透徹的了解該做的事情，你就能想出更好的主意去完成它。自我挑戰的訓練也就做得不錯了。為什麼總是全身疲倦感覺缺少精神？就是你不夠積極，總是將思維處於防禦狀態。

記住這一點：無價的財富是那些越經分享越加倍的東西。你思想的發展壯大是與你分享它所產生的成果同步進行的。

執行時，多用創造性思維

狼生活在草原上，捕殺羚羊等獵物，但獅子、老虎等也捕殺羚羊，在食物生存上，存在著激烈的競爭。

當今企業面臨的環境競爭更激烈、更加不確定。商業環境變化莫測、國際競爭加劇、產品週期縮短，真正有才能並且忠誠的員工很難找到，即便招聘到了，也很難留下來。

要在這樣的環境下存活下來並且獲得競爭優勢，企業主管需要不斷尋找那些更新的、效率更高的做生意的辦法。而獲得這種競爭優勢的關鍵之一是高效利用公司的人力資源——企業的員工。所以，越來越多的企業開始尋找提高員工創造力的辦法。

但是，很多經理人很快發現，提高員工創造力不是一件很容易的事情。

為了提高創造力，我們首先必須明白什麼是創造力。員工創造力指的是員工個人或者團體提出的有關產品、服務、工作方法、流程程序方面新的或有用的見解。這種定義是結果而非過程導向的。也就是說，我們需要判斷的是一個創意的創造性如何，而不是一個員工在思考一個主意時頭腦的活躍程度怎樣。此外，對於一個要被稱為創造性的觀點，需具備新穎性和有用性兩個特徵。

創造力可以被看作從低層次到高層次不斷發展的過程。每個有著正常心智的人，都有某種創造能力。一定程度上，個人的創造力可以透過培訓或者參加有創造性的活動獲得提高。不過，不同的人在不同的領域表現出自己的創造能力。比如，某個人可能在廣告或者藝術設計上有創造天分，而另一個人可能會對業務流程提出很多新穎有效的建議。

很多情況下，研究者發現高階主管認為員工的創造力是求之不得的，但是他們沒有一套追蹤記錄那些不是研發人員創造力內容的體系，甚至對哪些員工在進行有益的創造創新，而哪些沒有，都茫然無知。這是非常耐人尋味的。一方面，企業和高階管理人員都明白員工創造力對於企業延續和成功的重要性；另一方面，企業和高階主管卻無法辨別員工在工作中的創造能力表現如何。

如果創造力是經理人想要的，而且有助於企業的高效和競爭力，那麼企業就有必要對此進行衡量和評估;對員工提出的創造性見解給予認同和嘉獎，也就是說，在績效考核中重新評估創造力的表現。

大部分人都把「創造性思考」想像成電磁波的發現或青黴素疫苗的發現，或小說創作，或彩色電視機的發明。沒錯，這些都是創新的結果。但是，創新不是某些行業專有的，也不是超常智慧的人才具備的。

什麼叫創新？《伊索寓言》裡的一個小故事給我們一個形象的解釋：

一個暴風雨的日子，有一個窮人到富人家討飯。

「滾開！」僕人說，「不要來打擾我們。」

窮人說：「只要讓我進去，在你們的火爐上烤乾衣服就行了。」僕人以為這不需要花費什麼，就讓他進去了。

這個可憐人，這時請廚娘給他一個小鍋，以便他「煮點石頭湯喝」。

「石頭湯？」廚娘說，「我想看看你怎樣能用石頭做成湯。」於是她就答應了。窮人於是到路上撿了塊石頭洗淨後放在鍋裡煮。

「可是，你總得放點鹽吧。」廚娘說，她給他一些鹽，後來又給了豌豆、薄荷、香菜。最後，又把能夠收拾到的碎肉末都放在湯裡。

當然，您也許能猜到，這個可憐人後來把石頭撈出來扔回路上，美美的喝了一鍋肉湯。

如果這個窮人對僕人說：「行行好吧！請給我一鍋肉湯。」會得到什麼結果呢？因此，伊索在故事結尾處總結道：「堅持下去，方法正確，你就能成功。」

創新不需要天才，創新只在於找出新的改進方法。任何事情的成功，都是因為能找出把事情做得更好的辦法。接著，我們來看看，怎樣發展、加強創造性的思考。

培養創造性思考的關鍵是要相信能把事情做成。要有這種信念，才能使你的大腦運轉，去尋求做這種事的方法。

以退為進，伺機再起

狼群中所有成員是非常團結的，當然發生一些摩擦有時也難免。一次，某群體的頭狼與一隻擅長捕獵的貝塔狼，因是否執行捕捉鹿群這一問題產生了矛盾。此後幾天裡，兩隻狼在路上相遇，彼此都不看對方一眼，甚至有意躲開對方。

但不久後的一次捕獵行動，使牠們之間的小「疙瘩」化解開了。一天，頭狼從一隻歐米佳狼口中得知附近山林有一群麝香牛，對於狼來說，捉到後那將是一頓美餐。但捕捉麝香牛並非易事，只有強壯的狼才能更好的完成這個任務。而這個狼群中剛好缺乏這樣的狼。

得知即將進攻麝香牛的消息後，那隻與頭狼發生矛盾的貝塔狼故意躲進山洞裡，避而不出。牠知道頭狼將要親自來請牠，便準備「擺擺架子」，踱一回。頭狼果然親自來山洞請牠，而牠卻用舌頭舔舔腳趾，示意頭狼，牠的腳趾最近不小心被荊棘劃破了，無法參與捕獵活動。當然，牠是在演戲。

頭狼也知道牠在「演戲」，但由於眼下正是用狼才之季，正缺少牠這樣的捕獵好手，便放下架子上前舔牠的頭，和牠碰鼻子，示意與牠和好，並再次請牠「出山」。這時那貝塔狼才答應了頭狼。

貝塔狼深知自己在狼群中的重要地位與作用，便在恰當的時機擺起架子來，結果達到了自己的目的。實際上，牠很想參與這次捕獵活動，因為牠也能從中獲得不少的利益，但由於與頭狼的矛盾尚未消除，不好主動請求出戰，便採取了以退為進的策略。頭狼明知牠在「擺架子」，但眼下正是用才之際，便放下架子去求牠。最終，牠們消除了矛盾，一同去捕捉獵物。

在生產經營過程中，企業家若能恰當運用「以退為進」這一策略，就能如願以償的達到銷售產品的目的。但值得注意的是，這一策略要在了解市場形勢及對方心理之後付諸實施。例如，當經營者知道自己的產品有極其重要的價值，而各大廠商又急需這些產品時，就是一個很好的一個「以退為進」的時機。這時經營者可以故意把住倉口不放貨，暗示購買者提高價格，最終將達到自己的經濟目的。

2002 年初冬，建築業漸漸步入一年一度的「年關歇業期」，此時既是各大公司發放薪水急需用錢的時候，也是建材業生意最蕭條無奈的日子。像往年一樣，這段時期一家建材公司的老闆孫先生按照行業中的流行做法，多給回扣和大幅度讓利降價，玩了命的清倉庫、拋售堆積如山的產品 —— 機製建築用磚，以求廠方購貨。然而，此時建築業已進入淡季，孫老闆的政策雖然比較優惠，但買方還是不想慷慨解囊照顧他的生意。孫老闆為此十分擔憂。

經過一番深思熟慮，他不想再像往年那樣虧著本「賤賣」，一咬牙決定「拚一把」。於是，他派出大批行銷人員和幹部員工，大量搜集有關建築業的資訊。下屬們八仙過海，各顯神通，很快回饋回來準確而清晰的市場新行情：2003 年本市基本建設將大幅度增加，建築面積高達 3000 萬平方公尺。由此看來，建材市場勢必需要大量建築用磚；而且，在這個時候，建材行業中多數企業因不具備冬季人工乾燥生產技術，大都停工歇業，生產不出產品。同時，外地競爭對手即使具備先進技術，也因路途遙遠運費較高，而對當地市場力不從心。

想到這些，孫老闆眼前突然「柳暗花明」，覺得這個「年關」並非就是一場災難，而是一次絕妙的商機，於是決定賭上一把。緊接著，「囤積居奇有買方」的行銷決策在孫老闆一手策劃下推行了。公司上下不但沒有歇業，而且熱火朝天地忙了起來。很快的，源源產出的上等機製磚堆滿了公司鐵路專線兩側的空地。

次年春天漸漸來臨，同行企業大都尚未開始工作，而建築商們開始為新一年的建築工程購置原料，於是有買方找到孫老闆，請求發貨。孫老闆等的就是這個時候，便「拿」了一把，大手一揮：「不賣！」建築商接踵而至，孫老闆連連揮手謝絕。最後，憋了 40 多天，在同行企業開始動工，無磚的建築商們急需用磚的時候，孫老闆終於答應開倉發貨。但是，價格從過去的每塊 9 分 5 提到 1 角 4 分。面對暴漲的磚價，客戶們紛紛騷動起來，一個個賭氣不買，指望降價。這樣一來，導致孫老闆門庭冷冷清清，車馬稀少。見「情況」有些不「妙」，員工中有人沉不住氣了，擔心孫老闆弄巧成拙。然而，孫老闆根本不為所動，他知道：客戶買漲不買落，越漲價越值錢；在這個節骨眼上，就得挺一挺！同時，他派人到市面上放風聲：磚價非但不會降價，反而要一漲再漲。

建築商們再也沉不住氣了，有人帶著現金來購買。孫老闆接了第一筆生意，以每塊 1 角 4 分的價格售出 1200 萬塊，大賺一筆。此時，同行企業尚未生產出產品。建築商對市場行情不夠了解，以為磚價會漲得更高，便紛紛來到孫老闆門下，請求開倉發貨。孫老闆又「拿」了一把：發貨可以，但買方至少一次要訂 8 個月的貨，而且要先交 25%的預訂金，否則，一律按每塊磚 2 角錢的零售價銷售。

後來，孫老闆這招大顯奇效，客戶們急等用磚，便蜂擁而來。孫老闆一鼓作氣，連連提價，最後每塊磚漲到 1 角 6 分。到 3 月末為止，公司統計發現，共有 33 家需求量較大的客戶，加上零售，機製磚的銷售量高達 1.61 億塊，完成公司年產量的 70%，預收訂金 600 多萬元。該年年底，公司淨收入突破 3400 多萬元，創造了公司創建以來收入的最高紀錄。

以「退」的方式來達到「進」的目的，可以說是一個「獨闢蹊徑」的成功方法。

運用這一策略，劉邦曾如願以償的做了沛縣縣令。劉邦率眾起義，占領沛縣縣城後，城中父老推舉他為縣令，熱情十分高漲。劉邦實際上很想得到這個位子，卻假意推辭說：「當今天下大亂，各路諸侯紛紛揭竿而起，反對秦朝統治，如果將領選擇不當，起義就會前功盡棄，甚至全城百姓都有被殺頭的危險！我這樣說並不是愛惜自己的性命，只是因為我才疏學淺，恐怕難以勝任，到時真的害了沛縣的父老鄉親，我可沒有辦法交代啊。所以，你們在這件事上要慎重一些，不如另請高明吧！」

在場的蕭何、曹參都是文官，他們顧慮重重，擔心起義的大事不成，會被秦朝誅殺全家；同時，兩人又深知劉邦能成大事，於是極力推舉劉邦。

沛縣百姓也對劉邦說：「我們都聽過你的事蹟，知道你是個大人物；況且，我們已經占卜過了，沒有人比你更吉利。如果你不當縣令，那麼換成任意一個人恐怕沛縣百姓就要遭殃啦！」

劉邦又多次推讓，但所有人堅決選他做沛公，他這才接受了。

其實，劉邦完全可當仁不讓的坐上沛公的位子，但他恰恰選擇了與此截然相反的「以退為進」的做法，卻同樣達到了目的。實際上，劉邦選擇後者是非常高明的一個舉動。

劉邦之所以選擇「退」，是想試探一下其他人的心理，看他們是否真的信服自己。他知道，起兵造反是滅門之罪，如果追隨者不能同心，造反必定難以成功，那樣的話，沛公之位就應暫時放棄；如果追隨者都心服口服，這便有利於日後的管理和指揮，這樣沛公之位才能去坐。

另外，劉邦選擇「退」也是為了避免與他人發生矛盾紛爭。他知道，以勾心鬥角的方式奪來的位子是坐不穩的。正因為假意拒絕推讓，劉邦才清楚的看到了眾人的真正心意，原來他們是真心擁護自己，於是答應了眾人的請求，如願做了沛公。

吃一塹，長一智

狼是一種異常聰明的動物，萬一在某個地方受到了挫折，這絕對是第一次，也是最後一次，而且，牠還會將自己的教訓分享給他的同伴。正因如此，每隻狼都成了「防禦」失誤的高手，團隊實力也一直得以保存，並且日益壯大。

「吃一塹，長一智」，用這句話來形容狼再合適不過了。狼在荒野、戈壁、叢林或草原等地棲息或跋涉的時候，會遇到許多挫折和磨難。但是，每經歷一次危險之後，牠們就會從中吸取深刻的教訓，並努力避免再犯同樣的錯誤。

當然狼捕獵失敗的經歷也會時有發生，但狼在遭遇挫折或失敗時，絕不會就此罷手、退縮不前，而是積極的總結經驗教訓，努力找到失敗的原因，避開先前遇到的「陷阱」，以最快的速度投入到下一次捕獵活動中去。

像狼一樣，人在生活中常常會遭遇挫折或失敗。但是，有些人在遭遇失敗後，善於從失敗中吸取教訓，並能勇敢的從失敗中走出來，繼續奮勇前進，他們最終就是那些成功者。與此相反，有些人遭遇挫敗後，不能積極的從中總結經驗、吸取教訓，而是一蹶不振，始終生活在失敗的陰影裡，他們便是生活中的那些徹頭徹尾的失敗者。

趙太太酷愛炒股，但一直沒有賺到大錢，甚至連點小利也沒撈到。最終，由大戶做到中戶，由中戶做到散戶，最後退出了股市「江湖」。

趙太太失敗的原因，是因為她不善於總結經驗和吸取教訓。據她後來說，她買的任何一種股票，其實都可以賺錢，可以賺大錢，但她買了一檔股票，沒過多久就上漲了，於是捨不得抛出，想著既然漲著我幹嘛要賣，說不定還能再漲一些的。

然而，當事實如她所願後，她還是捨不得拋出，盼著再漲一些的。不料，這次天不隨人願，股市一落千丈，她只得降價拋售，最終血本無歸。

趙太太是個「執著」的人，又購進一批股票。可是，她又像上次一樣，當股市行情出現良好的態勢時，不肯拋售，盼著股價再漲一些。然而事與願違，股價不漲反跌，最終她又以賠本收場。趙太太經常吃這樣的虧，最終退出了股市。

在這裡，我們很容易就能看出趙太太炒股失敗的原因，就是不善於從失敗中總結經驗，吸取教訓，常被同一塊「石頭」絆倒兩次、三次，甚至更多次。

失敗如果避免不了的，那麼我們應該給予它正確的認識，給予它充分的理解，坦然的面對它，接受它，並最終戰勝它，征服它。失敗了，總結教訓，從頭再來，你總會有成功的那一天。如果你只是在失敗後一味的自責、懊惱，活在失敗的陰影裡，實際上於事無補。

每個人都可以成功，每個人也都可能遭受失敗。即使你是成功者，你也不可能一直是一帆風順的，在你獲得成功之前，你也曾經歷過很多次失敗，或大或小。即使是一代偉人，也不例外。

愛迪生最終之所以能夠發明出電燈，是因為他能夠從經歷的上萬次失敗中吸取教訓、總結經驗的結果。

像成功一樣，每個人失敗的具體原因也不會完全相同。但是，人畢竟是人，總有些東西是相同相通的。有些是造成失敗最為常見，而且也是最具破壞力的原因。仔細的反省自己，當發現在你身上曾出現過任何一種原因時，不要過度自責，因為誰都可能失敗，你現在要做的事情是分析失敗的原因，找出解決問題的方法和途徑。

西方有句諺語說得好：不要為打翻了的牛奶而哭泣。

牛奶已經打翻了，不論你怎麼惋惜、慨嘆，也都無濟於事，牛奶不會再回到杯子裡。但如果因為今天打翻了的這杯牛奶，我們以後不打翻牛奶，不再犯類似的錯誤，即使打翻一杯牛奶也是很值得的。

有人問一個孩子怎樣才能學會溜冰，孩子回答：「每次跌倒之後，立刻爬起來！」跌倒以後，爬起來繼續前進，並從失敗中吸取教訓，避免第二次被同一塊石頭絆倒。這是自古以來偉大人物的成功祕訣，也是狼的「狼生」法則，強者的法則。

隻身闖天下的方小姐，幾經波折最終獲得成功。在總結成功經驗時，她深有感觸的說：「逆境可以毀滅一個人，也可以成就一個人，關鍵就在於一個人對待逆境的態度。一個人如果堅強不屈，永遠不向逆境低頭，最終就能戰勝困難與挫折。反之，則將被困難與挫折打倒。」

大學畢業後，方小姐從事新聞記者工作，鍛鍊出了極強的交際能力，後來她隻身奔向某城市創業。正所謂「萬事開頭難」，剛到當地的時候，她連個雜工的工作也找不到。當時，她承受了太多的生活重壓後，她對生存感到絕望。於是走向大海，想了卻此生。

當海水淹到齊腰深的時候，她突然想到父母不能失去她這個女兒，再說她還未報答父母對她的養育之恩。想到這些，立刻看到了生的希望。她決心發揮自己的才能努力去奮鬥，再去謀職。撒下無數汗水與淚水之後，她終於遇到一位有眼力的老闆，當上了每月僅拿 300 元薪資的推銷員。她不僅找到了飯碗，而且找到了展示才華的機會。

在此後的一段時間裡，她表現得十分出色，受到了老闆的賞識。老闆發現她頗有幾分靈氣，善於交際，便把她派到另一個城市去組建分公司。她決定在那裡扎下根來，大大努力一番，於是運用當記者時建立的關係，和各地做起了生意。

除了經營分公司內的業務，她還把觸角伸到了其他領域。只要有賺錢的可能，她都勇於去嘗試。失敗了，立即撤退；成功了，乘勝追擊。漸漸的，她累積起了一定數量的資金。於是一天，辭去當前的工作，自己當老闆。

方小姐首先經營了一個「雅品」酒樓，但沒想到開張才一年就虧損300萬元。她身負重債，依然鼓勵自己絕對不能倒下去。去找朋友借錢，但一般朋友幫不上忙，有錢的朋友又不肯借。最後，她去找一位老朋友。她對朋友說：「我以前在你這裡借的600萬元，都賠進去了。現在我打算再從你這裡借400萬，如果你不借的話，我可能從此倒下去再無翻身之日。那樣的話，我就無力償還你借我的那600萬元了。」

那位朋友經過再三考慮，最終冒著風險答應了她的要求。這樣一來，她就得到了一次寶貴的起死回生的機會。

這一次，她向新的領域進軍，籌建了貿易公司，同時經營房地產開發生意。這一次，她吸取了上次創業失敗的教訓，一步一個腳印的做了起來，加上經濟形勢良好，她的事業就像滾雪球似的越滾越大。

幾年之後，形成了以生產金剛石為主體的集團公司，又引進國外先進生產線，提高了機械設備的性能與品質。同時，企業規模也得以壯大，下屬公司達10多家。從此，方小姐在成功的道路上越走越順利。

這個例子再次告訴我們，失敗並不可怕，失敗是成功的基石，當它把坎坷的道路鋪平之後，便可以順利的走向成功的未來。

調虎離山，攻其不備

三十六計之一「調虎離山」，自古就被兵家所用，在商場競爭中，如果運用得當，也可以發揮意想不到的效果。

狼群為了能夠吃到獵物，常常使用「調虎離山」之計。在夜裡，狼群為了捕到羊，常常先在離羊群相對較遠的地方嗥叫，這樣一來，那些牧羊犬就會朝著狼群嚎叫的方向跑去。狼群依靠數量的優勢，在很短的時間內就會把這些牧羊犬咬死。與此同時，另一群狼已向羊群衝去，在沒有牧羊犬看護的情況下，就可以對羊群隨意捕殺了。

三國時期蜀國軍師諸葛亮運用各種計謀打敗對手，其中就有「調虎離山」這一精妙計策。

諸葛亮第一次出師代虢（陝西寶雞東），大勝夏侯楙，率軍直攻南安城下。城中的安定太守崔諒聽說蜀兵包圍南安、困住夏侯楙的消息，十分恐懼，立即派 4000 人馬固守安定城池。

這天，忽然有一人從正南而來，說有機密事要告訴崔諒。崔諒詢問，這人回答說：「我是夏侯楙將軍的心腹將領裴緒，今天特奉都督之命來向您求救，希望您出兵相助。南安形勢十分危急，每天都在城上燃放煙火為信號，盼望有援兵前來，然而一直並未見援兵來到。所以，將軍派我殺出重圍，來到這裡向您求救。您可在月色明朗的夜晚前去相救，作為外應。都督見到你們的援兵，必會打開城門迎接。」

崔諒對此人有些懷疑，便問：「你有都督的文書嗎？」

裴緒取出文書，向崔諒展示一下，隨後命令手下備好車馬，急匆匆出城朝天水求援而去。第二天，又有探子來到安定，說天水太守已經起兵救援南安去了，安定也要盡快動身。崔諒與府官商議此事。許多官員都認為：「如果不派兵前去相救，南安必定失守，夏侯駙馬也必然會喪命。如果造成這樣的後果，便是天水和安定兩郡的罪過。所以，我們只能前去相救。」崔諒立即率領人馬，離城而去，只留下一些文官守城。

崔諒率領人馬向南安大路進發，遠遠的就看見火光沖天，知道是南安方面發出的求救信號，便催兵加速前進。不料，在離南安大約 50 里處，忽然聽到喊聲震天，似乎有敵兵殺來。

不多時，有探馬回報，說蜀將關興在前面攔住了去路，張苞率軍從背後殺來。安定將士見到這種情形，嚇得魂飛膽喪，抱頭逃竄。崔諒大驚，率領手下 100 多人拚死抵抗，擇路逃回安定。剛到城外，尚未得到喘息之機，城上便有亂箭如雨點般射了下來。蜀將魏延在城上大聲道：「安定城已經被我們占領了，你們還是乖乖的投降吧！」原來魏延裝扮成安定軍，在夜裡打開城門，使得蜀軍殺進城去，占領了城池。

崔諒見勢不好，慌忙率軍朝天水郡逃去。逃至中途，發現前面有一大隊人馬列隊排開，像是已經等待他們多時的樣子。崔諒仔細一看，大旗之下端坐一人，羽扇綸巾，道袍鶴氅，正是諸葛亮。於是，急忙撥馬欲向其他方向逃走。這時，關興與張苞率率領的兩路大軍剛好趕到，便叫崔諒盡快投降，別再做無謂的犧牲。崔諒見已被蜀兵包圍，反抗必定沒有好下場，只得束手就擒，繳械投降了。

在奪取安定的過程中，諸葛亮使用了「調虎離山」之計。他調崔諒離了安定，利用的是夏侯楙的身分。在戰場上，交戰雙方進行的是實力與謀略的較量。在魏軍一方，由於夏侯楙的無知，使得諸葛亮能夠利用他的身分向守城的崔諒施加壓力，使他不僅要守住城池，而且還要照顧夏侯楙。在戰爭危急時，放在第一位的不是雙方真實的軍事需求，反而，是夏侯楙的身家性命。這樣，崔諒與諸葛亮作戰時難免不違反戰爭規則，最後被諸葛亮所擒。

從整體布局來看，諸葛亮本想在奪安定時不給自己帶來更大的損失，因此利用夏侯楙把崔諒調離安定，然後出兵輕取安定，做到不折兵而獲得城池。由於「調虎離山」之計被運用得十分精妙，諸葛亮因此輕而易舉的達到了目的。

所謂「調虎離山」，其本意有兩種：一種是其比喻意，指迫使老虎離開高山，使其技能不能得以施展，然後再設法擒之；另一種是其引申意。指為了乘機行事，設法使他人離開原來的地方。

諸葛亮的「調虎離山」之計之所以能夠成功，是由於他對敵方的情況了解得十分清楚。也就是說，要想運用好「調虎離山」之計，首先要做到「了解敵情」。做到這一點，你才能制定出好的計策，發揮更多的才能。

進攻對手的薄弱環節

當對手過於強大時，狼總是想辦法找到新的途徑，來攻擊對手的薄弱環節。這一點在電話市場競爭史上也有所體現。

MCL 和斯普林特公司使用貝爾電話系統（AT&T）自己的定價體系，從它們手中搶走了大部分長途電話業務時，就使用了獨闢蹊徑的策略。ROLM 也使用這個策略從貝爾系統公司的手裡搶走了專用小交換機市場。同樣如此，花旗銀行在德國開辦消費銀行——「家庭銀行」時也使用了這個策略，而且在短短的幾年內就牢牢的占領了德國的消費者金融業務。

德國銀行很清楚，普通的消費者有購買能力，而且是潛在的客戶。他們也考慮過提供消費者銀行業務的措施。但銀行實際上並不需要這些客戶。他們認為，與商業客戶和富有的投資客戶相比，零散的消費者會有損銀行的聲譽。如果消費者需要開一個帳戶，他們寧願在郵政儲蓄開戶。儘管他們的廣告做得異常精彩，但當消費者到當地銀行分支機構去辦理業務時，銀行的所作所為卻讓儲戶感到不滿。

花旗銀行正是乘此時機在德國開辦了家庭銀行。家庭銀行專門針對個人消費者，設計了他們所需要的業務，使消費者與銀行開展業務非常簡單、方便。雖然德國銀行在德國有很強大的實力和滲透力，在每個城市中心的重要街道上都設有辦事處，但花旗旗下的德國家庭銀行仍在 5 年內壟斷了德國的消費者銀行業務。

德國銀行一致認為，家庭銀行之所以能夠獲得成功，是因為它們勇於冒險。但家庭銀行在消費者貸款方面的壞帳損失比德國銀行低，發放貸款的條件卻與那些德國銀行一樣嚴格。德國銀行當然明白這一點，但仍為他們的失敗和家庭銀行的成功找開脫的理由。這種情況很常見。這也是為什麼同一個策略可以反覆使用的原因。

進攻對手的薄弱環節，首先瞄準的是占領一個安全可靠的有限市場，這塊市場是已有根基的領先者不屑一顧或只有三心二意的反擊的據點 —— 如同花旗銀行建立家庭銀行時，德國人沒有反擊一樣。當這塊市揚保住以後，即當新入市場者擁有了一個合適的市場並能很好的獲利以後，它們又開始向另一個細分市場挺進，最後是整個市場。在每一次舉動中，它們都重複著這個策略。設計了一種最適合於少有競爭的產品和服務。已有根基的領先者都很少會去攻擊它們。在新來者搶走其領導地位主導高層以前，這些老牌企業很少會改變自己的行為。

使用「釜底抽薪」戰術，一定要對該行業進行充分的調查研究，了解生產者、供應商以及它們的習慣、策略和經營方法。然後面向市場，找到一個新策略，努力獲得最大成功。

繞開對手的強項，另闢蹊徑

現代商業中，並非一定要捲進「萬馬戰猶酣」的競爭漩渦，完全可以瞄準市場需求的空缺所在，抓住有利時機，另闢蹊徑，獨樹一幟，從激戰不休的競爭中脫穎而出。

日本是個服裝王國，而獨立公司則是這個王國中的一顆格外明亮的新星。獨立公司不生產高檔時裝和名牌服裝，而是獨樹一幟，專門為身障者設計和生產各種服務，因此才在日本服裝業占據了一席不可替代的位置。

獨立公司的老闆是位身障婦女，名叫木下紀子。過去她曾經營過室內裝修公司，而且在該行業還頗有名氣。可是就在她的事業一帆風順的時候，一次意外的疾病給了木下紀子毀滅性的打擊 —— 她的左半身癱瘓了。木下紀子痛苦過，頹廢過，覺得自己的事業再沒有什麼希望了，一度還想過自殺。但是當她從極度痛苦中擺脫出來冷靜思考時，理智和意志最終占了上風：「必須振作起來，不能讓這輩子就這樣終結！」

然而，對於一個半身癱瘓的身障者來說，要做成事業簡直太難了。就拿穿衣服來說吧，這是每天必做的極小的一件事，而木下紀子都要非常吃力的花上十幾分鐘或更長的時間，「難道就不能設計出一種讓身障者容易穿脫的服裝嗎？」一個全新的念頭突然產生。一種要為自己和相似遭遇的人解除或減少不便的渴望，重新燃起了木下紀子的事業之心。

就這樣，木下紀子根據自己的設想和以往的經營管理經驗，創辦了世界上第一家專為身障者設計和生產服裝的公司 —— 獨立公司，專門產銷「獨立」牌服裝。特意取了「獨立」這個名字，不僅向人們宣告身障者的志願和理想，同時也說出了木下紀子的心聲 —— 要走一條獨立自主的生活道路。這是一個強者的選擇。

獨立公司開張後，生意非常興隆，因為它確實是滿足了一部分特殊人群的需求，找準了市場空缺。木下紀子設計的服裝看上去很普通，甚至不像身障者穿的服裝，而有點像時裝。對此，木下紀子有她的見解。身障者很容易失去信心和勇氣，服裝的款式、面料及色彩講究一些，不但能使身障者穿著方便，也能增強他們的信心。更為重要的是，愛美之心人皆有之，身障者何嘗不想穿得漂亮一點！

木下紀子從絕望走向成功的例子，告訴我們，只要能善於觀察，獨具慧眼，做別人不曾做的，形成自己的特色經營，你不去找成功，成功也會找你。

大膽進行釜底抽薪

一般情況下，狼群很少主動去攻擊那些比自己強大的動物。一旦那些動物侵犯了牠們的利益，牠們也會奮起反抗，毫不留情給予回擊。

有的時候，草原上的食物比較稀少，這樣，一些捕獲抓不到獵物的獅子就常常打狼的主意。獅子會跟隨群狼，等牠們獵食後下手。如果圍獵的狼群規模較小，獅子就會從牠們那裡搶奪食物。

為了自己的生存，狼群會對獅子進行反擊。但是，與獅子相比，牠們根本沒有任何優勢，在進行「反擊戰」時會遭受很大損失，況且也不能從根本上解決問題。

因此，狼群一般不去攻擊強壯的雄獅，而是去攻擊那些母獅和小獅子。殺死了小獅子。

狼避開雄獅而捕殺母獅和小獅子，是為了防止在與雄獅較量時受到傷害，更重要的是，這樣可以從根本上解除獅子對狼的威脅，避免牠們將來與自己以及後代爭奪獵物。

在這裡，狼所使用的是「釜底抽薪」的策略，也就是從根本上解決問題。也許牠們並不懂得什麼叫作「釜底抽薪」，但牠們卻將這一計策運用得恰到好處。

在商戰中，競爭者為了贏得利益經常使用各種計策，「釜底抽薪」就是其中之一。為了擊敗競爭對手，一些商家經常捕捉對方的軟肋，從而發起猛烈的進攻，最終達到自己的目的。

1947 年，貝爾實驗室發明了電晶體。人們馬上意識到電晶體即將取代真空管，特別是在消費電子產品中，如收音機行業和電視機行業等。每一個人都知道這一點，但沒有人積極採取行動。當時，都是美國公司開始研究電晶體，並計劃「在 1970 年左右的某時」再轉化成電晶體。當時他們聲稱，電晶體「尚未準備妥當」。

美國人拒絕電晶體，因為它不是本行業發明的，即不是由電氣和電子大公司 RCA 和奇異發明的。這是一個典型的因自負而失去機會的例子。美國人當時以他們的完美的收音機為榮，他們的超級雙頻收音機工藝的確很精良，與之相比，他們認為矽片根本不符合潮流，事實上，他們認為使用矽片有損他們的尊嚴。

日本 SONY 公司當時在世界上毫無名氣，也沒有涉足消費電子產品市場。但是 SONY 總裁盛田昭夫在報紙上發現了關於電晶體的消息，於是前往美國，以低廉的價格從貝爾實驗室購得了電晶體的製造和銷售權，總共花費 2.5 萬美元。兩年以後，SONY 推出了第一臺可攜式晶體管收音機，重量不到真空管收音機的五分之一，成本不到三分之一。3 年以後，SONY 公司占領了美國的廉價收音機市場；5 年以後，日本人占領了全世界的收音機市場。

縱觀經濟發展歷史，我們發現日本人重複使用「釜底抽薪」同一個策略，總是都能獲得極大成功，這使美國人大為驚奇！他們反覆在電視機、電子錶和掌上計算機上使用這個策略。他們在進軍影印機市場時也使用了它，並從早先的發明者全錄公司手中獲取了很高的市場占有率。也就是說，日本人一次又一次成功的使用了「釜底抽薪」戰術來對付美國人。

運用「釜底抽薪」的戰術，須注意以下三點：

1. 已有根基的領導者拒絕在意外的成功或失敗事件上做出反應，不是忽略它就是將它拒之門外。這就是 SONY 公司利用的機會。
2. 一種新技術或新發明被推向市場後，發明者或擁有者利用領導地位從市場中「撈油」，制定高價格策略，以牟取利潤。
3. 當市場或產業結構快速變化時，「釜底抽薪」戰術也非常有效。家庭銀行的例子就屬於這種情況。

企業家總是以市場為中心，並受市場驅動的。起始點可以是技術，盛田昭夫從日本前往美國購買電晶體生產經營許可證就是如此。僅僅因為真空管過重且易於燒毀，盛田昭夫就看到了已有技術很難滿足的一個市場：可攜式收音機市場。這一產品是根據特定人群的需要來開發的，最終果然適應了廣大人群的需要。

第十一章　維持大局，犧牲奉獻

狼雖能適應複雜艱苦的環境，善於長途奔襲，南征北戰，能忍飢挨餓。但也有食不果腹的時候，狼族都知道，為了生存，在必要的時候，就得付出一定的代價。狼有什麼資本呢？牠只有一條命，而這條命是狼群給的，所以即使要牠們的命，狼也從不會退縮。狼是世界上最具有團隊精神的動物，自我犧牲精神就是狼群團隊精神的一種充分表現。為了種族的繁衍和興旺，狼會在生命最後時刻，毫不吝惜的將自己的身軀奉獻出去，拯救飢寒交迫的同伴。

犧牲原則應該是草原狼有別其他物種的重要特徵。狼群團體作戰時，如果同伴敗下陣來，將被大家分食。作戰中，遇到傷者生存無望時，其他狼會一口使其斃命。狼因傷逃跑中，也會採取自殘方式，擺脫束縛。狼為了提高自己的奔跑速度，可以把吃進肚裡的食物嘔吐出來。狼非常清楚自己要的是生命，而不是食物。

由此，也可以看出，正是由於狼性的團結，才造就了牠們在自然界長達 100 萬年的生存歷史。

wolf

真誠的奉獻，無怨無悔

與人類的家庭一樣，狼群組織也是按一定法則組成的。狼族中有（外）祖父母、父母叔姨、兄弟姐妹以及同父異母的兄弟姐妹等，這和人類大家庭的組成十分相似。

狼族的中年狼——父輩狼，是狼族的主宰和中心，負責狼族中的一切事務。幼狼通常出生在春夏之交的時節，因為那時食物比較豐富。幼狼的出生對於整個狼群來說是一個非常值得慶祝的節日。幼狼的父親、叔叔、阿姨等親戚得知消息後都會擺尾表示祝賀。

公狼對家庭負有非常重大的責任，在母狼懷孕和生產期間，一直保護母狼和小狼，直到小狼具備獨立生活的能力為止。公狼的奉獻精神是非常值得讚美的。母狼為了保護幼狼，常常不讓公狼靠近，即使牠的到來是為牠們送食物。這樣，公狼只能把食物放在洞口，想看看自己的孩子，也只能在洞口張望。

狼可以說是全心全意的獻身於家庭的。牠們有靈敏纖細的感受，能夠察覺家庭及家族中其他成員的需求。此外，狼對族群極度忠誠，對於奉獻群體牠們會毫不吝嗇。

狼的奉獻精神是天性使然，狼的奉獻行為是自動自發的，在牠們身上很少有自私自利的行為發生。

這使享有「高等動物」之稱的人類深感慚愧。與狼相比，人類缺乏奉獻精神，即使偶爾出現一些奉獻的舉動，也常常是被某種利益所驅使才發生的。狼以真正的奉獻精神贏得了人們的敬畏。

在狼族世界裡，每個成員都在真誠的奉獻著。這樣每個成員都能得到來自其他成員的奉獻所帶來的實惠，因此牠們都在積極而無私的奉獻著，為了對方也為了自己。

狼是奉獻的楷模，是人類值得學習的榜樣。但在不了解真相的人心目中，人類對狼族始終抱著仇恨的態度，認為牠們不講道義，自私自利。但在認知提高之後，人們發現狼是最講道義，而且是最善於奉獻的動物之一。

生活在新世紀物質和精神文明日益發達的環境中，我們作為人類要像狼族學習，要像狼一樣無私的為他人、群體和整個世界做貢獻。

生而為人，我們要嚴厲抵制「金錢主義」和「享樂主義」觀念，遠離紙醉金迷、醉生夢死的糜爛生活。我們應該明白，人生的真正價值在於對社會的奉獻。個人對社會的奉獻是社會存在和發展的要求。人類社會的存在和發展，總是取決於一定的物質財富和精神財富的增加；社會要滿足個人生存和發展的需求，也必須把這些財富創造出來。為此，應要求每個社會成員承擔應有的責任，進行創造性的勞動，做出更多的奉獻。如果大家只想從社會獲取東西，不對社會奉獻，這個社會就不可能維持下去，個人的生存和發展就失去了保證。

一個民族在幾千年風風雨雨的發展歷程中，歷經磨難，有時甚至到了危亡的邊緣，但始終沒有滅亡，屹立在世界，其中重要的原因，就是在每個歷史關頭，總會有人挺身而出，力挽狂瀾，做出傑出貢獻，從而推動了社會的不斷進步。

從屈原的憂國憂民，到岳飛的精忠報國；從范仲淹「先天下之憂而憂」的無私精神，到林則徐「苟利國家生死以，豈因禍福避趨之」的果敢行動，這些都是對國家和人民的奉獻。

此外，在平凡的生活中，在普通的職位上，這種奉獻精神無處不在，奉獻者的故事到處傳誦。在這不勝枚舉的普通人的不平凡事蹟中，我們清楚的看到了他們的奉獻精神，看到了他們閃亮的人生價值！

要想做出成績，我們必須學會「奉獻」。作為職場中人，尤其是一名普通員工，更應該懂得奉獻的重要性。為公司奉獻，無非是多做一些分外之事，比如自動自發的打掃環境：做完自己的工作後幫助同事；在適當的時候為老闆分憂等等。

你的奉獻行為總有一天會被老闆發現，那時他一定會欣賞你、重用你，這樣你便獲得了更多的加薪晉升機會。

為人處世，學習狼的奉獻精神，將會使我們更強大。

生死與共，福禍同享

在北美的原始森林中，一群狼在那裡數百年如一日，自由自在的生活著。一天，兩隻狼結伴外出捕獵。大雪過後的森林裡，幾乎沒什麼動物出來覓食，積雪表面上的紋理十分清晰的說明了一切。

突然，一隻狼發現雪地上有一串兔子腳印，便順著痕跡跟蹤，最終來到一棵大樹下。正當牠仔細分辨腳印的去向時，不慎踩到了獵人設下的捕獸夾。牠的前腿被牢牢夾住，皮肉被夾子上的鋼針刺得鮮血直流。

一陣淒慘的嚎叫聲過後，在附近覓食的另一隻狼飛跑了過來。見到同伴遇難，牠一邊著急的叫著，一邊用力抓咬捕獸夾，試圖讓同伴擺脫夾子的束縛，獲得自由。然而，儘管牠竭盡全力，把爪子和嘴巴都磨破了，也沒能打開捕獸夾。

在營救過程中，施救的狼始終警惕著四周，以防止獵人出現。在一次次努力都宣告失敗後，這隻狼無奈的望著同伴，眼睛裡充滿了無限哀傷。隨著時間的流逝，危險在一步步逼近。當施救的狼再次試圖營救時傷狼，受傷的狼向牠發出了憤怒的吼叫，意思是說：「獵人要來了，你快逃吧，不用管我！否則，我們兩個都會沒命的。」

然而，施救的狼死也不肯離去，只是默默的望著同伴。受傷的狼越發不安起來，牠的眼睛裡充滿了憂傷和憤怒，喉嚨不時發出沉悶的低吼，下命令似的要同伴趕快離開。但施救的狼還是站在原地不動，而且彷彿在說：「無論如何我不會丟下你不管的。如果真的要死，就讓我們死在一起！」

受傷的狼見同伴不肯走，無奈之下做出了令牠自己都無比痛心的決定。於是，令人震驚的一幕發生了。只見牠張開大口，用鋒利的牙齒狠狠的咬向被夾子夾住的前腿，想以一條腿為代價來換取自己和同伴的性命。

可是，受傷的狼由於失血過多無力完成這件事，於是把目光投向同伴。同伴領悟了牠的意思，可牠怎麼狠心下口呢？但事已至此，牠也只好忍痛去做。最終，兩隻狼一同逃離了危險境地。

在狼族世界裡，每隻狼都具有與同伴「有福同享，有難同當」的優良品德。牠們知道，「有福同享」才能使彼此的關係更和諧、更融洽；「生死與共」才能使彼此更加忠誠，同時團結起來也能增強力量，容易戰勝困難。

正因為每隻狼都體驗到了「生死與共，永不放棄」帶來的好處，所以不論在哪種情況下，牠們總能把「生死與共，永不放棄」當作生命第一要義，時刻以它為行動指南，對自己的一言一行進行指導。也正是由於真正的做到了這一點，所以在其他族群日益瀕臨滅絕的情況下，牠們依然頑強的生存著，而且勢力依舊強大。

「生死與共，永不放棄」的特質，對於職場中的老闆和員工來說是十分必要的。老闆若能真誠的與員工共同分享禍福，員工勢必對老闆這一「仁義」的舉動心存感激，進而會更加積極主動的面對工作。老闆若能在員工最困難的時候給予支持、鼓勵和幫助，員工勢必會把老闆給予的好處銘記於心，從而竭盡所能的為公司效力。

李嘉誠就是一位善與員工同甘苦、共患難的企業家。

在他的長江實業創業初期，工廠處境十分艱難，連個用來吃飯的餐桌也沒有，更別說有什麼可口的飯菜了。工人們頓頓圍成一圈蹲在地上吃，李嘉誠雖然是個老闆，也沒什麼特殊，像個工人一樣和大家擠在一起。他知道這樣的待遇有愧於員工，便一邊吃飯一邊講些令人開心的笑話，笑話過後激勵大家艱苦奮鬥，並讓工人相信不久的將來廠子就會好起來。員工個個充滿信心，工作起來十分起勁。

李嘉誠深知「用人要收穫人心」的道理。因此，長江塑膠廠一盈利，他就拿出一筆資金，盡量為工人改善伙食品質和用餐環境。

第一次看到產品從壓塑機模型中取出來，李嘉誠如中年得子一樣興奮。一向節儉的他破例奢侈一番，帶著工人到小酒館聚餐慶賀。李嘉誠常說自己是個慳吝的人，他的部屬卻說他「慳己不慳人」。

李嘉誠以一顆誠心對待員工，使長江廠具備了穩固的勞力的資源。草創時期的長江廠條件異常艱苦，卻沒有工人跳槽。後來，長江廠幾次遇到困難，工人們仍然同心同德，堅持與他在一起，共度了大小難關。

李嘉誠深知，員工是企業的根本，「水能載舟，亦能覆舟」，善待員工是很重要的賺錢術。

他身為老闆，同時又是操作工、技師、設計師、推銷員、採購員、會計師、出納員。創業之初，什麼事都是他一手操持。

長江塑膠廠選用的第一批工人都是生手，多半是從田間洗腳上岸的農民，唯一的塑膠師傅是老闆李嘉誠。機器安裝、調試、檢修，一直到產品出產，都是他自己帶領工人一道完成。

到了晚上，李嘉誠還要把握時間自行學習。塑膠業的發展日新月異，新原料、新設備、新製品、新款式源源不斷的被開發出來。李嘉誠猶如海綿吸水，總覺得時間不夠用。

李嘉誠事必躬親，為工廠節省了許多不必要的開銷，同時由於對全廠的每一個環節都瞭若指掌，管理起來十分輕便。此外，李嘉誠作為老闆，卻比員工更加賣力拚命，也成了全廠員工的榜樣。

李嘉誠所為是為了實現自身價值，同時對激發與帶動員工艱苦奮鬥產生了相當重要的作用。隨著第一批產品順利的銷售出去，一批又一批的訂單如雪片般飛來，生產規模便隨之擴大了。

李嘉誠白手起家，經過幾年拚搏努力，在商業領域創造了一個奇蹟。李嘉誠團創辦長江塑膠廠遂成為「塑膠花大王」。後來李嘉誠投身地產業，又成為「房地產大王」。他連續六年成為世界華人首富，連續八年雄踞香港商界之首。他擁有創業經商的優秀素養，謀略可謂出神入化，法無定法，同時又有跡可尋，人人可學可為。

相反的，有些老闆總是「把困難留給員工，自己卻躺在安樂椅上睡大覺」。當員工創造出成績時，他連句讚美的話也沒有，更不必說與員工「有福同享」。這樣下去，老闆由於無法籠絡人才，最終會導致企業破產或倒閉。

將心比心，只有和別人生死與共，永不放棄努力的人，才會贏得友情與事業，才能收穫成功。

用奉獻精神處理工作事項

每個單位都是由個人組成的，同事之間能否友好相處，成為企業能否穩定與順利發展的關鍵因素之一。

同事之間，對於工作問題上的不同意見和看法，完全可以直言不諱的進行討論、爭議和協商處理，因為有一整套有關工作的組織制度在制約著對方，所以，同事之間一般不會因為工作問題上的爭議而相互記恨、彼此隔閡。但是，仍有一些與工作有關聯的瑣碎、具體事情，需要很好的對待和處理，因為這些事情處理得好與不好，直接關係到每個人能否培育良好的人際關係。

(一) 打好辦公室的人際關係

當今人人都得靠個性出人頭地。你的個性有時難免要和他人發生衝突。不曉得怎麼搞的，總有誰跟你過不去。他們就散布在辦公室周圍，或許工作上還不得不和他們打交道，你可就麻煩了。為什麼會發生衝突呢？

仔細觀察，彼此的共同點還是不少的。恐怕是由於辦公室裡，往往會因一些細微爭端，一經引燃後，演變成勢不兩立的局面。

世上本沒有天生的惡人，就算跟你合不來的人，不可以認定對所有事物你們的觀點都不合。

如果只看到別人壞的一面，那著實太偏激了，人與人本來就該彼此肯定且欣賞對方的優點。過分苛刻的探討人的異同，你的周圍就會充滿反對者。只要你心中尚懷著成見，馬上就會表現在你的話語及態度上。原來，這麼多跟你合不來的人，其實都是自己心理上容不下他人的原因。

所謂工作，必須以人為媒介才能發生，而一個辦公室正是集結了許多相關者以便提高效率的地方。既是這樣，如果你不和他人合作就行不通。只要你先切除心中的芥蒂，避免無意義的發言、急著給他人刺激，即使聽到不中聽的語言也別放在心上。只要不讓成見占據你的心頭，就不會不願跟人合作了。

如果因為工作落後，或者錯誤百出招致他人的譏笑，只能是自作自受。因為你影響了他人的工作啊，你應當及時更正錯誤，才能減小損失，挽回形象。

(二) 對男同事多關心和理解

許多人往往認為男同事應該豪邁大方，有「男子氣概」，所以一旦遇到男同事焦躁不安、心神不定的情景，就會感到十分驚訝，並可能認為他是一位心胸狹窄的人。這種想法是錯誤的。因為一個對工作十分努力、殫思竭慮的人，如果沒有達到理想的目標，比如眼看可以簽訂正式合約卻在會談中失敗時，往往會很頹喪，感到懊惱，有些年輕男士遇到這種情況，常會把苦悶、懊惱發洩出來，以求得心理上的平衡。在這種情況下，作為同事的你，一定要表示你的理解和關心，只有這樣做，才會改進和協調好與男同事之間的人際關係。

(三) 對女同事多幫助和體貼

女同事在工作上遇到困難時，往往需要別人的體諒和幫助。比如一位女同事邊看錶邊嘆息說：「要是不加班的話，今天的工作完成不了」。這時你不妨盡同事之誼伸出援助之手，使對方感到有依靠，減輕心理負擔，提高工作效率。這次你伸出援助之手，下次當你碰到困難時，她必定會跑過來幫你的忙。這是一種在工作中的互相合作的精神，應當發揚光大。

(四) 坦誠指出同事的錯誤

改進與完善與同事之間的人際關係，當然不僅僅在理解與關心對方等方面做文章。在遇到原則性問題，尤其是察覺同事有犯錯誤的傾向時，一定要坦誠相告，直言不諱的提醒。有的人往往擔心，這樣做會不會撕破情面，造成人際關係惡化呢？猶豫不決的結果必然帶來更多的錯誤和損失。所以，不論對方是年長的前輩，還是同齡人，一旦發覺有犯錯誤的傾向時，用不著多做考慮，直截了當的指出來，以期盡快糾正。實際上，說出真心話，是對同事的信任、愛護和關心，不但可以使公司避免重大損失，而且可以使同事避免「一失足成千古恨」。

(五) 把工作放在首位

在工作場所，能被同事們所關心，這恐怕是每一個人的希望。

在工作場所中，衡量一個人是否受到周圍人喜歡的標準，並不在於他如何笑容可掬、無事套交情和裝出一副惹人喜歡的模樣，而在於你如何對待工作，任務完成得如何，效率是否高，是否經常有合理的意見和建議，是否經常為公司和周圍的人著想等等。所以，在工作場所，大可不必為了得到周圍人喜歡，而放下手中工作，一味想方設法取悅於人，專事多餘的工作。只有認真工作，奮發努力，積極向上，你才能進一步獲得周圍人的喜歡和尊重。

主動承擔分外的工作

美國成功學大師拿破崙・希爾曾經聘用了一位年輕的小姐當助手，幫助他拆閱、分類及回覆他的大部分私人信件。當時，她的工作是聽拿破崙・希爾口述，記錄信的內容。她的薪水和其他從事相類似工作的人大約相同。有一天，拿破崙・希爾口述了下面這句格言，並要求她用打字機把它寫下來：「記住：你唯一的限制就是你自己腦海中所設定的那個限制。」

當她把打好字的紙張交還給拿破崙・希爾時，她說：「你的格言使我獲得了一個想法，對你、我都很有價值。」

這句話並未在拿破崙・希爾腦中留下特別深刻的印象，但從那天起，拿破崙・希爾可以看得出來，女助手發生了明顯的變化。她開始在用完晚餐後，回到辦公室來，並且從事不是她分內而且也沒有報酬的工作，並開始把自己寫好的回信送到拿破崙・希爾的辦公桌來。

她已經研究過拿破崙・希爾的風格，因此，這些信回覆得跟拿破崙・希爾自己所能寫的完全一樣好，有時甚至更好。她一直保持著這個習慣，直到拿破崙・希爾的私人祕書辭職為止。當拿破崙・希爾開始找人來補這位男祕書的空缺時，他很自然的想到這位小姐。但在拿破崙・希爾還未正式給她這項職位之前，她已經主動的接收了這項職位。由於她在下班之後，以及沒有支領加班費的情況下，對自己加以訓練，終於使自己有資格出任拿破崙・希爾屬下人員中最好的一個職位。

而且不只如此，這位年輕小姐的辦事效率太高了，拿破崙・希爾已經多次提高她的薪水，她的薪水現在已是她當初來拿破崙・希爾這裡當一名普通速記員薪水的四倍。她使自己變得對拿破崙・希爾極為重要，因此，拿破崙・希爾不能失去她做自己的幫手。

這就是進取心。正是這位年輕的小姐的進取心，使她脫穎而出，成就了自己，也獲得了更好的報酬。

拿破崙．希爾告訴我們，進取心是一種極為難得的美德，它能驅使一個人在不被要求應該去做什麼事之前，就能主動的去做應該做的事。

有人對「進取心」做了如下的說明：

這個世界願對一件事情贈予大獎，包括金錢與榮譽，那就是「進取心」。什麼是進取心？我告訴你，那就是主動去做應該做的事情。

僅次於主動去做應該做的事情的，就是當有人告訴你怎麼做時，要立刻去做。更次等的人，只在被人從後面踢一腳時，才會去做他應該做的事。這種人大半輩子都在辛苦工作，卻又抱怨運氣不佳。最後還有更糟的一種人，這種人根本不會去做他應該做的事。即使有人跑過來向他示範怎樣做，並留下來陪著他做，他也不會去做。他大部分時間都在失業中。因此，易遭人輕視，除非他有位有錢的老爸。但如果是這個情形，命運之神也會拿著一根大木棍躲在街頭拐角處，耐心的等待著。

你屬於上面的哪一種人呢？如果你想成為一個不斷進取的人，就要把懶散和拖延的習慣從你的個性中除掉。這種把你應該在上星期、去年或甚至於十幾年前就要做的事情拖到明天去做的習慣，正在啃噬你意志中的重要部分，除非你革除了這個壞習慣，否則你將很難獲得任何成就，也會被同事瞧不起。

積極面對工作和同事

要想在工作中有所發展，給人「積極」的印象非常重要，積極的行為和態度可以成為你取勝職場的法寶。

怎樣才能做一個積極的人，引人注目呢？具體可採用如下方法：

(一) 站起來發言

無論在員工大會上講話，還是在辦公室發言，最好的姿勢是站起來。哪怕有準備好的椅子，也不要坐。

因為站起來發言，給人的感受要強烈、有感染力得多。還可以居高臨下，把握會場的氣氛。在你表達自己的思想時，你已經被人們所認可和接受了。

（二）搶接電話

如果動作遲緩，只會讓人留下做事消極、不主動的印象。因此，在辦公室裡，一旦電話鈴響，應迅速反應，抓起話筒。你可以第一個知道有什麼任務，有什麼事項要發生。

（三）早上班

提早上班，哪怕僅僅是提前15分鐘也會給人一個積極、肯做事的印象。當別的同事睡眼惺忪的趕到辦公室，開始做準備工作時，你已經進入工作狀態了，上司自然會另眼看你。

（四）腰桿挺直快步走

這樣做會給人一種充滿朝氣、富有活力的感覺，這是自我表現中不可忽視的內容。

如果彎腰駝背，慢慢吞吞，無精打采，會讓人如何評價你呢？答案是非常明確的。

（五）握手有力

握手是交際的禮儀，也是表現自己的武器。握手這一小小的動作，看起來只是手與手的交流，實則為心與心的溝通。用手握手可以使對方感到自己的熱情與堅強，讓人留下一個深刻的印象。

（六）坐姿要正確

和同事交談，坐在椅子或沙發上的姿勢一定要正確。不能全身埋在沙發裡或顯得懶散的背靠在椅子上。這樣會給人一種不懶散、體力不支的感覺。

相反，坐姿端正，上半身自然前傾，則會讓人覺得你聚精會神，進而讓人留下做事認真、積極的印象。

（七）做好筆記

別人講話時，要注意邊聽邊做筆記。做筆記，一方面可以記錄下對自己有用的內容。另一方面則是表示對對方講話內容的認同，對對方又是一種禮貌和尊敬。

（八）名字要寫大

姓名是每個人的代號，簽名時盡可能的把字寫得大一些，因為寫大字的人一般比較具有進取性。

（九）主動坐到上司身邊

對自己越有信心的人，越喜歡和上司坐在一起。因此，會場上在沒有安排固定座位的場合時，主動坐在上司身邊，可以顯示出自己的信心。就像學習成績好、喜歡課堂發言的學生，喜歡坐在距老師較近的座位一樣。

（十）搶著做額外工作

做好分內的事外，對於額外增加的工作也要積極肯做，一方面顯示你的熱心，另一方面表現你的能力。

（十一）求教要登門

如果你有事向同事請教，一定不能通知他來你辦公室，而你必須去他的辦公室或家中。這樣，既能讓對方看到你的誠意，又能感受得到你的謙恭態度。

（十二）坦露你的希望

充滿希望的人才會有魅力。擁有遠大目標的人，便會給人一種積極、有闖勁的感覺。

每個人都不喜歡，甚至討厭偷懶、不積極的同事。只要你為追求目標不懈努力，處處給人「積極」的印象，不但能夠受到同事的好評，還會受到上司的器重，對自己的前途會大有好處。

做到知恩圖報

在人們心目中，狼一直是凶殘、邪惡的象徵。但吉姆和他的朋友在遇到一次特殊的經歷後，徹底對狼改變了固有的看法。

1982 年 12 月裡的一個雪天，吉姆所在的汽車小分隊在美國加州西北部進行礦藏勘察。小分隊一共六個人：一名司機，兩名技術人員，三名武裝士兵，為了安全每人都有一支衝鋒槍和一支手槍。

在開往最後一個礦場的路上，積雪越來越厚，儘管汽車的車輪較寬、花紋很大，但山路之上仍然避免不了車輪打滑。下午 4 點多鐘，汽車終因積雪太厚而無法前行。但也不能後退，因為一旦控制不好就有滑下山崖的可能。

面對這種情況，所有人包括當地嚮導都下來推車，並找來一些乾樹枝鋪路。經過這樣的努力，汽車才得以一步步的向前移動。正在這時，他們幾乎同時發現，在車後 200 公尺的路上，一團像灰色迷霧一樣的東西正在向他們慢慢靠近。是什麼呢？

正當大家驚疑不定的時候，當地嚮導急忙大聲喊道：「快上車，快上車，那是一群餓狼。不趕快躲起來的話，牠們會把我們活活吃掉！」

眾人大驚失色，慌忙爬上車，司機趕緊發動引擎，加大油門，加速衝去，但一切都是徒勞的，車輪依然在原地打轉。這時狼已經靠近汽車，一共 7 隻，個個都很強壯。由於大雪封山，狼幾天沒有進食，一個個都快餓瘋了。牠們流著口水，圍著車子打轉，試圖將裡面的人弄到當作美餐。

車裡的人害怕起來，舉槍便要射擊。當地嚮導急忙攔上去，說：「大家不要開槍，否則只能帶來相反的結果。殺死一隻狼，很快又會有幾十隻狼從遠處趕來的；如果把牠們都殺了，我們的車子恐怕要讓牠們撕成碎片。牠們只是餓了，我們只要把車上的食物丟出去，牠們吃飽了自然會走開的。」

於是，眾人七手八腳的把帶來的火腿、雞肉、麵包，還有十分珍貴的鹿肉乾，一塊塊、一串串的扔了出去。幾隻狼眼都紅了，嘶吼著撲向這些食物，眨眼間吃得一乾二淨。但牠們顯然是沒吃飽，仍然不肯離去，排成一排坐下來，緊盯著後車門。

危險仍然存在，嚮導讓大家再丟一些。於是，30 多公斤的肉飛出了後車門。幾隻餓狼又吼叫著撲向食物，但進食的速度明顯減慢了。幾隻狼的肚子漸漸大了起來，也就一下子工夫，7 隻狼又像剛才一樣，排成排坐著，盯著後車門。

嚮導看了看大家，大聲的說：「還有嗎？一點不留的全拋出去，千萬別心疼！」隨後，車上所有能吃的東西都拋了出去。幾隻狼又瘋狂的吃起來，但這次沒有把食物吃乾淨，剩了幾包餅乾。等大家再去看那 7 隻狼時，見牠們的肚子都已滾圓滾圓，目光開始變得柔和，也不再橫排坐著。突然，一隻狼圍著汽車轉了兩圈，隨後向車前方跑去。其餘 6 隻狼原地沒動。

一陣子後，那隻狼跑回來，帶著 6 隻狼朝松林跑去。大家懸著的心終於放了下來，繼續想辦法推車子。辦法還沒想出來，7 隻狼又出現了。牠們鑽出松林，嘴裡都叼著大樹枝，徑直朝公路奔來。大家以為牠們又想耍弄什麼花招，於是急忙鑽進汽車躲藏起來，透過玻璃觀察，想知道狼到底要做什麼。

令人意想不到的事情發生了。狼把叼來的樹枝放到汽車的兩個後輪下面，接著 7 隻狼一齊鑽到車底下，用爪子扒起雪來。只見汽車兩側積雪飛揚，一部分雪飄到山下，一部分雪堆向路邊。

沒多久，7 隻狼又從車底下鑽出來，跑向車的前方，頭朝前、尾朝車頭一字排開，然後同時用嘴巴拱雪。接著，又一邊四隻頭對頭站立，一齊用強有力的後腿向後扒雪。一下子，柏油路便顯露出來了。

車子可以開動了，狼們向兩側閃開，朝後跑去把樹枝銜在嘴裡。當車子行到積雪厚的地方，無法向前行進時，7 隻狼又重複剛才的動作：先打眼，後扒雪，使路面顯露出來。於是，汽車又能向前行進一段。狼把這個動作重複了十多次，汽車向前行進了一里多地，這時已經到了山頂，再向前就是下坡路了。汽車到達山頂後，狼不再叼樹枝、打眼、扒雪，而是坐在車後一字排開，有一隻狼稍稍靠前。狼這一連串的感恩舉動深深打動了在場的每一個人。

「受人點水之恩，必當湧泉相報」，在狼看來，這是很正常的心理反應和情感反應。牠們知道，要想很好的生存下去，必須遵循生存之道，講究情義。如果只知道占別人便宜，為了謀取一己私利而不擇手段，勢必會引起身邊或周圍人的反感甚至痛恨，做起事來必然無法順利進行。相反，如果注重情義，知恩圖報，樂於助人，能以一顆誠心與人交往，必然會贏得良好的社會關係，這樣做起事來才能左右逢源，得心應手。在競爭日益激烈的社會當中，才能占有一席之地。

狼尚且知恩圖報，人類又當如何？人類自古就懂得「受人點水之恩，必當湧泉相報」的道理，也一直把「知恩圖報」作為立身處事的最基本原則之一。

在現實生活中，一個人透過辛勤勞動和艱苦努力，雖能出色的完成某項任務，但在整個人生歷程中，接受來自別人的幫助仍是很重要的。受助和施助看起來有些矛盾，但適當依賴別人也是十分必要的。一個優秀而謙虛的人往往樂於承認和接受別人的幫助，並心存感激。只有對別人感激，你才會珍惜，才有前進的動力。一個人如果失去了感恩之心，那麼他的情感就是殘缺不全的。

回頭想想往事，你曾經多少次受過別人的幫助。你如果是一位職員，那麼就是老闆為你提供了施展才能的平臺；你如果是個學生，那麼你所得到的知識和所引用的資訊都是老師傳授的；你一定是父母的孩子，那麼你今天所擁有的一切，有哪一點不是他們甘做牛馬所得來的。

因此，我們應該懂得報恩！

生而為人，要感謝父母的恩惠、國家的恩惠、師長的恩惠、大眾的恩惠；沒有父母的養育、師長的教誨、國家的愛護、大眾的幫助，我們何以能安樂的生存於天地之間？因此可以說，感恩不僅是一種美德，更是一個人之所以為人的必備情感。

現代的年輕人，自從來到塵世間，都是受父母的呵護，受師長的指導。他們對這個社會還沒有做出一絲貢獻，有的人卻牢騷滿腹，抱怨不已，看這不對，看那不好，視恩義如糞土，只知仰承天地的甘露之恩，卻不知道回報，由此可見其內心的貧乏。

現代的中年人，雖有國家的栽培，老闆的提拔，對現實仍舊不滿，覺得自己有太多的委屈，好像別人都對不起他似的。因此，這類人在家庭裡難以成為稱職的家長，在職場中難以成為稱職的員工。

「鴉有反哺義，羊有跪乳恩」，獸猶如此，人何以堪？我們作為萬物之靈，更應具備一顆感恩之心。父母教導兒女，從小就要他們知道所謂「一粥一飯，當思來之不易；一絲一縷，恆念物力維艱」，目的就是要他們懂得感恩。

感謝你周圍和身邊的人吧！尤其是老闆和同事，因為他們了解你、支持你。大聲說出你的感謝，讓他們知道你感激他們的信任和幫助。請注意，一定要說出來，並且要經常說。這樣可使你們的關係更加融洽，從大局上看也能增強公司的凝聚力。

任何地方都需要感謝。有了感謝，那裡一定會充滿溫暖和燦爛的微笑。推銷員遭到拒絕時，應該感謝顧客耐心的傾聽了自己的解說。這樣才有下一次惠顧的機會！老闆批評你時，應該感謝他為你指出錯誤。這樣你才能改進不足獲得發展！感恩不用花一分錢，卻是一項重大的投資，對於未來極有幫助。

真正的感恩應該是真誠的。發自內心的，而不是為了某種目的，迎合他人而表現出的虛情假意。與溜鬚拍馬不同，感恩是自然的情感流露，是不求回報的。一些人從內心深處感激自己的老闆，但是由於懼怕流言蜚語，而將感激之情隱藏在內心深處，甚至有意疏離老闆，以維護自己的清白。這種想法是何等幼稚啊！如果我們能從內心深處意識到，正由於老闆竭盡全力的工作，公司才獲得了今天的成就；正因為老闆的諄諄教誨，我們才有所進步。如果心中坦蕩，你何必擔心他人的流言蜚語呢？

感恩不僅對他人有利，也可使一個人的人生變得充實而完美。感恩是一種深刻的感受，能夠增強個人的魅力，開啟神奇的力量之門，發掘出無窮的智能。感恩也像其他受人歡迎的特質一樣，是一種習慣和態度。

感恩和慈悲是近親。如果總能懷有一顆感恩之心，你將變得謙和、可敬且高尚。

我們應把「謝謝你」、「我很感激你」之類的話掛在嘴邊上，這是感謝一個人最簡單也是十分有效的方式方法。以這種簡單而樸實的方式表達你的感謝之意，付出你的時間和心力，感謝你的父母，感謝你的師長，感謝你的老闆，感謝你的貴人，也感謝你的敵人等等。

懂得感恩應該成為一種普遍的社會道德。讓我們生活在感恩的世界之中！

第十二章　恪守紀律，絕對忠誠

狼是最有紀律、最具速度並深知精確目標的動物。

狼群中，等級明確，組織嚴密，群狼為了共同的目標而奮鬥，這是狼群中每個成員的恪守的紀律。

狼是群居的動物，通常七八隻為一群，採取團體狩獵的方式來獵食。這多少彌補了牠們力量和速度方面的不足。每群由一隻健壯的成年公狼率領，捕食大多由母狼完成。在團體行動當中，每隻狼在族群裡的地位都不相同。動物學家習慣將狼群之中的領袖稱為「阿爾法狼」，族群中包括食物的分配，紛爭的平息，乃至後代繁殖的責任，都要靠牠。其餘的狼也都安於在族群之中的地位，並服從「阿爾法狼」的領導，這就是狼的社會。所以，狼群中的紀律規定：那些所謂的獨狼，一般都是為角逐「阿爾法狼」地位或者愛情鬥技場上的失敗者，帶著身心的雙重創傷，只好自我放逐：要麼在自省中累積力量，要麼就是死路一條。

拒絕服從，拒絕被牽，是作為一隻真正的狼的絕對準則，即便是隻從未受過狼群教導的小狼也是如此。

狼是對牠們的家庭、群體最忠誠的動物，這種忠誠超越了任何一種哺乳動物。在狼群團體捕獵時，如果有同伴犧牲，牠們就不會離去，到了深夜，狼群會圍繞在同伴的屍體周圍哀嚎。那種狼嚎的聲音聽起來非常淒涼，我們能從中聽出狼群對同伴的思念和愛戀之情。

恪守鐵的紀律

紀律是每個團體保持穩定和正常的必須法則。只有制定了鐵的紀律，每個成員又嚴格遵守紀律，這一團體才能在有條不紊的秩序下進行活動，謀求發展。

在圍獵時，每一隻狼都嚴格遵守作戰紀律。每隻狼都有自己的任務，誰也不可以擅離職守。狼群中有嚴明的紀律，在進行每一次活動時，上至頭狼，下到歐米佳狼，所有成員都按一定的順序出發、行進、組合、進攻或退守。每隻狼都堅決執行自己的任務，即使面臨嚴重的困難，也從不超越許可權，破壞組織紀律，強迫或壓迫其他狼放下正在做的事來幫助自己。

在召開群狼大會時，每隻狼都按時到達指定地點，認真傾聽頭狼為大家做「工作總結報告」，以及安排活動等情況。在沒有輪到自己發言時，牠們會豎起耳朵聆聽其他狼講話；該到自己上場時，就一本正經的說出自己的問題和建議，比如怎樣才能更輕鬆的捕到羚羊，如何對付老虎和獅子的侵擾，某個地方有更好的獵物，某座山林更適合大家生存居住等等。

正因為有嚴格的紀律約束狼群，每隻狼又嚴格遵守紀律，所以這一群體能在有條不紊的秩序下進行活動，求得發展。

一個狼群類似於人類的一個團體或組織，狼群因有嚴格的紀律做保障得以發展壯大，同樣，一個團體或組織只有制定嚴格的紀律，在紀律的約束下，建構一個井然有序、團結有力、無堅不摧的團隊，才能以極強的凝聚力和戰鬥力在市場競爭中與對手一搏，並最終獲得勝利。

下面講述一個高度重視紀律團隊的故事。

有史以來，世界上最著名的海盜集團要數羅伯茲及其所帶領的一隊人馬了。這支團隊可以說是海盜行業中的「常勝軍」，其成功的重要原因之一，就是他們有鐵的紀律做保障。首先，海盜首領羅伯茲與其他海盜首領大不相同，他從來不喝烈酒，只喝淡茶。此外，他還是一個非常注重章程的人，曾為海盜成員制定過嚴格的船規：

1. 嚴禁在船上賭博、酗酒滋事。
2. 晚上八點準時熄燈。
3. 不准偷取同伴的財物，否則將被遺棄荒島。
4. 不許佩帶不乾淨的武器，時常擦洗自己的刀槍。
5. 不許攜帶兒童上船。
6. 勾引婦女者死。
7. 臨陣逃脫者死。
8. 嚴禁私鬥，但可在有公證人在場的情況下決鬥，殺害同伴的人要和死者綁在一起扔到海裡。

9. 在戰鬥中殘廢的人可以留在船上不用做事，並可從「公共儲蓄」裡領取 800 枚西班牙銀幣。
10. 分發戰利品時，船長和舵手得雙份，炮手、廚師、醫生、水手長得一又二分之一份，其他有職人員得一又四分之一份，普通水手每人得一份。
11. 每個成員在日常事務上都有平等的表決權。

其他海盜船上也有類似的規定，但執行得最嚴格的只有羅伯茲這團，因為這種行為和紀律，他獲得了「黑色准男爵」的稱號。

一支海盜團隊尚且有如此嚴格的組織紀律，並能認真遵守，那麼當今市場經濟環境下，我們的組織或團體更應如此。

關於軍隊鐵一樣的紀律，在這篇文章中可見一斑：

退伍老兵離開軍隊，嚴格的說就不是兵了。但是，我們連的連史裡記載著這樣一位退伍老兵的故事。

那是 3 年前的事了。一天上午 11 點多鐘，連長站在操場！準備最後一次為即將離隊的老兵點名。點到小劉時，沒有人應答。連長看了看錶，皺起眉頭說：「小劉一大早就去鎮上郵局領錢，怎麼現在還沒回來？」

話音剛落，連長身後響起一個熟悉而響亮的聲音：「報告！」回頭一看，見小劉行著軍禮站在身後，上氣不接下氣的喘著，汗珠順著鬢角直往下淌，連棉衣上都騰騰冒著熱氣，顯然是一路飛跑趕過來的。

「小劉，事情辦好了嗎？」連長關切的問。

「報告連長，錢沒領，我見時間來不及了，就趕緊往回跑。」話語響亮而乾脆。

原來，小劉今天早上向連長請假到鎮上郵局領存款，剛到鎮裡就發現一輛農用三輪車被大貨車撞翻在路邊，車上兩人受傷。他立即報警，並號召路過的群眾搶救傷患，一直忙了一個半小時，才想起提款的事，便趕緊往郵局跑。郵局排隊提款的人很多，他排了一下子，意識到領完錢後就得耽誤點名時間，於是拔腿往外走。

「年輕人，好不容易要輪到你了，怎不領了呢？」後面的人連忙提醒他，同時感到疑惑。

「部隊要點名，時間來不及了。」小劉快速回答。

那人打量他一番，又說：「看樣子，你是個退伍兵吧，還怕啥呀？」

小劉一邊快步往外走，一邊鄭重的說：「不，一分鐘不離隊也是兵！」走出郵局，便一路飛跑起來。

就這樣，小劉按時歸隊，趕上了最後一次點名，中午就搭車離開了連隊。第二天，連長拿著小劉的士兵證，替他領出存款，寄回老家。

在小劉這一類的軍人心目中，軍隊紀律是保持部隊戰鬥力的重要因素，也是士兵們發揮最大潛力的基本保障。所以，紀律應該是根深蒂固、不可動搖的，它甚至比戰鬥的激烈程度和殘廢的可怕程度還要強烈。

對於一個企業來說，制定嚴格的紀律比任何事情都重要。有嚴格的紀律為前提，所有工作人員才能養成敬業、合作、溝通等良好的工作習慣，整個企業才能在有條不紊的機制下良好運行，在市場競爭中走出自己的路。

美國沃里科公司的弗里斯特市電視機廠，是著名的希爾斯公司的合作廠商。該廠生產的電視機多由希爾斯公司經銷。這家電視機廠一度擁有員工 2000 人，無論從產值、規模還是從員工數量上說，都是阿肯色州弗里斯特市響噹噹的企業，在當地的企業界占有舉足輕重的地位。

但是，由於沃里科公司管理不善，紀律鬆散，導致企業產品品質上頻頻出現問題，很快，弗里斯特市電視機廠陷入困境。工廠的財政狀況日益惡化，廠方不得不大量裁員，裁掉四分之三後，只剩下 500 人。然而，此時工人們更無心生產，工廠到了快要倒閉的邊緣。

作為經銷商，希爾斯公司對弗里斯特市電視機廠的產品品質大為惱火，大量返修的電視機不僅增加了公司的工作量，更損害了希爾斯公司的公眾形象和聲譽。為了扭轉廠方的不利局面，由希爾斯公司出面派人前往日本的電器製造業中心 —— 大阪，邀請著名的日本三洋公司購買弗里斯特市電視機廠的股權，並進一步利用日本的管理人員和技術人員拯救這家工廠。

三洋電器公司很快對希爾斯的建議做出了反應。1976 年 12 月，三洋公司開始大規模購入弗里斯特市電視機廠的股份，獲得對該廠的控股權。1977 年 1 月，三洋公司派大批管理人員和技術人員，接管弗里斯特市電視機廠。日本人進廠後立即發現他們面臨著雙重困難：一方面，與日本工人比起來，美國工人的勞動紀律性差，生產效率低，因此生產出的產品品質較差；另一方面，工廠中的工人乃至整個城市的居民，並不十分歡迎日本人的到來，戰後形成的對日本人的輕視和不滿情緒和影響仍在。

顯然，日本管理人員很難在該企業中採用在日本慣用的管理方法。除了文化和習慣方面的因素外，還有民族情感方面的問題。然而，為了企業生存，生產效率必須提高，產品品質必須改善。三洋公司總經理井植聰，對派去的日本人員再三叮囑:要融入當地的大眾生活中去，參加當地的社會事務，不要把自己圈在一個「小東京」裡，要努力打破民族界限，解除隔閡。

日方管理人員到達弗里斯特市後，先後辦了三件事，令美國人大開眼界，刮目相看。日本管理人員並沒有採取嚴厲的措施；相反，他們首先邀請電視機廠的所有員工來一次聚會，大家坐在一起喝咖啡，吃甜甜圈。然後，又贈給每個工人一臺半導體收音機。這時，日本經理對大家說，廠裡灰塵滿地、髒亂不堪，大家怎能在這樣的環境中從事生產呢？接著，日本管理人員帶頭，大家一起動手打掃廠房，把整個工廠粉刷一新。

幾個月後，工廠的生產狀況得到明顯改善，廠方對工人的需求開始增加了。日本管理人員一反大多數企業招聘員工的慣例，不去社會上公開挑選人員，而去聘用那些以前曾在本電視機廠工作過，而眼下仍失業的工人。只要工作態度好，技術上沒問題，而且能夠適應工廠環境的人，廠方都歡迎他們回來工作。日本人解釋說，以前做過本行的工人素養好、有經驗，容易成為生產上的好手。

最令美國人感到意外的是，從三洋公司來的經理宣布，為了在弗里斯特市電視機廠建立和諧的工作關係，他們希望與該廠的工會攜手合作。公司總裁親自會見工會代表，懇請雙方合作並建立起良好的關係，這在勞資關係一向緊張的美國，實屬令人吃驚的舉動。

自從日本人管理該廠後，整個工廠開始在井然有序的環境下運行，工人紀律性加強了，產品品質提高了，經濟效益也是直線上升。到 1983 年，弗里斯特市電視機廠日產希爾斯牌微波爐 2000 臺，彩色電視機 5000 臺（其中 30%使用三洋公司商標），產品合格率高達 98%，可直接投放市場。企業經營狀況得到改善，該廠在市場上逐步站穩了腳跟。

紀律是每個團體保持穩定和正常的必須法則。只有制定了鐵的紀律，每個成員又嚴格遵守紀律，這一團體才能在有條不紊的秩序下進行活動，謀求發展。

忠誠處世，贏得尊敬

記得聽人講過一個關於「狼救人類孩子出火海」的故事，其中表現了狼對人類的忠誠。

在一個偏遠的山區，住著一家四口，丈夫是個伐木工，又是個獵人；妻子溫柔賢慧，每天處理一切家務，同時精心照料兩個剛會跑的孩子。此外，家裡還有兩隻小狼。那是丈夫在一次打獵時抱回來的，夫妻倆一直好心的餵養著牠們。

小狼在夫婦的精心護理下茁壯成長，天長日久，對一家人漸漸產生了感情。牠們熱愛這個家庭，好像把夫婦倆當成了自己的父母，把兩個孩子當成了自己的兄弟。

有一天，這對夫婦到離家大約一公里遠的地方伐木。兩個孩子在家裡玩耍時不小心點燃火柴，燒著了房子，熊熊大火立時像惡魔一樣彷彿要把家裡的一切都吞掉。兩個孩子被大火包圍起來，嚇得嚎啕大哭。父母離家很遠，根本無法跑回來撲救。

可是，孩子的哭聲驚動了兩隻小狼，牠們不能眼睜睜的看著「兄弟」被大火活活燒死。於是冒著滾滾濃煙與炙熱的火團衝進屋子，將兩個「兄弟」救到安全的地方，牠們自己卻被大燒傷了。當夫婦倆回來的時候，看見兩個孩子正在高興的玩耍，而被燒得遍體鱗傷的小狼還在一旁守護著他們。

由於受到「弱肉強食」生存法則的支配，狼自然而然的會把那些比牠弱小的動物當作捕食對象。對此，受害群體（包括人在內）也許會認為狼不講道義，沒有善性，以強凌弱。這樣說雖然也不為過，但也不夠客觀。

其實，狼具有忠誠的品格，甚至連一向被認為高尚的人類也無法與之相提並論。故事中的兩隻小狼衝進大火去救兩個孩子，完全將生死置之度外，表現了牠在關鍵時刻甘為主人犧牲的特質。狼的行為表現了牠對主人的忠誠。

兩隻小狼之所以對主人忠誠，是因為牠們知道自己從小是被主人養大的，對牠們有養育之恩，而且他們是一個群體，是個家庭。既然如此，就該好好報答主人的恩情。因此，當兩位小主人遭遇災難的時候，兩隻小狼不顧生命安危，挺身而出，即使在被燒得很慘的情形下，仍細心的守護在小主人身上。

在人類看來，狼是一種十分凶狠的動物。不了解牠們的人們會認為牠是殘酷無情的，於是常把一些不講情義的人比做「惡狼」。此外，「狼子野心」、「狼心狗肺」、「中山狼」也都成了那些懷有不良動機或做了壞事的人的代名詞。

然而，實際上狼並不像人類想像的那樣殘忍無情，在很多時候，牠們的行為和特質比生活中的那些「小人」還要高尚。

狼忠誠的表現令人類汗顏。牠們也許並不知道「忠誠」這一概念，但在現實生活中，卻以實際行動詮釋著這一概念的深刻內涵。忠誠是狼與生俱來的本性。

狼的忠誠表現為所有只注重金錢、名利、地位等個人利益的人敲響了警鐘。在「拜金主義」、「享樂主義」日益風行的今天，在事事談好處、講條件的社會，我們真該學學狼道，為自己身上增添一些「忠誠」的狼性。

狼忠誠的品格值得人類學習。就人與人間的合作來講，如果雙力都為爭奪眼前利益而精打細算，不擇手段，置「忠誠」這塊基石於不顧，那麼構築成功的大廈必將功虧一簣。反之，在對方陷入困境的時候，另一方及時伸出援助之手，將相互間的忠誠延續下去，那麼結果就可能出現雙贏的可喜局面，尤其是人格的雙贏。

拿破崙曾經說過：「不忠於統帥的士兵，沒有資格當士兵。」麥克阿瑟將軍說：「士兵必須忠於統帥，這是義務。」在軍隊中，忠誠是極為重要的。只有上下一心，相互團結，一個軍隊才能提高凝聚力和戰鬥力，這樣才能在戰場上一次又一次的獲得勝利。

忠誠是一種美德忠誠處世的人，也必然贏得他人和社會的尊重和認可。

做一名忠誠的員工

任何一名員工，他即使能力很強，各方面都很優秀，但若不忠於老闆，比如總想著跳槽，想搬弄是非奪權，甚至想出賣公司祕密，那麼他這種不端正的工作態度及不正當的心理或行為，遲早會被老闆發現，老闆不會容許一個不忠誠的禍根在身邊的，這種人也將被老闆辭退。

相反，有些員工雖然能力一般，業績平平，但卻得到了老闆的欣賞和重用，不斷得到嘉獎和晉升的機會。原因就是這種員工有一顆誠心，對老闆忠心耿耿，老闆用起來，順手、放心。

那麼，老闆為什麼器重忠誠的員工呢？

有關人士對世界著名企業家進行了訪問，當問到「您認為員工最應具備的特質是什麼」時，他們幾乎無一例外回答 —— 忠誠。

忠誠是職場中最應值得重視的美德，因為每個企業的發展和壯大都是靠員工的忠誠來維持的，如果所有員工對公司都不忠誠，這個公司必然面臨龐大的危險，如果公司破產，到時員工也將丟掉「飯碗」。

對於忠誠，讓我們看一看蜜蜂的表現：

蜜蜂王國存在著明顯的等級界限。蜂王高高在上，肩負著蜜蜂家族中最重大的責任 —— 繁衍後代。所有工蜂都是蜂王的「下屬」，牠們任勞任怨的供養蜂王，忠於蜂王。正因為彼此間的這種關係，整個蜜蜂世界才能實現生存、發展及和諧統一。

對於一個企業來說，員工必須忠於老闆。這也是確保整個企業能夠正常運行、健康發展的關鍵。不論在何種性質的企業承擔何種類型的工作，每個員工首先必須明確對所要完成的任務負有絕對的責任義務；而且，在完成任務的過程中有義務忠於自己的老闆和企業。這是確保任務有效完成的前提條件。

員工對老闆的忠誠能夠讓老闆放心使用人才，放手安排工作，同時個人又擁有一種事業上的成就感，而且可以還能增強老闆的自信心，更能使公司的凝聚力進一步得到增強，從而使公司發展壯大。所以，很多老闆在用人時不僅僅看重個人能力，更看重個人品德，而品德最為關鍵的是忠誠。那種既忠誠又有很強工作能力的員工，是每個老闆都最寵信的得力助手。那些三心二意、只顧個人得失的員工，就算能力無人能及，也不會受到老闆的重視，使用時也會留個心眼，彼此都不舒服。

忠於公司、忠於老闆實際上就是忠誠於自己。忠誠不同於一味的阿諛奉承，忠誠也不是用嘴巴說出來的，它不僅要經受時間的考驗，還表現在行動和行為上。

忠誠於自己的公司，忠誠於自己的老闆，跟公司的同事和老闆和睦相處，與公司同舟共濟、榮辱與共，全心全意為公司工作，把公司當成自己的公司，公司成功了，你自然也就贏得了成功。

小紅是一家房地產仲介公司的打字員。她相貌平平，學歷也不高。她的打字室與老闆的辦公室之間只隔著一塊大玻璃，她只要願意，就可以把老闆的一舉一動看得清清楚楚。但她很少向那邊多看一眼，因為每天都有打不完的資料。

小紅知道，認真刻苦的工作是她唯一可以和其他人競爭的本錢。她處處為公司打算，列印紙不捨得浪費一張；如果不是重要的文件，她會把一張紙的正反面都用來列印。去年，由於市場競爭激烈，公司資金運作困難，員工們紛紛跳槽，最後辦公室裡只剩她一個職員了。由於工作人員缺乏，小紅的工作量陡然增加。除了打字，還要做一些接聽電話、整理文件的雜事。

有一天，小紅走進老闆的辦公室，直截了當的問老闆：「您認為公司已經垮了嗎？」

「雖然沒垮，」老闆沮喪的回答，「我看也快撐不住了！」

「不！您不應該這樣消沉。」小紅以鼓勵的語氣對老闆說，「現在的情況確實不好，可很多公司都面臨著同樣的問題，並非只是我們一家；而且，公司那2000萬資金雖然砸在了房產上，成了一筆凍錢，但公司並沒有全死呀！我們不是還有一個房屋租賃業務嗎？只要好好做，這個項目一定能使公司振興起來。」說完，她把那個專案的企劃方案遞到老闆面前。

隔了幾天，老闆認為那個方案切實可行，就派小紅去做那個專案。6個月後，公司的房屋租賃業務開始興盛起來，公司終於有了起色。

在以後的4年時間裡，小紅作為公司的副總經理，幫老闆拿下好幾個大案子；又忙裡偷閒，炒了大半年股票，為公司淨賺數百萬。

又過 4 年，公司改成股份制，老闆當了董事長，小紅成了新公司的第一任總經理。董事長與總經理由於年齡相仿，志趣相投，同時又是多年的創業合作夥伴，天長日久便相互產生了愛慕之情，最終擇一良辰吉日，喜結良緣。

在婚禮上，新郎對新娘這麼多年來對他和公司的支持表示感謝，並請她為在場的數百名員工講幾句話。接著，員工問新娘「怎樣才能做一名好員工，創造出好的成績」。

新娘說：「這個問題很簡單，只要擺正心態就可以了。具體來說，一是要用心，二是沒有私心。」

新娘的話道出了職場的成功法則：員工可以忠誠贏得老闆，老闆會以「重用」回報員工。

摸透上司才能找準定位

在公司中，為人處世，首先要處理好與上司的關係，才能獲得一個穩定的工作環境和工作機會。忠於工作忠於上司，會讓你可以在公司中站穩腳跟。

隨著時間的流逝，閱歷的豐富和工作績效的提高，你們之間的信任和信心也在加強。由於你對自己想要達到的目標有了更清楚的認知，因而你要求上司授權你去做某事或做某個決策的需求也就少了。手中權力變了，不等於忠誠和責任少了。在你或你上司任職的早期，你也應該對你使太多的權力特別謹慎小心。首先弄明自己的許可權再採取行動，一般來說可以使你不會出什麼問題，如果你碰巧錯了，或許你還會有挽回的餘地。

慎用權力，忠於上司的你需要研究你的上司，還包括對他的優點和缺點進行評判，在此基礎上，再思考如何才能最大限度的發揮你的作用。如果你的上司是一位要人，那麼，你就有責任（和機會）把所有的細節都安排好，調整到位，以適應你上司的要求。如果你的上司是某個領域的專家，而在其他的方面相對較弱，那麼，你應該在可能的情況下，把努力的重點放在他的弱項方面，這樣做可以彌補他的不足。同樣，如果你在某個領域相對很強，很有優勢，如果這個優勢對你的上司和你的組織有幫助的話，那麼，你應該想盡一切辦法發揮你的這一特長。

一般說來，對屬於你研究領域的某個問題，你應該比你的上級了解的情況更多、更詳細。掌握和了解工作進程中的每一個細節及其曲折發展的情況，這是你的職責。組織就像一個倒金字塔：一個人的職位越高，他的思想容量就越需要從深度向廣度擴展。你投入百分之五十的時間所關注的事情，可能不過是你的上司所關注的事情的百分之五。因而你有義務通曉你職責內的全面情況，你的上司正好也希望你能夠做到這一點。

你也需要履行你的諾言，按時完成分配給你的任務。你要認真的對待完成工作的最後期限，盡最大的努力按時完成每一項工作。或者是按時完成自己的工作，或者是為自己沒有完成工作找一個藉口。但是，你所說的藉口無論如何真實，也不能成為你不按時完成任務的藉口。

當某段時間內，如果問題未超出你的解決能力，那麼依靠你自己的力量就會使事情變得較為容易一些。如果知道自己不行，就不要硬著頭皮上，在必要的時候，要勇於退卻。如果你接受了一項任務，經過考慮，知道你無法按照規定的最後期限完工，你就要明確的說出來，說得越早越好，因為這樣一來，你可能還有時間對計畫和期望進行調整。但是，如果你到了最後時刻，急病亂投醫，那麼，這種行為會帶來危險的結果。

還有一點值得注意的是，你在做什麼，有哪些問題是你所不知道的，在這些問題上，你要對你的上司如實相告，不能不懂裝懂。在你與上司的關係中，最有用的一句話可能就是：「我不知道。」在工作中，你不要太頻繁的說這句話。當然，在某些時候和一定的場合，說這句話還是很有幫助的。但是，要記住，無論何時你說「不知道」，接下來就應該說：「但是，我將很快替你找到答案。」

你要知道什麼時候該抱怨。不過，你不應該經常抱怨、發牢騷。因為在大多數情況下，你所做的工作是為你的上司減輕壓力和負擔，而不是讓他增加煩惱。

最後一點要強調的是，要了解你的上司習慣用怎樣的方式評價下屬，並據此來判斷自己給他印象如何。如果你能做到對他的管理風格胸中有數，那麼，你就能避免許多挫折和不快。如果你為之工作的人，是一個不愛對下屬的工作給予回饋，進行表揚的人，那麼，你若希望經常得到表揚，就難得如願了；或者你得不到回饋和表揚，就認為自己做錯了什麼事，這也許就是對上司的誤解。同時，如果你為之工作的人，以不給人警告作為處罰；那麼，他不批評你，可能正好就意味著你的工作做得並不好。不要總是等著你的上司來直接或清楚的把他的感受告訴你，你應該透過主動詢問你的上司或了解情況的其他人，來弄清楚自己究竟做得如何，處於怎樣的地位。

不論有沒有越級的上司做靠山，頂頭上司始終是要時常相對的，而且他掌握著你的生命，是不能不認真對待的人。對待頂頭上司的祕訣是：使上司感到不能缺少你。

要讓上司感到不能缺少你，有正道和反道。從反道來說，方法是壟斷某些消息和資料，讓上司透過你才能了解周圍和下邊的情況。這樣一來，你便成了上司的耳目，非你不成了。不過要使反道成功，從長遠來說，一定要有實際成績和表現。因為從公司的實際情況來看，沒有一個人是真正不可缺少的。所以千萬不能假戲真做，一個勁的自欺欺人。

因此，還是得回到正道。任何下屬的作用，都是幫助、協助上司達到其事業上的目標。要做到這一點，首先要認同上司的事業目標和工作價值觀。

上司認為公司應快速成長，你不能認為要循序漸進；他認為語文文法十分重要，你寫報告的文字就不能馬虎。其次，要補他的死角位，他向外發展，你要守好大本營；他大刀闊斧，你要做些繡花功夫。這一套做得好，與上司相處才是如魚得水。

巧妙吸引上司的目光

在狼群中，只有關鍵時刻表現自己的忠誠和勇敢的狼，才有晉升、獲得頭狼寵信的機會。職場中，也是一樣。

你的主管絕不會無緣無故的注意到你，你應該主動去爭取機會來表現自己。身為員工，你應當在自己的工作部門中把工作做得盡善盡美，但也許你所從事的工作，與公司的主營業務並沒有太大的關係，因此，你的能力發揮會受很大的限制。在這種情況下，不要灰心，因為機會要靠你自己的努力去爭取。為了爭取更多的表現機會，你對公司的提升制度、目標和人際關係必須非常了解。有時，你也應了解老闆喜歡員工的工作態度和素養，因為這等同於公司的晉升制度。

爭取表現機會的方法有：

（一）主動接受具有挑戰性的任務

當老闆提出一項具有挑戰性的計畫時，你可以毛遂自薦，請他讓你試一試，當然，你須掂量掂量自己，以免被老闆認為你自不量力。

（二）適當顯示自己的能力

處理瑣碎工作時，你不必把成績向任何人顯示，給人一個平實的印象。當你有機會承擔一些比較重要的任務時，不妨把成績有意無意的顯示，增加你在公司的威信。這非常重要，因為老闆是否會注意你，往往是由於你在公司的威信如何。掩藏小的成績，渲染較大任務的成績，可產生名利雙收的效果。

（三）不要掩蓋自己的成績

老闆未必喜歡謙虛的下屬，有時候，太過謙虛反而會吃虧。當你帶領其他員工完成一件艱鉅的任務而向老闆匯報時，一定要把自己的作用放在醒目的位置上，不要以為心有謙厚之道，以美德便能獲勝，這是錯誤的做法。如果你自己不說，別人也不會提，這樣老闆可能永遠不知道你做了些什麼。

（四）不要絕對服從

古人云：「將在外，君命有所不受。」應付庸碌的老闆，你是無可選擇的要採取絕對服從的態度。但是，並不是所有的老闆都喜歡這樣，特別是精明強幹的老闆，會對那些略有些反叛但會為公司利益著想的下屬產生興趣。

（五）保持精力充沛

別以為你通宵趕工，一副疲憊的樣子，會博得老闆的讚賞和喜悅。因此千萬不要令老闆對你產生同情之心，因為只有弱者才讓人同情。如果老闆同情你，已經說明他對你的能力產生懷疑。無論在什麼時候，在老闆面前均保持一貫的良好的精神狀態，這樣他會放心不斷的把更重要的任務託付於你。

（六）不斷創新

讓老闆了解你是一個對工作十分投入的人，不僅是這樣，你還要嘗試用不同的方法增加工作效率，使老闆對你形成深刻的印象。一個靈活的、善變通的人，總是會引人注意的。

懂得以大局為重

狼群中，狼每天的主要工作就是捕食、獵物，維繫族群安全和諧，這就是狼族的大局。職場中，公司也需要以大局為重的員工。這種員工的特點是：

(一) 以公司的目標為目標

每家公司的最大目標和最終目標都是為了賺錢，這是毋庸置疑的。然而，在最終目標之下，還有著許多大大小小的目標。例如，在某一個年度內做成多少筆生意，吸納多少個客戶。或使某個專案盈利等。除此之外，還需要採取哪些行動，以配合公司的發展。

如果你只是單純的抱著做好自己分內的工作便萬事大吉這一觀念，那就大錯特錯了。在老闆看來，你做好了自己的工作，只是為了個人的利益，而不是為了公司的整體利益。雖然你做好了最基本的工作，但離他的實際要求還很遠。在實際工作過程中，你必須對公司的要求、變化瞭若指掌。尤其當你遇到一些健忘或善變的老闆時，他們總喜歡隨自己的心情改變工作目標，你就必須緊緊跟在他們後面走，以他們的目標為目標。

(二) 將拒絕變為接納

在工作中如果遇到難纏的老闆，的確是令人沮喪的事，不少人無可奈何，又靠詛咒這些老闆解氣，又訴說自己因此在人際關係上受到了太大的壓力。其實，在社會來往中，人與人之間的溝通是一種循環的、相互的關係。如果互相給予壓力，也會互相承受壓力，反之亦然。在與老闆相處的過程中，只有由抗拒變為接納，你才會產生良好的應變能力。

(三) 以不變應萬變

應變的各種措施中，有一種是以不變應萬變。這種方法最適合那些應變能力較差的人使用，有時也會被聰明和應變能力強的人使用，這當中根本沒有什麼人為的嚴格界限規定。假如碰到突然事故，有些人會驚慌失措，一時間不知如何是好。實際上，與其急得直跺腳，還不如冷靜的以不變的方式應付。其實，有些事情只屬於過渡性質，不需要必須做出行動上的配合或反應。例如，遇到蠻不講理的客戶或老闆，非要你做一件不該做的事情，而你此時只要在表面上做出附和他們的樣子，實際上仍然抱著一貫作風和態度，當他們發覺錯誤時，一定會指示你停止先前的工作，這樣你就應付過去了。

(四) 按自己的程序工作

有的老闆要求下屬依照他的計畫去工作，但是，對於這一計畫，下屬難以在行動的程序中給予配合，因為計畫本身是有缺陷的。在這種情況下，如果你想跟老闆討論，那是沒有好處的，因為證明自己的處事能力比老闆高明，是自取毀滅的做法。最佳的方法是接受老闆的建議和指標，但在行動時卻依照自己所定的程序去做。當然，你必須有把握能如期保質保量完成任務才行。

想辦法來展現你的才能

得到賞識，獲得升遷，每個職場人士都期望如此，而你的上司恰是決定你事業發展的關鍵。因此，成為上司眼中的紅人，會使你事業更一帆風順。可怎樣成為「紅人」呢？下面就是表現你才能的方法。

(一) 表現你對工作的熱愛

你應該利用任何一次機會，表現你對公司及其產品的興趣和熱愛，不論是在工作時間，還是在下班後；不論是對公司員工，還是對客戶及朋友。當你向別人傳播你對公司的興趣和熱愛時，別人也會從你身上體會到你的自信及對公司的忠誠。

上述種種情況，都需要你延長工作時間。根據不同的事情，超額工作的方式也有不同。如為了完成一個計畫。可以在公司加班;為了理清管理思路，可以在週末看書和思考；為了獲取資訊，可以在業餘時間與朋友們聯絡。總之，你所做的這一切，可以使你在公司更加稱職，從而鞏固你的地位。

(二) 勇於挑重擔，承擔艱鉅的任務

公司的每個部門和每個職位都有自己的部門及職責，但總有一些突發事件無法明確的劃分到部門或個人，而這些事情往往還都是相當緊急或重要的。如果你是一名合格的員工，就應該從維護公司利益的角度出發，積極去承擔處理這些事情。

如果這是一件艱鉅的任務，你就更應該主動去承擔。不論事情成敗與否，這種迎難而上的精神，也會讓大家對你產生認同。另外，承擔艱鉅的任務是鍛鍊你能力的難得機會，也會讓人們更多關注你，也可引起老闆的注意。

(三) 根據公司的需求去工作

作為一名期望不斷獲得晉升的上班族，你不僅要將本職的事務性工作處理得井井有條，還要應付其他突發事件，還要去思考部門及公司的管理及發展規畫。有大量的事情不是在上班時間出現，也不是在上班時間可以解決的。這需要你根據公司的需求隨時為公司工作。

(四) 向公司領導者提建議

作為一名好的員工，你必須始終以主人翁的精神和管理者的眼光，觀察部門或公司所發生的事情，並及時將發現的問題歸納總結，向公司領導者提出管理建議。

你的上級可能不會安排你做這些事情，但你的管理能力卻是上級考核你的重要內容。

除向上級提出管理建議之外，一些小的管理方法可以直接在部門內部實施。只要這些方法行之有效，提高了部門的工作效率，你的工作就會被肯定。

(五) 表現自己的工作方法

在一個公司裡，你的上級最關心的永遠不是你會不會討他開心，而在於你工作的業績。要想和上司保持比較融洽的關係，你就要注意自己的工作方法。

接受命令的方法有：

在接受命令的時候，你要注意以下幾點：

(1) 立即停下手裡正在進行的工作，準備接受新的任務。

(2) 邊聽指示邊總結要點，不要老是插嘴。

(3) 待上司的指示做完後，就疑點提問，做到全面的切實的理解指示的內容。

(4) 確認工作完成的期限和主次順序。

執行任務的方法有：

(1) 首先準確領會上級的旨意，再付諸行動。

(2) 對承擔的任務要勇於負責任。

(3) 把握上司的心理，制定能得到認可的工作計畫。

(4) 工作中出現問題能隨機應變加以解決。

匯報工作的方法有：

(1) 匯報的內容要事先整理、記錄好。

(2) 匯報的內容如果比較複雜，寫個正式的報告。

(3) 首先從結論開始，然後再說經過和其他問題。

(4) 實事求是，切莫將自己的主觀判斷和推測摻雜。

(六) 勇於承擔責任

在企業裡，老闆需要那些敢做敢當，勇於承擔責任的員工。因為，在現代社會裡，責任感是很重要的，不論對於家庭、公司、社交圈，都是如此。

工作中不論是不是你的責任，只要關係到公司的利益，你都該毫不猶豫的加以維護。因為，如果一個員工想要得到升遷，任何一件與公司有關的事都是他的責任。如果你想使老闆相信你是個當主管的人才，最好、最快的方法莫過於積極尋找並抓牢促進公司利益的機會，哪怕不關你的責任，你也要這麼做。

（七）讓上司看到你的忠心

老闆不僅要創造利潤，更要承擔促進包括員工在內的公司事業的發展責任，這種責任使得老闆們需要那些能對他生意和公司的事業會有貢獻的員工，而只有這樣的人才可能被提拔。

要感動老闆，最重要的一點就是忠心耿耿。

一個下屬固然需要精明能幹，但如果再有本事的下屬，卻有了異心，不對老闆效忠，那麼這種能幹的職員是很可怕的。因為他知曉了許多關於公司利益、存亡的商業祕密與業務的關鍵所在，一旦你從中作梗，後果不堪設想。

故而老闆們所倚重所相信的職員，都必須是忠誠可信賴的。上司一般希望下屬忠誠的跟隨他，擁戴他，聽他指揮。忠誠、講義氣、重感情，經常用行為表示對上司的信賴和敬重，便可得到上司的喜愛。

有時寧願把一個能力平常的下屬帶在身邊，只是因為這個能力平常的下屬是忠心不二的。

（八）維護上司的權威

掌握好對上司的態度，能幫你贏得上司的喜歡和信賴。下面的幾點是你需要做到的。

(1) 謙遜。謙遜意味著你有自知之明，懂得欣賞他人，有向上司請教學習的意向，維護上司的權威。

(2) 誠實。在上司面前，不要吹牛皮。弄虛作假者，往往失信於人。

(3) 順從。上司可能並不比下屬強多少，但只要是你的上司，你就必須服從他的命令。有必要多尋找上司優越於你的地方，做出尊敬他、學習他的姿態。凡是欣賞、服從上司的下屬，即使最初上司對他沒有什麼好感，也會讓上司慢慢改變印象。

晉升一定有方法

眼看你的同事升官的升官，加薪的加薪，你卻原封不動。這是怎麼回事？也許你因此百思不得其解，甚至怨聲不絕。其實完全不用抱怨，因為問題並不出在你的能力上，而是你的為人處世和人際關係不好。為了以後的發展，來點討人喜歡的「小動作」，或會對你有所幫助。

(一)「拍馬屁」

有些上司希望聽到所有角度的訊息，但是大部分的經理卻不會，他們也是普通人。也就是說，他們寧可聽到好消息而不是壞消息，其實，這就是阿諛奉承、拍馬屁，「拍馬屁」也要有技巧，當然不提倡。

(二) 送禮要講究技巧

逢年過節，上司員工中有事，到底要不要送禮給上司？

上司平常不但要教導部屬如何應付工作，還是部屬協商與諮詢的對象，對於部屬的工作指導可說是功不可沒。因此，利用逢年過節的時候對上司表達一下感謝的心意而致贈一些小禮物，也是人之常情。只是，送禮貴在心意，不必送過於貴重的禮物，否則會引起誤會。如果你送禮是希望藉此獲得提拔機會，那你一定要錯開這所謂的送禮旺季，利用平常的日子送禮，這樣會更有效果。

(三) 與上司的太太打好關係

作為女職員，與上司的太太保持良好的關係往往比多與上司接觸有效。

如果你有機會與上司的太太打交道，一定要想辦法「討得她的歡心」。

(四) 利用推薦他人來推薦自己

「介紹並不是一種工作，而是創造」。不論他人請求你代為推介人選，或是你要推介某人給他人時，都不要因為怕麻煩而敷衍了事。

當你要求別人推介你的時候，首先你平日的信用要很好。如果你平常的信用不佳、不夠誠實，卻要求別人代為推介，恐怕不會有人不辭辛勞的為你奔走。如果對方不情不願的答應，為你擔任介紹的工作，也一定是隨隨便便的敷衍了事，這種做法絕不會有好結果。

小靜和小英的能力不差上下，都是受上司重用的人，為此她們也彼此成為晉升對手。小靜為打敗對手，她暗中發現小英在企劃方案中的弱項——寫不好廣告語。便在一次完成一家客戶的企劃方案時，小靜主動向上司推薦小英，由小英來完成這家人客戶的廣告語。結果是小英的廣告語沒有被通過，最終由小靜來完成。小靜的這一招實是太厲害了，她不但讓對手小英輸得無話可說，而且讓上司誤以為她是一個能容得下別人的賢才，還達到了向上司展現自己高於小英之處。

推介他人不可不視為自己的一次機會，必須慎重而積極的進行。最好不要顧慮太多而猶豫不決，也不要太過於輕率。

(五) 為公司省錢

要像使用自己的東西一樣使用公司的資產，做到要謹慎、愛護、珍惜，不可浪費。

許多人以為，既然消費由公司支出，就可以不必節制的花用。

對於這類人，即使上司沒有明言自己的不滿，在他的心中，也已經斷定你是一個節省自己的錢袋而亂花別人錢的傢伙。

有上司式的思考，就會使得計算成本和利潤，因而在支出時非常謹慎，不應該花的錢就絕對不花，應該花的，也要看看有沒有節儉的途徑，如果有的話，就盡量節儉著用。

老闆都希望晉升一個令他們放心的員工，而不是只顧自己利益的員工。

因此，培養自己上司式的思考，讓他們與你有點共鳴，上司就會欣賞你，從而交託給你重要的任務，使你踏上晉升的青雲路。

（六）有目標的去工作

質和量是工作的生命，一定要盡可能二者兼顧。在萬不得已的情況下，捨棄其中一項，保全另一項，也是值得的，千萬不能兩者皆缺。

每家公司所定的規章制度不同，對員工的要求不同，目標也不一樣，所以你必須了解你的工作範圍以及上司和公司的整體要求。

（七）不可占公司小便宜

每個公司的老闆都希望下屬為公司省錢，儘管他們本身可能不會這樣做。

所謂省錢，可以從大處著手，也可以從小處著眼。例如，不盜用公司的影印機來影印私人文件，不從公司拿筆、本子等物品，堅持公物與私物分開，這就是為公司省錢的一個事例，會給予上司忠誠的印象。

（八）給上司面子，來以退為進

因為他身居高位，所以上司會對於自己的面子和尊嚴特別看重的。在此情況下，你不妨多給他一些面子，滿足他的心理需求。

如何才能較好的做到退一步，進兩步呢？請注意以下幾點：

(1) 在日常工作中，應該表現出對上司應有的尊重。當他向你交待任務或發出指示時，你要仔細聆聽，必要時記下筆記不要顯得無精打采，否則會大大傷害上司的尊嚴和面子。

(2) 無論上司是對是錯，你都要先聽他說，然後再婉轉的表達自己的見解。

在上司正確的情況下，下屬對他表現出應有的尊重，這點比較容易做到。但是，假如覺得上司錯了，一般員工的心裡就憋不住氣，想和上司理論一番，甚至直接指出他的過失。

這樣，上司雖然在心裡認為你可能是對的，但面子上照樣掛不住。所以，即使上司做錯了，你也要尊重他，而不是攻擊和責難。

（九）關鍵的時候替上司說話

老闆既然是人不是神，決策就會有失誤之時，即使一貫正確中也可能出現對立面。這時，也許有些人會站在另一邊，與老闆對著幹，這可就糟透了。這樣做無疑是掉進了晉升道路中難以自拔的陷阱。聰明的做法是，當老闆與員工發生矛盾時，你應該大膽的站出來為老闆做解釋與協調工作，最終還是有益於員工利益的。但作為老闆，當最需要人支援的時候支援了他，也就自然視你為知己。

實際上，老闆與職員的關係是十分微妙的，它既可以是老闆與職員的關係，也可以是朋友關係。誠然，老闆與部下身分不同，是有距離的，但身分不同的人，在心理上卻不一定有隔閡。一旦你與老闆的關係發展到知己這個層次，較之於同僚，你就獲得了很大的心理優勢。你也可能因此而得到老闆特別的關懷與支持，甚至，你們之間可以無話不談。至此，是否可以預言，你的晉升之日已經為期不遠了。

（十）以豐碩的業績贏得支持者

如果你想出人頭地，就需找個「後臺」—— 一個在公司處於高位而又會幫助你晉升的人。

盡量多的幾個支持者 —— 包括在你的公司及行業內知道你是個出色員工的人，也會成為你的「後臺」。

贏得支持的不是關係，而是你的業績和能力。靠「後臺」和關係不會長久，豐碩的業績只能靠自己不斷的努力。

（十一）定期與上司溝通

等已進行年終總結時，向上司匯報自己意見，調整你的工作方法以配合公司業務變化的需求。

即使溝通並不正式，這類交流仍可幫助你把精力運用於較有效果的用途上。

（十二）滿足上司的期望

找出究竟要達到上司哪些期望才能獲得上司的常識——這期望可能超出你的工作本分，但你應該切實的滿足它。你的目的，是要找出上司認為怎樣的員工才是有價值的員工，然後努力滿足這些期望。

慎重使用手中的許可權

老闆提拔助手，增加員工待遇的重要目的之一，就是讓其能夠成為老闆獨當一面的有用之才。

所謂獨當一面，即是在老闆的統一指揮、統籌安排下，按照老闆的授權範圍，能夠獨立的、恰當的處理各類業務問題，而不是事無大小均向老闆請示匯報。

事實上，一個企業的工作千頭萬緒，十分繁雜，特別是那些擁有一定規模的企業，老闆一個人不可能，也不必要把項項工作的處置權都抓在自己手裡。現代企業講究分權治理，民主管理。只有那些落後的、家族式的老闆，才會採取集權的管理模式。

因此，那些開明的擁有現代意識的老闆，總是勇於和善於選賢任能，並放手讓他們獨當一面，從而以優勢的群體造就和發揮群體優勢，以便使企業生機勃勃、一往無前。

在勇於為老闆獨當一面的問題上，我們常常可以見到兩種情況：一種是老闆給予放權，讓其大膽負責某一部門、某一分支機構的具體工作。但是，由於被任用者缺乏老闆工作經驗，或者缺乏相應的魄力，因而畏首畏尾施展不開。此類員工，應該認知到既然你有「後臺老闆」，何不大膽有所作為。同時，只要勇於大膽的獨當一面，那麼即使不夠順利，你也能夠磨練自己的能力，增加自己的才幹。

另一種情況恰恰相反，即被任用者在為老闆獨當一面時，不是不敢將老闆所放給的權利用足用夠，而是時常越權行事。

俗語講：過猶不及。就是說無論什麼事情只要做過了頭，那就猶如沒有做足一樣，自然會遭受損失。

對此，歌德有兩句名言是發人深思的。他說：

「如果，你勇於宣稱自己是受限制的，你就會感到自己是自由的。」

「只有具備真才實學，既了解自己的力量，又善於適當而謹慎的使用自己力量的人，才能在世俗事務中獲得成功。」

所以，勇於為老闆獨當一面，必須以善於為老闆獨當一面為基礎，同時小心處世，慎重用權，否則，你就難以不斷的提升自己。

學會與各種上司融洽相處

無論何時何地，都要尋找與他人的「共同語言」，爭取在更多的層面上達成共識，營造人和局面，在輕鬆快樂的環境中工作與生活。

狼與狗雖是「近親」，而且在體型和習性上有許多相似之處，但動物學家們透過研究發現，二者之間並沒有「共同語言」，牠們各有各的特定的交流方式。動物學家說，狗是透過不同的吠聲來進行情感交流的，狼則是更多的借助面部表情進行交流與溝通。研究人員發現，狼共有 60 多種不同的面部表情，可以用來向同類傳達訊息，並能顯示牠們在等級森嚴的群落中各自的地位。

狼與狗相遇後，都可能會覺察到對方的外形與自己十分相似，牠們最終仍無法溝通交流，和平共處。正因如此，大多數時候，牠們之間避免不了的要發生一場惡戰，透過暴力一爭高下。

狼與狗不能有效溝通交流的另一個重要原因，是牠們在利益上不能達成一致。在狼向草原的羊群進攻時，牧羊犬常常充當著羊群守護者的角色，這樣，會因為一方的利益與另一方肩負的責任發生衝突，而贊成彼此互為不共戴天的仇人的後果，狼與狗之間一場廝殺便避免不了的展開了。

在生物界中，動物的種類千差萬別，同類之間有時尚不能和平共處，異類之間發生衝突或矛盾便成了理所當然。狼知道無法與狗有效的進行溝通與交流，索性不再浪費唇舌，便選擇暴力等方式與之決鬥。

狼與狗之間由於缺乏共同語言，常常發生衝突或矛盾，最終會採取暴力方式加以解決。在人類看來，這屬於正常現象，因為牠們畢竟是低等動物，缺乏靈活巧妙的語言，無法像人類那樣以機智的頭腦和伶俐的口齒與對方進行溝通。

那麼，一向有「高等動物」之稱的人類，在人際溝通過程中，尤其是在辦公室與同事或上下級相處時，又該如何避免爭端發生呢？發生爭端之後，又該如何解決爭端呢？

在討論這一問題之前，先來分析一下發生爭端的原因，大多數是因為意見不一致，討論者各執一詞，互不相讓；也與競爭有關，為爭奪功勞或職位發生爭吵；還有個人因素，即看某某人「不順眼」，處處與他作對，故意找麻煩等等。

基於以上幾點原因，在辦公室與人相處時，要盡量做到與人為善，說話語氣要溫和，讓人覺得親切；即使有了一定的級別，說話時也不能用命令的口吻，更不能用手指著對方，這是沒禮貌的表現。雖然有時大家的意見無法達成一致，但意見可以保留，對於那些原則性並不太強的問題，沒有必要爭得面紅耳赤、你高我低。一味的爭口舌之利，同事們將對你敬而遠之，久而久之，你就將淪為孤家寡人。

老闆也是人，也有人的一般屬性。從脾氣上分，有溫和的，有暴躁的；從修養上分，有高傲的，也有謙遜的；從能力上分，有能力強的，還有能力差的。老闆的性格不同，處世的方式也不同。因此，在與老闆相處時，一定要做到看人下菜，投其所好，這樣才能找到「共同語言」，更好的把握與老闆來往的分寸。下面以各種具有代表性的老闆為例，分別介紹與其相處的原則和方法。

(一) 城府極深的老闆

城府極深的老闆，對不如意的事情喜歡報復，對不如意的人會設法剷除，這樣的老闆喜怒往往不形於色，最生氣的時候卻在臉上掛滿笑容，讓你猜不透他的心思，防不勝防。他絕不會採用直接報復的手段對付你，而是使用某種計謀。

假如你的老闆是這種人，與他相處時你應做到以下幾點：

(1) 不可全拋一片心。當他突然對你產生異樣的好感，甚至讓你覺得受寵若驚時，你絕不能敞開心扉給他看，把心裡話全掏給他，因為這很可能就是他所期待的。他對你突然好起來，就很可能是他精心設下的圈套。

(2) 報以微笑。他既然笑容滿面，好像在製造一種親善的氛圍，你就應將計就計，報以微笑。

(3) 積極維護自身利益。他在竊取你一次工作成果之後，你如果妥協退讓，他就會變本加厲。因此，你應採取某種方式積極維護自身利益。比如，你可以對他說：「你的做法我也懂，請以後別再這樣做！」這樣做既維護了他的面子，又起到了警示他的作用。

(二) 懦弱無能的老闆

懦弱的人當不成好老闆，即使當了老闆，也只能把大權交給別人掌管。對於這種情形，你應看準代為其勞的人是何種性情，然後再選擇應對辦法。懦弱的人當老闆，肯定特別重視身邊「師爺」式的人物，對「師爺」一般言聽計從。而「師爺」式的實權人物，周圍肯定有他的羽翼，早已形成勢力網，甚至老闆也只是一個傀儡，不得不看「師爺」眼色行事。因此，你千萬不要與「挾天子以令諸侯」的「師爺式」人物發生衝突，否則必將遭到他的誹謗和打擊。要想與他抗衡，你絕不能草率行事，必須看準時機，比如在他的野心暴露時，那時才有所作為。

(三) 雷厲風行的老闆

在這種老闆面前，你應充分發揮個人能力，努力創造優異的成績，不要擔心受他的壓制。這種老闆具有非凡的才氣，因此也欣賞有才氣的人。英雄惜英雄，你若是英雄，就不怕他不賞識你，也不怕他不提拔你。在平時工作中，你只管愉快的工作，盡量做得又快又好，這將表現出你超強的能力。你還要隨時隨地留心機會，一旦機會降臨，就牢牢抓住它，那時必將脫穎而出，一鳴驚人。

(四) 飛揚跋扈的老闆

與這種老闆相處，應從以下幾方面入手：

(1) 先傾聽，後反擊。當他大發脾氣的時候，千萬不要抱著一顆效忠之心上去勸阻，更不能據理力爭立即進行反駁，最好讓他發威發個夠，之後再進行反擊。

(2) 語氣委婉，避免冒犯。這種老闆的自尊心很強，因此不要在尊嚴方面傷害他。講話是否委婉對於事態發展有極大的影響。比如在討論某個主題以前，你要先說「我不想冒犯你⋯⋯」或「我了解你的意思，可是……」等客套話；或把自己當作成熟穩健的人，在心裡把他看成無知的孩子，故意裝出順從的樣子；也可找機會讓他嘗嘗苦頭，做法是故意讓他的錯誤指揮和想法變成現實，然後用事實告訴他一個非常簡單的道理 —— 多聽聽別人的意見是有好處的。

(3) 勇於說「不」。這樣的老闆生性好強，總希望下屬對自己唯唯諾諾，不允許有任何不同意見。你如果為討好這種老闆，該說「不」而不說的時候，他就會更加無禮狂妄，不把你放在眼裡。對於這種人品低劣的老闆，你不必產生畏懼心理，不要怕丟了飯碗而委曲求全，應該勇敢的說出你內心的想法；對於他的無理要求，勇敢的回一個「不」字。

(4) 先禮後兵。當下屬真正對這種老闆唯唯諾諾的時候，他卻在內心暗暗嘲笑下屬是沒骨氣的「哈巴狗」。因此，你如果能一反常態以先禮後兵的方式說出自己的理由，儘管他可能會感到不舒服，也會對你產生一種欽佩感，認為你「還真不好惹」。

(五) 擺架子的老闆

很多老闆都愛「擺臭架子」，要討這樣的老闆歡心不難，問題是你盲目的拍老闆的馬屁，實在是太不划算了。事實上，在不違背個人原則的前提下，盡量遷就老闆，就已經足夠了。每個員工雖然都有服從老闆和努力工作這兩項基本責任，但強迫自己去做不喜歡的事，就顯得沒必要而且是愚蠢的行為。

第十三章　團隊作戰，重視合作

狼群之所以強大，就是因為牠們具有著合作精神。狼群最偉大的特質就是牠們的合作精神，合作是牠們的獲勝之道。

狼是自然界最善於合作交流的動物之一。對狼來說，交流的藝術在於密切注視各式各樣的交流方式，狼之間複雜精細的交流系統，使牠們得以不斷的調整策略戰術，以獲得成功。

牠們嚎叫、用鼻尖相互摩擦、用舌頭舔、採取支配或從屬的身體姿態，包括使用唇、眼、面部表情以及尾巴位置在內的複雜、精細的身體語言來傳遞資訊，或利用氣味來傳遞資訊。

狼群交流溝通的方式十分多元化，牠們使用每一種能夠運用的方式。牠們的表情非常多樣化，甚至嘴唇、眼睛以及尾巴都能表達牠們的情感；在狼群的行動中，不同的動作也表現了牠們的喜怒哀樂。

對於狼群來說，交流溝通是牠們生存的保障。狼群有著嚴格的社會組織和等級制度，牠們是世界上最團結的動物，所有這些都要求牠們有完善的溝通系統，這也正是狼群生存的優勢所在，是牠們無往不勝的原因。

像狼群一樣團隊作戰

羚羊是草原上奔跑速度最快的動物之一，即使是勇猛的獵豹也很難將牠抓到。至於獅子和老虎，對羚羊也毫無辦法。然而，身形比牠們小得多的狼卻做到了。因為狼善於合作，善於使用「群狼戰術」。

狼群內部組織結構極其嚴密，在捕捉羚羊時，牠們會採取連環追擊的策略。由於狼群沒有羚羊的速度快，牠們會預先隔一段距離就埋伏一群狼，最開始由一群狼追逐，把羚羊群預定的方向，一段時間過後，第二群狼繼續追趕。狼就以這種「接力賽」的形式與羚羊群賽跑，直到追得羚羊筋疲力盡再也跑不動為止。這個時候，狼群才對羚羊進行圍攻捕殺。

狼群在圍捕獵物時十分講究策略，牠們從來不會漫無目的的圍著獵物胡亂奔跑，尖聲狂叫，而是制定相應的策略戰術，彼此溝通後將其付諸實施。關鍵時刻到來的時候，每匹狼都明白自己的作用，並準確的領會到群體對牠的期望。

狼善於使用「群狼戰術」，也就是「群起攻敵」的策略。因為牠們知道，個體的實力有限，只有大家團結起來，共同對抗敵人，才能獲得勝利。

在捕捉羚羊的過程中，狼所使用的「群狼戰術」表現出了狼族的又一大優點 —— 團隊精神。團隊精神是支持狼族生存發展的一股強大力量，是狼族得以稱霸陸地自然界的基礎。同理，團隊精神也是任何一個族群得以生存、發展和壯大的基本前提。

那麼，什麼是團隊精神呢？所謂團隊精神，是指一個團體中的所有成員積極合作，互相配合，在共同努力下達成某個目標的一種文化思想和準則。

團隊精神具備與否關係到一個團隊的生死存亡。比如，在登山過程中，每組隊員之間都要以繩索相連，一旦某人失足落下，其他隊員必須全力相救，否則，整個團隊將無法繼續前進。而當所有努力都無濟於事時，失足隊員就會割斷繩索，讓自己墜入深谷，以確保其他隊員的生命安危，同時使登山得以繼續進行。

球場上更是如此，沒有每個球員的努力與配合，任何球隊都很難取勝。

在專業化分工越來越細、競爭日益激烈的今天，僅靠一個人的力量無法完成千頭萬緒的工作。一個人可以憑著自己的能力獲得一定的成就，但若能把你的能力與別人的能力結合起來，就會獲得令人意想不到的成功。

一加一等於二，這是人人都知道的簡單運算，但應用在人與人之間的團結合作上，所創造出的業績就不再是一加一等於二了，其結果可能是三或四甚至更大。團結就是力量，這是再淺顯不過的道理。

對於一個企業而言，團隊精神更是必不可少的。一個由上千人組成的汽車裝配廠，只要其中一組人不工作，其產品就無法出廠，因為誰也不會購買一輛沒有輪子的汽車。

一個人能與同事友好合作，以團隊利益為重，才能把自己獨特的優勢在工作中淋漓盡致的發揮出來，這樣自然能引起老闆的注意，得到更多的加薪晉升機會。否則，就很難在現代職場中立足。

「有較強的能力並善於與他人合作」，已成為企業在招募員工時，對員工素養的重要衡量指標。因此，職場人士應該明白這樣一個道理：優秀並不是被任用的唯一理由。

我們生活在一個競爭日益激烈的時代，既然存在競爭就需要合作。幾乎所有的成功企業，都是在某種合作的形式下經營的。

任何企業若要存在和生存，就必須團結起來：

（一）企業內部，員工與主管，員工與員工團結。

（二）企業與企業配合、共同發展。

（三）企業與政府合作，承擔社會責任。

不團結就會滅亡。

總之，合作無處不在。

把團隊利益放在首位

大草原上活動著一群的野狼，牠們十分猖獗，經常偷襲牧民的羊群。為了保護羊群，牧民們開始對狼進行捕殺活動。在長期的捕狼過程，捕狼者驚奇的發現狼具有強大的「自我犧牲」精神，為了顧全大局，牠們甘願犧牲自己的性命。

這一發現不禁令捕狼者的某位朋友產生了懷疑，因為在人類的眼中，狼是一種多麼凶狠、多麼無情的動物啊！捕狼者為了證明自己的觀點，邀請朋友與他一起去打狼，讓他眼見為憑。

這天，捕狼者帶朋友來到草原，他們在那裡發現了 20 多隻狼。當時，由於大家帶了足夠的彈藥，那位朋友樂觀的認為他們至少能殺掉 10 隻狼。那可真是一個不小的數目啊。朋友先開槍撤退了一隻。狼群發現危險之後並沒有混亂，而是有序的向山谷撤退。隨後，大家騎上馬帶著獵狗開始追擊。跑了一段時間後，人們漸漸縮短了與狼之間的距離。忽然，有三隻狼站在人們面前，頭面對著人們。見此情景，捕狼者們一下子愣住了，一時不知該怎麼辦。那三隻狼停下的地方正是一個山脊，其他的狼翻過山脊就不見了。最後，他們連續開了幾槍，將三隻狼全部打死了。走到狼的跟前，捕狼者們才發現，剛殺死的三隻狼都是非常強壯的，大概是狼群中的首領。

透過這次經歷，那位朋友終於相信了捕狼者說的那些話了。為了狼群能夠安全轉移，狼確實甘願犧牲自己的性命。

自我犧牲精神是狼族的傳統美德，是狼值得驕傲和自豪的狼性。為了團隊利益，狼會毫不猶豫的犧牲自己的利益，即使獻出生命也在所不惜。因為狼知道，牠們的生命是狼群給予的;在狼群的悉心呵護下，牠們才得以成長、生活；沒有狼群，牠們就什麼都沒有了。

狼的這一天性給身在職場的我們許多的啟示。把團隊利益放在首位，時刻維護團隊利益；當關鍵時刻到來時，為保全團隊利益勇於犧牲個人利益。

員工如果能做到這一點，一定會成為一個公司中重要的一員，受到老闆的賞識與器重。

連假前夜，一家熱炒店裡熱鬧非凡，大廳中央那張餐桌旁的幾名客人交杯換盞，喝得正盡興。突然，一位先生在一道菜裡發現一粒黑黑的小東西，樣子很像煮熟了的蒼蠅，便大叫起來：「誰是老闆，趕緊過來瞧瞧！這道菜是怎麼搞的？」老闆快步走上前去，在客人的一番指手畫腳後，辨認出那粒黑黑的小東西就是一隻蒼蠅。

老闆為了維護餐廳形象，怎麼能說出事實！但內心裡十分惱火，便叫來廚師給客人一個圓滿的答覆。廚師一眼認出那是一隻蒼蠅，立刻意識到事態的嚴重性，但他表面上顯得十分冷靜，微笑著對客人說：「噢，這是一粒花椒，請不要在意！」說完，拿起「花椒」放入口中，「銷毀罪證」，見此，客人也沒話可說了。

客人剛剛平靜下來，老闆隨後以一位服務生侍奉「上帝」的口吻說道：「各位請慢用，有事隨時吩咐，我們絕對獻上最優質的服務！」這樣一來，客人倒有些不好意思。臨走時，覺得這家餐廳服務態度不錯。

平安的送走一桌客人，老闆懸著的心終於落了下來，隨後親自去見那個廚師，當著全員的面大加誇讚一番，並以獎金相贈。

在這個例子中，廚師不惜親口吞掉蒼蠅，雖然損害了個人利益，但維護了餐廳形象，可謂真正實現了「把團隊利益放在首位」這一要求。

在這方面，美國惠普公司員工的表現堪稱楷模。

某年夏季一位美國記者曾去惠普公司的一家工廠參觀，見一位員工在廠房工作時熱得滿頭大汗，卻把電風扇朝向機器吹風。便疑惑的問：「你為什麼不讓電風扇朝著自己而朝機器吹呢？」工人的回答讓記者深為感動：「這是為了防止機器落上灰塵。否則的話，它就容易損壞，公司效益將受到損失。」一件小事表現出員工對公司的無比忠誠，真正把團隊利益放在了首位。

一份工作可以讓你在社會上立足，工作也是你日後的事業的基石。你要明白：當你還是公司的職員時，就要一心把公司的利益放在首位，設身處地的為老闆和公司著想，這樣的話，你才會被老闆重用。

一名員工如果能時刻為公司著想，對老闆投之以桃，那麼老闆看到你的表現後，也會報之以李，提拔或重用你。當然，有時回報與付出不成正比，在這種情況下，你不要怨天尤人，要提醒自己：把公司利益放在首位，目前在為公司做事，代表的是公司的利益。

以企業為家，以老闆的心態對待公司，你就會脫穎而出，成為老闆的得力助手，老闆也會因為你的忠誠而器重你。以這樣的心態工作，就可以坦然的面對老闆，因為你對公司盡了自己最大的努力。如果你以老闆的心態對待公司，不久的將來，你一定會收穫你自己的事業。

設定團隊的承諾和目標

在廣闊的草原上，一場大雪過後，大地一片蒼茫，一些動物都早已進入了冬眠，也有一些動物為尋找食物而忙碌。

狼就是必須尋找食物的動物。狼群很少貯存食物，而在冬季大雪的環境中尋找食物是非常困難的。狼群必須保存牠們的體力，因為往往在一連幾天的奔波後，牠們卻還是一無所獲。如果牠們不盡量保存自己的體力，那麼連續的勞累再加上飢餓和嚴寒的折磨，牠們就很可能丟掉性命。聰明的狼群在這時採取單列行進的辦法，一頭接一頭，這樣牠們就能保證狼群消耗最少的體力。跑在最前面的狼體力消耗非常大，因為牠必須在厚厚的雪地上，走出一行腳印，這樣後面的狼就能節省了許多的體力。可是領頭的狼跑不了多久就會疲憊，這時牠就會自動退到隊伍的最後面，休息一下，養精蓄銳，以便能夠保存體力，繼續戰鬥。

隨著時代的發展，經濟危機的發生，今天市場的競爭日趨緊張激烈，市場需求越來越多樣化，使企業管理層所面臨的情況和環境極其複雜，在很多情況下，單靠個人能力已很難完全處理各種錯綜複雜的資訊，並採取切實高效的行動，所有這些，都要求組織成員之間進一步相互依賴、相互連結、共同合作。而「團隊」的建立正是旨在解決錯綜複雜的問題，並進行必要的行動協調，保持組織應變能力和持續的創新能力。

團隊其實是一群為了共同目的而一起工作的人，他們必須相互依靠，以實現共同認定的目標。但團隊並非一個所屬成員簡單組合在一起的工作群體，它是一個有機的、協調的整體。這個整體的能力並不是它的所屬成員的能力的簡單的總和，而是一種不論在數量上還是品質上，都遠遠超出原有成員的能力之合的新的力量。我們知道一個人的能力是有限的，當一項工作或任務遠遠超出個人能力範圍時，進行團隊合作就勢在必行。團隊不僅能夠完善和擴大個人的能力，還能夠幫助成員加強相互理解和溝通，把團隊任務內化為自己的任務，真正做團隊工作的主人翁，這樣的團隊會戰勝一切困難，贏得最終的勝利，而團隊成員也會在團隊合作這個過程中迅速的成長起來。

日本 SONY 公司的創始人盛田昭夫的父親也是一位出色的實業家，曾經忠告盛田：「如果你自以為是個管理者，就可以肆意向旁人耀武揚威，那你就大錯特錯了。必須記住，你的責任在於：自己決意要做的事情，必須設法讓別人也做。」

SONY 公司所以能有極大的成就，與其「家庭式」的管理方法是分不開的。在 SONY 公司，每一個員工都被視為大家庭的一分子，每個員工都能夠發表自己獨特的想法，但是，又強調員工之間要像在一個家庭中生活一樣互相配合、協調。雖然 SONY 公司在培養管理者與員工之間的關係上花費了很大的精力，但是，公司的每一位員工由於受到了充分的尊重，才華得到充分的發揮，並且在這樣一個大家庭式的團隊中，從事著能使自己感到快樂和驕傲的工作，公司得到了員工們同等的回報 —— 積極工作並對公司忠誠，於是

SONY 公司獲得了龐大的、可以持續的事業成功。

成功的團隊並非以壓抑個性為代價，相反，成功的團隊十分尊重成員的個性，重視成員的不同想法，真正使每一個成員參與到團隊工作中，風險共擔，利益共用，相互配合，完成團隊既定目標。松下電器的創始人松下幸之助認為，在公司的團隊管理方面首先要認知到的是，人類是「偉大的王者」，要承認並尊重人類的個性，要以禮讓精神對待員工，並要善用眾人的智慧。這些成功的團隊意識到只有人力資本才是團隊目標完成的最根本保證，從這一點出發，讓團隊成員自己制定了一系列以人為本的、既尊重個性又強調規則的團隊運作方法，人們感到自己的價值得到了展現，他們也會樂於執行自己制定的團隊工作計畫，並遵守自己制定的團隊規則，這樣的團隊才是一支高效率的團隊，同時，由於個人在團隊過程中，與其他人共同工作的能力也得到提升，團隊的雙贏效果就突顯出來了。

團隊的精髓在於共同承擔集體的責任。沒有這一承擔，團隊如同一盤散沙。做出這一承諾，團隊就會齊心協力，成為一個強有力的群體。很多人經常把團隊和工作團體混為一談，其實兩者之間存在本質上的區別。優秀的工作團體與團隊一樣，具有能夠一起分享資訊、觀點和創意，共同決策以幫助每個成員能夠更好的工作，同時強化個人工作標準的特點。但工作團體主要是把工作目標分解到個人，其本質上是注重個人目標和責任，工作團體目標只是個人目標的簡單總和，高效出色的團隊具有如下的特點：

1. 目標一致。這一共同的目標是一種精神思想境界。團隊成員應花費充分的時間、精力來討論、制定他們共同的目標，並在這一過程中使每個團隊成員都能夠深刻的理解團隊的目標。以後不論遇到任何困難，這一共同目標都會為團隊成員指明方向和方針。
2. 具體目標。將團隊共同的目標分解為具體的、可衡量的行動目標。這一行動目標既能使個人不斷開拓自己，又能促進整個團隊的發展。具體的目標使得彼此間的溝通更暢通，並能督促團隊始終為實現最終目標而努力。

3. 承擔責任。建立一種環境，使每位團隊成員在這個環境中都感到自己應對團隊的績效負責，為團隊的共同目標、具體目標和團隊行為，勇於承擔各自共同的責任。
4. 關係融洽。團隊成員之間應該互相理解、支持，善於溝通，彼此之間坦誠相待，相互信任，並勇於表達自我。
5. 齊心協力。團隊成員應為實現團隊目標做出共同的承諾，能為著共同的目標而努力工作，並在工作中相互協調配合，有勁一起使，有方法一起想。
6. 和諧的領導藝術。團隊的領導者要能夠做到使對任務的需求、團隊的凝聚力以及個人需求達到平衡、和諧。
7. 短小精悍。團隊的規模不宜過大，應短小精悍，其規模一般不超過10人。
8. 技能互補。出色的團隊應具有如下技能：擁有技術專家型人員、善於解決問題和果斷決策的人員、善於人際溝通的人員。各項技能的正確組合是團隊成功的關鍵。
9. 行動統一。團隊成員必須平等的分擔工作任務，並就各自的工作內容取得一致。此外，團隊需要在如何制定工作進度、如何開發工作技能、如何解決矛盾衝突，以及如何做出或修改決策等方面達成共識，採取一致行動，促成目標早日實現。
10. 反應迅速。團隊應該著眼於未來，視變更為發展的契機，把握機會，伺機而動。

共同合作才能辦大事

狼靠狼團隊戰勝各種困難，頑強的生存下來。人類社會也是一樣，離不開團隊合作。

人們要想做一番大事業並且獲得成功，從來都需要共同合作，沒有獨自獲勝的先例。所以有句古話說得好：「一個籬笆三個樁，一個好漢三個幫。」你是否研究過怎樣借助於團隊的力量，從古代實踐經驗來看，其中有借勢、借機、借德、借智、借力等方法。

(一) 借勢成功

借勢就是借助或倚重別人的力量，造成一定的聲勢，然後達成自己的目的。中國古代最講究做任何事情都要看它的勢，一旦勢形成則功可成。著名的《孫子兵法》中還有專門的造勢篇，用現代的語言來解釋，就是辦事情首先要看它是否順應歷史潮流，符合不符合客觀規律。因此，在現代經營術中，往往有乘勢而興的例子。也有許多公司為了打出產品，借助於各種傳播媒介，進行廣泛的宣傳，這是自我造勢。

(二) 借機成功

借機就是把握事物發展的有利時機，或借助於別人創造的時機，來達到自己的目的。用現代理論講，機會對於每個人來講都是公平的，但只有自身準備充分的人，才有可能得到它，因為機不可失，時不再來，捕捉機會是在瞬間完成的。

(三) 借德成功

借德就是仰仗於有德之人的威信、信譽，使自己的聲譽盡快建立起來，用現代理論來講聲譽是事業的命脈，失德者必自斃。借名人做廣告就是此方法。

(四) 借智成功

借智就是集中人才的智力優勢，廣泛徵集各方面的意見和建議，制定最科學的方案，來保證事業的成功。

(五) 借力成功

借力就是依靠別人的實力做自己的事業。

由此可見，不論古今，要想成就大事業，先要發展自己的實力，在借助別人力量的種種情況中，借力最不可取。

要了解別人的想法

要想與人合作，有效溝通，就必須要了解別人內心的真實想法。人與人是不同的。正因為如此，我們之間才迫切的需要溝通，需要了解他人的想法，而不僅僅是自以為是。最重要的是，我們要試著以他人的眼光來看他人的世界，而不是以我們的眼光來看他們的世界。我們大多數人都容易犯的毛病，就是喜歡以自己的方式來看待別人的行動，喜歡用自己的思維方式來評價別人的世界。如果兩人之間有了差異，我們就無法忍受。

要做到與他人進行良好的溝通，最好的方法是：找出其他人身上的優點，而不管他們的外表、生活方式以及信仰，與我們有怎樣顯著的不同。在尋找他人優點的過程中，用我們的愛心和他人進行溝通，因為愛是我們最需要的。

一位女士曾經帶著她 4 歲的兒子去大商場購物。她認為，她的兒子看到這家商場的裝飾、櫥窗以及各種玩具後，一定會非常高興。她拉著孩子的手，走得很快，以至於他那雙小腳幾乎跟不上她的步伐。小孩子開始大哭大鬧，緊緊抓住母親的外衣。那位女士開始還好言相勸，但小孩子還是吵鬧不休。她開始不耐煩起來，警告她兒子說：「如果你不馬上停止吵鬧，我以後再也不帶你出來買東西了。」

這時，她發現兒子的鞋帶鬆開了，於是她蹲了下來，替她的兒子綁鞋帶。就在她蹲下來的時候，湊巧抬頭看了一看。這是她第一次透過 4 歲兒子的視角來看一家商場。從兒子的角度望上去，看不到美麗的商品、珠寶飾物、裝飾美麗的櫃檯或是各式各樣新奇的玩具。所能看到的全是迷宮似的走道，到處都是煙囪似的長腿和背影，這些大山似的陌生人，一雙腳猶如溜冰一般，他們推來推去，又搶又奪，又奔又跑，看起來簡直非常可怕！她立即決定把她的孩子帶回家。此時，她心中充滿了愧疚，因為自己忽略了她兒子的真正想法。於是她決定從今以後絕對不再把她自己的想法強加到兒子身上。

愛是人們進行良好溝通的前提。我們必須先愛自己，然後才能把愛分給其他人。愛是獨立的，而且是以我們和其他人的分享為基礎的。在與他人的分享中而不是依賴中，更加完善我們自己。

作為一名需要與人合作和溝通的個體，我們在和人打交道時，要盡可能的表現出自己的友善。我們把手伸給對方，表達出我們對他的尊重。除了用力握手之外，我們還要用眼光直視對方，同時面帶溫暖、開朗的微笑，藉以顯示我們進行這種溝通的強烈興趣。

在相互交流中，我們要成為一個積極的聆聽者，耐心聆聽，並且為對方設身處地的想。我們都知道，傾聽可以讓我們學到很多東西的。我們要試著在陌生人身上尋找特別的美麗，然後真誠的稱讚他們。我們要讓陌生人談到他們自己，以便了解他們的內心世界。

我們原本是擦身而過的陌生人，有緣才成為同事，在一起工作，只要我們懷著善意與別人溝通，這個世界會變得更加和諧，你也會發現自己並不是孤獨的，你的工作和事業也會充滿樂趣。

如何組織創業團隊

團隊是一個企業人力資源的核心，團隊中因工作職務上的不同，人員個性和作用的發揮也會不同。「主內」與「主外」的不同人才，耐心的「總管」和具有策略眼光的「領袖」，技術與市場兩方面的人才都是不可偏廢。創業團隊的組織還要注意個人的性格與看問題的角度，如果一個團隊裡能夠有總能提出建設性的可行性建議的，和一個能不斷的發現問題的批判性的成員，對於創業過程將大有效益。

作為創業企業核心成員的執行長還有一點需要特別注意，那就是一定要選擇對專案有熱情的人加入團隊，並且要使所有人在企業初創就要有每天長時間工作的準備。任何人才，不管他（她）的專業水準多麼高，如果對創業事業的信心不足，將無法適應創業的需求，而這樣一種消極的因素，對創業團隊所有成員產生的負面影響可能是致命的。創業初期整個團隊可能需要每天工作 16 個小時在不停的工作，甚至出現連續工作數晝夜的情況。

企業在創業之初，就要建立一套有效的員工考核方案，對員工的工作業績定期進行有效考核，至於是採取量化還是面對面交流的方式，各有其長，各企業可以參考其實際情況採取不同方式。只有考核方案還不夠，還要有一個員工能力發展計畫，幫助員工在工作中、企業內部培訓中以及自學中不斷提高自己的能力。這樣一個發展計畫有時候比豐厚的薪酬更能吸引高素養的員工，對於高科技企業尤甚。

創業初期，創業團隊的成員大都是朋友，但是經過一段時間的磨合之後，創業團隊都要經過幾次「洗牌」過程，或許有的人不能認同理念，或許有的人有其他的打算，或許有的人不稱職。事實上即使對最富經驗的專業經理人他們最怕的事也是解僱員工。對於創業企業，在創業初期這個人員變更是很大的問題，即使很難也要換，要有果斷換人和「洗牌」的勇氣。有個辦法，就是堅持一種理念：公司不是私人的，是大家的，不能顧及私情，要以工作為目的換人，這個道理不一定行得通，但是能否堅持這種理念，決定了能否正確貫徹換人的決策。

優秀的團隊能留住人心

團隊離不開優秀的人才。

團隊管理者採用正確策略，就能留住人才。但要長期留住員工，讓他們一輩子在一個地方工作的時代已一去不復返。人才在不停的流動，他們在尋找更好的機會。老闆該如何正確對待員工，以留住急需的人才，請看德國人力資源專家的管理訣竅。

(一) 服務員工

公司可以從多方面建立信譽，使人們樂意為其工作。比如提供特殊的服務：包括服裝乾洗、免費餐飲、為非英語員工提供英文課程等。作為經理，你應當重新設計工作，使工作更有意義，並考慮你所期望的結果，以及你所需要的人才。在很多情況下，公司都錯誤的根據經驗和專門技術來僱用員工，但招聘來的員工並非是真正的人才。匆忙僱用，或者僅憑自己的感覺招聘，這些策略都是不可取的。

(二) 薪酬管理

優秀員工的離去，經常是因為管理者沒能處理好員工的表現和報酬之間的關係。管理者應該幫助員工尋求發展的契機和晉升的機會，讓員工意識到自身的價值，或成績獲得肯定，即讓他們感受到自己獲得了尊重。

(三) 樂趣法則

樂趣也應該是工作的一個方面。作為管理者，你不必要有意識的製造樂趣，而是讓樂趣自然而然的產生。不要壓抑笑聲，只要不影響工作，樂趣應成為公司的一部分，隨後你會發現，樂趣也會提高生產力。

(四) 忠誠預警

你可能已發現最有價值的員工，但一些因素可能成為人才離去的原因：

讓人看不到業績，很多員工工作一年或三至五年後離去。再看一下他們的酬勞，如果他們的酬勞在市價以下，而且他們的技能在市場上很搶手，那麼他們就很可能離去。查一下他們的忠誠度，若發現員工在別的公司尋找機會，那麼，他一定有想離開的意圖，這時，你要想方設法挽留他們。你若無法確定他們對工作的渴望程度和願望，就直接問問他們。

(五) 解僱技巧

解僱員工是件頭疼的事情。儘管有時非常必要，但管理層並不十分願意解僱員工。很多管理者在三週後或更短時間內發現解僱員工的做法是錯誤的，但他們不會說出來，原因是害怕承認失誤而感到尷尬。他們可能會對一個錯誤的僱用感到愧疚，因為員工未能達到他們過高的期望。然而，解僱是管理者必須學會的技能，要在招聘和管理時保持明智，相關策略要講究。

合作才能雙贏

香港新鴻基財團在世界赫赫有名，它的創始人馮景禧就是靠雙贏的理念打下常青基業的。

1950 年代後半期，馮景禧和好朋友郭德勝、李兆基一起看好了剛剛興起的房地產業。他們三人中，郭德勝老謀深算、火候老到；李兆基反應敏捷、足智多謀；馮景禧精通財務、擅長分析；他們被人稱為「三劍客」。

後來，他們合作開辦了「新鴻基企業有限公司」，這三位朋友，個個精明，膽識與才略各有千秋，連袂上陣，齊心協力，更是無人可匹敵。他們在當時的香港地產業掀起了一陣旋風，逐漸發展為地產業的霸主。

尺有所短，寸有所長。取長補短才能發揮各自更大的效力。

香港「新鴻基」的發展歷程正是詮釋了雙贏的高深智慧。「三劍客」合作，各發揮所長。因此，由他們打造香港地產的神話也就絕非偶然。

動物的生存繁衍中蘊藏著高深的雙贏智慧，為了生存而取長補短是大自然的法則。自然界中，有一種身形很小的犀鳥，沒有能力保護自己，只能停在犀牛的背上，依靠犀牛的強壯來保障自己的安全。而犀牛皮膚縫隙間的寄生蟲，也正需要這種小鳥啄食清理，牠還可以憑藉小犀鳥靈敏的感覺來獲知臨近的危險。

人類之所以區別於其他生物，成為主宰世界的成功者，主要就是依靠合作下的雙贏。

世界上本沒有完美的存在，任何事物都有其本身難以克服的弱點，也有其存在或成功的道理。人與人之間各有不同，只有有機的組合在一起，才能將彼此的缺陷彌合，用智慧鑄就渾然一體的成功。由此可見，雙贏首先需要互補。

歌德與席勒的友情照耀了歐洲文學史的半邊天空，年長成熟的歌德給予席勒安定的呵護，而年輕激越的席勒給予歌德新的創作熱情，於是偉大作品《浮士德》產生，雙贏的結果成為文學史上的佳話。

倘若沒有魏瑪城中的相遇、相知、相輔相成，歌德也許仍受限於瑣雜的政務中，而席勒也許已在困窘的生活面前沒沒無聞。

另外，雙贏還需要奉獻與分享。

一位著名的企業家曾說過：「當別人遇到困難時，我不會坐視不管，我會盡力幫助他，這樣做不但不會讓我損失什麼，反而會為我帶來榮譽，讓我的事業更加順利。」

這就是雙贏智慧中的奉獻與分享。當我們在幫助別人的時候，無形之中也會展現出自己的價值，也會讓自己贏得競爭中的成功。因此，我們應善於利用雙贏的智慧，用無私的奉獻和分享潤滑合作中的摩擦，從而使雙方的成果得以擴大。

二戰結束後，各國經濟極度蕭條，各國銀行為了降低風險大多停止了接濟困難企業。然而，花旗銀行卻積極辦理各項貸款業務，盡力挽救頹敗中的企業。他們這種「奉獻」的結果就是，企業由於受到援助而迅速發展，他們不但促進了經濟的復甦，並按時歸還了花旗銀行的貸款。

花旗銀行的雙贏策略，不但沒有使自己蒙受經濟損失，反而為自己帶來了極高的信譽，成為世界知名的銀行之一。

相反，如果不善於採取雙贏的智慧，不樂於施助於人時，那麼我們自身的發展便可能會極為緩慢，甚至停滯不前。

一位傳教士曾說：「當他們去攻擊革命黨的時候，這與我無關，所以我保持沉默；當他們去攻擊農民軍的時候，這與我無關，所以我保持沉默；而現在他們來攻擊我了，我該怎麼辦呢？」他最後之所以陷入四面楚歌的境地，正是源於他當年自私自利的思想。

送人玫瑰，手有餘香。只有我們在合作中勇於奉獻、樂於奉獻，我們才有分享成功的資格，我們才能發揮雙贏的智慧。

所以說，當今時代雙贏已成為現代社會競爭與合作的主旋律。只有互相幫助，互相提高，讓別人的長處彌補自己的短處，讓自己的長處「承載」別人的短處，才能彼此獲益、共獲成功。

在競爭中積極的合作

現代社會是一個充滿競爭的社會。競爭是指為了自己的利益而跟人爭勝。「物競天擇，適者生存」，這是競爭的本質和普遍規律，也是自然界、人類社會得以前進的動力所在。可以說，競爭是無處不有、無時不在。合作是指兩個或兩個以上的人為了完成一項工作而團結一致，齊心協力。競爭者與合作者作為競爭與合作的主體及對象與競爭合作相伴而生相伴而滅。

有一句名言：「幫助別人往上爬的人，會爬得最高。」如果你幫助另一個孩子上了果樹，你因此也就得到了你想嘗到的果實，而且你越是善於幫助別人，你能嘗到的果實就越多。

合作具有無限的潛力，因為它集結的是大家的智慧和力量；競爭的所得是有限的，因為它激發的是個人或少數人的力量。

合作就是個人或群體相互之間為達到某一確定目標，彼此透過協調作用而形成的聯合行動。參加者須有共同的目標、相近的認知、協調的互動、一定的信用，才能使合作達到預期的效果。在合作中雙方的目標是共同的，所獲得的成果也是共用的。所謂競爭就是互相爭勝，要有輸與贏，一方以勝利者的面目出現，歡呼自己的勝利，一方則是失敗者，在下面悄悄的舔著自己的傷口。一方的喜悅是建築在另一方痛苦之上。而合作則是以尋求雙方都贏為目標的。

為了與人在競爭中密切合作，你需要培養以下幾個方面的主要能力。

(一) 積極的參與

在團體中，每個成員都應該具有奉獻意識，並有責任做出自己應有的貢獻。在許多團體場合，有的人喜歡讓別人出頭露面，在討論中首當其衝，而自己卻靜靜的坐在那裡，做一個感興趣的旁觀者。這樣做的結果是，你無法培養自己的社交能力，贏得團體中其他成員對你的尊重，或者對團體的決定施加影響。既然你同樣對團體的最終決策負有責任，無論你態度積極或保持沉默，你都可以貢獻你的聰明才智。如果你不敢拋頭露面，大膽的表述自己的觀點，或覺得你的觀點不如他人的有價值，那麼，你需要首先排除這種消極認知。如果你感到憂慮和焦急，那麼，你需要迫使自己邁出第一步。萬事開頭難，隨著你不合理的想法的減退，以及你自信心的增強，你就能積極的參與到團體的活動中來，為團體的發展做出自己應有的貢獻。

(二) 具備有效討論的能力

(1) 清楚的表達你的觀點，並提供支持的理由和根據。

(2) 認真的聆聽他人的意見，努力了解他人的觀點及其支撐的理由。

(3) 直接的對他人提出的觀點做出回答，而不要簡單的試圖闡述你自己的觀點。

(4) 提一些相關的問題，以便全面的探究所討論的問題，然後設法去回答問題。

(5) 把注意力放在增加了解上，而不要試圖不計代價的去證明自己觀點的正確性。

(三) 尊敬的每一位成員 —— 無論同事還是敵人

這是保證競爭與合作成功的基本準則。雖然你可能確信你比其他的參加者更有知識，但重要的是，你要讓他人充分的表達自己的觀點，而不要隨意打斷，或表現出不耐煩，做到這一點，對於團體正常的發揮功能是很有必要的。也許在某些場合，其他成員不同意你的分析或結論，即使你確信你是正確的，當發生這種情況時，你需要做出必要的妥協和讓步。如果做不到這一點，就接受現實，盡你所能闡述自己的觀點，力爭使他人能夠接受。

(四) 鼓勵他人提出不同的觀點

除了提出你自己的觀點外，你還應該鼓勵其他成員也提出他們的觀點。當他人提出自己的觀點時，要做出積極的和建設性的反應。

(五) 客觀的評價觀點，而不意氣用事

當團體對其成員提出的觀點進行評價時，應該運用批判思考的技能對它們進行評價。爭論點或問題是什麼？這個觀點是如何說明問題的？提出這個觀點的理由和根據是什麼？它的風險和弊端是什麼？重要的是要讓團體的成員意識到評價的對象是觀點，而不是提出觀點的人。最常見的一種思考錯誤是，有的成員僅從個人的愛好或偏見出發，不是對人們提出的觀點進行評價，而是把矛頭指向個人。對有挑戰性的觀點應該做出這樣的回答：「我不同意你的看法，原因是……」而不應該說：「你真無知」。只有如此，才能進行

良好的溝通，而不會惡語傷人。

(六) 準確認知各自在團體中的角色和彼此的關係

團體好比是活生生的、不斷進化的有機體，它們是由處於複雜的和充滿活力關係之中的個體構成的。就如在一場球賽中，「沒有號碼牌，你無法分辨運動員」一樣，一個團體中要有效的發揮作用，也需要你識別出誰是「運動員」，他們彼此關係的性質，以及決策權是如何分配的。在一個你不熟悉的新團隊中，弄清這些情況是特別重要的，它可以為你提供一個你在其中能說話和回答的「思考環境」。

狼性法則

合作╳忠誠╳警惕╳頑強

編　　者：戴譯凡，劉利生
發 行 人：黃振庭
出 版 者：崧燁文化事業有限公司
發 行 者：崧燁文化事業有限公司
E-mail：sonbookservice@gmail.com
粉 絲 頁：https://www.facebook.com/sonbookss/
網　　址：https://sonbook.net/
地　　址：台北市中正區重慶南路一段六十一號八樓 815 室
Rm. 815, 8F., No.61, Sec. 1, Chongqing S. Rd., Zhongzheng Dist., Taipei City 100, Taiwan (R.O.C)
電　　話：(02)2370-3310
傳　　真：(02) 2388-1990
印　　刷：京峯彩色印刷有限公司（京峰數位）

定　　價：450 元
發行日期：2021 年 11 月第一版
◎本書以 POD 印製

國家圖書館出版品預行編目資料

狼性法則：合作 X 忠誠 X 警惕 X 頑強 / 戴譯凡，劉利生編著 . -- 第一版 . -- 臺北市：崧燁文化事業有限公司 , 2021.11
面；　公分
POD 版
ISBN 978-986-516-898-8(平裝)
1. 企業管理 2. 管理科學
494　　110017299

電子書購買

臉書